华章数学译丛

77

Time Series

A Data Analysis Approach Using R

时间序列分析

基于R的数据分析方法

[美] 罗伯特·H. 沙姆韦（Robert H. Shumway） 戴维·S. 斯托弗（David S. Stoffer） 著

李洪成 潘文捷 译

图书在版编目（CIP）数据

时间序列分析：基于R的数据分析方法 / （美）罗伯特 · H. 沙姆韦（Robert H. Shumway），（美）戴维 · S. 斯托弗（David S. Stoffer）著；李洪成，潘文捷译 . -- 北京：机械工业出版社，2022.1
（华章数学译丛）
书名原文：Time Series: A Data Analysis Approach Using R
ISBN 978-7-111-69519-6

I. ①时… II. ①罗… ②戴… ③李… ④潘… III. ①时间序列分析 - 教材 IV. ① O211.61

中国版本图书馆 CIP 数据核字（2021）第 223509 号

本书版权登记号：图字 01-2020-4222

Time Series: A Data Analysis Approach Using R by Robert H. Shumway, David S. Stoffer (ISBN: 978-0-367-22109-6).

本书详细阐释了时间序列在医学、生物学、物理学和社会科学领域的广泛应用，并强调数据分析方法，对时域和频域方法进行了全面的介绍。书中首先对时间序列分析的基础知识、语言和方法进行了概述，然后介绍了 ARMA 模型和 ARIMA 模型，接下来介绍了频谱分析与滤波以及频谱估计，最后讨论了一些特殊主题，例如 GARCH 模型、单位根检验等。
本书可以作为一学期时间序列分析导论课程的教材，适合数学系及相关专业的教师和学生阅读。

出版发行：机械工业出版社（北京市西城区百万庄大街 22 号 邮政编码：100037）
责任编辑：王春华 孙榕舒 责任校对：殷 虹
印 刷：三河市宏达印刷有限公司 版 次：2022 年 3 月第 1 版第 1 次印刷
开 本：186mm×240mm 1/16 印 张：17.25
书 号：ISBN 978-7-111-69519-6 定 价：89.00 元

客服电话：（010）88361066 88379833 68326294 投稿热线：（010）88379604
华章网站：www.hzbook.com 读者信箱：hzjsj@hzbook.com

译 者 序

本书是经典的时间序列分析教材《时间序列分析及其应用：基于 R 语言实例》的作者 Robert H. Shumway 和 David S. Stoffer 的又一部时间序列分析教材，可以作为统计学及相关专业的本科生学习时间序列分析或预测分析的入门教材。

全书共 8 章：第 1 章和第 2 章对时间序列的概念和应用进行了介绍；第 3 章从应用经典的回归分析进行时间序列分析入手，使读者快速建立时间序列分析和经典线性回归分析的联系；第 4 章和第 5 章详细介绍了传统的 Box-Jenkins 方法（ARMA 模型和 ARIMA 模型）；第 6 章和第 7 章介绍了时间序列的频域分析方法；第 8 章对时间序列的其他主题进行了简单介绍，例如波动率模型、单位根检验、状态空间模型等。

本书特别注重时间序列理论和 R 软件应用的结合，从多个时间序列案例入手，通过 R 软件来介绍时间序列分析的理论和方法。这些案例和应用 R 软件的分析方法都在 R 添加包 astsa 中，读者可以首先安装该添加包，然后跟随书中的案例，循序渐进地学习。本书需要读者具备基本的高中数学基础，同时在附录中提供了所用到的数学知识，包括复数、简单概率和统计等。对于未曾接触过 R 软件的读者，可以从附录 A 入手来了解 R 软件的基本应用方法。

本书的翻译由李洪成、潘文捷共同完成，王怡婷也为翻译工作做出了贡献。限于译者水平，可能会有翻译不当之处，希望读者批评指正。

译 者

2022 年 1 月

前　言

本书重点在于让读者了解时间序列作为一种数据分析工具所具有的丰富性和多样性。全书以一些有意义的数据集为基础，详细阐释了时间序列在医学、生物学、物理学和社会科学领域的广泛应用。本书的示例和习题中均涵盖数据分析。

本书可以作为一学期时间序列分析导论课程的教材，需要读者掌握线性回归和基于微积分的基本概率论（主要是期望）知识。我们假设读者掌握了常用的高中数学知识（三角函数、复数、多项式、微积分等）。

所有的数值示例均使用了 R 统计软件包。读者无须拥有 R 语言基础，附录 A 为零基础读者提供了入门所需的所有内容。此外，附录中还有一些简单的练习，可以帮助初次使用 R 的用户掌握该软件。我们通常要求学生将 R 语言练习作为第一份家庭作业，实践证明这项要求很有用。

本书使用线性回归进行类比来解释各种主题，某些估计过程需要使用非线性回归中的技术。因此，读者应具有扎实的线性回归分析知识，包括多元回归和加权最小二乘法。其中一些内容在第 3 章和第 4 章中进行了概述。

基于微积分的概率论入门课程是必不可少的。附录 B 中简要介绍了这些基础知识。我们假定学生熟悉该附录的大部分内容，并且可以将此作为复习材料。

建议那些对高中数学知识有些生疏的读者先复习相关知识。互联网上有许多相关的免费书籍（可以在 Wikibooks K-12 Mathematics 上搜索）。频谱分析部分（第 6 章和第 7 章）要求读者具备最基础的复数知识，我们在附录 C 中提供了相关内容。

书中有一些加星号（*）的章节和示例，这些内容掌握与否都不影响后续的学习。这些材料未必比其他材料更难，加星号只是表示之后再阅读或者完全跳过都不会影响学习的连续性。由于第 8 章的各节是独立的特殊主题，可以按任何顺序阅读（或跳过），因此第 8 章已加注星号。在一个学期的课程中，我们通常能学完第 1~7 章以及第 8 章中的至少一个主题。

附录 E 提供了某些习题的“提示”。有的提示几乎是完整的答案，而有的则只是可以帮助你解决问题的建议或代码。

本书可以大致分为四个部分。第一部分为第 1~3 章，对时间序列分析的基础知识、语言和方法进行了概述。第二部分为第 4 章和第 5 章，介绍了 ARIMA 建模。一些技术细节已移至附录 D，因为尽管这些材料不是必不可少的，但我们想给了解数理统计的学生解释这些想法。例如，附录 D 中介绍了 MLE，但在正文的主要部分中，仅在无条件最小二乘法部分顺带提及了。第三部分为第 6 章和第 7 章，介绍了频谱分析和滤波。在介绍频谱分析之前，我们通常会花费少量的课堂时间来讨论附录 C 中有关复数的内容，重点是确保学生了解 C.1 节 ~C.3 节的内容。第四部分为第 8 章，介绍一些特殊主题。大多数学生都想学习 GARCH 模型，因此如果只能从该章选一节，我们会选择 8.1 节。

最后，介绍一下本书与面向研究生的《时间序列分析及其应用：基于 R 语言实例（原书第 4 版）》之间的异同。这两本书都是我们俩所著，并且用的都是 R 包astsa以及该包中的数据集。该软件包已针对本书进行了更新，其中包含新的和更新后的数据集以及一些更新后的脚本。我们假设读者已安装astsa 1.8.6 或更高版本，参见 A.2 节。本书的数学水平更适合本科生和非数学专业学生。本书的章较短，一个主题可能会在多章中出现。本书给出了很多数据分析实例，有些实例涉及的知识点超出了本书范围。每个数值示例都包含输出和完整的 R 代码，也会给出通用的代码，例如设置图形的边距或使用透明外观定义颜色。我们为本书创建了一个网站：www.stat.pitt.edu/stoffer/tsda。采用本书的教师可在www.crcpres.com上找到教师手册。

Robert H. Shumway，于加利福尼亚州戴维斯

David S. Stoffer，于宾夕法尼亚州匹兹堡

目　录

第 1 章 时间序列基础

1.1 介绍

经典的统计学未涵盖“对不同时间点观察到的数据进行分析”这一特殊问题。大多数传统统计方法需要样本具有随机性，这些传统统计方法不适用于这类对时间具有依赖性的抽样数据。对这类数据的分析通常称为*时间序列分析*。

为了描述时间序列数据元素，这类数据被表示为一个随机变量集合，并根据它们的时间顺序进行索引。例如，如果收集你所在城市每日的高温数据，则可以将时间序列视为一系列随机变量 $\{x_1, x_2, x_3, \cdots\}$。其中随机变量 x_1 表示第一天的高温值，x_2 表示第二天的高温值，x_3 表示第三天的高温值，依此类推。通常，由 t 索引的随机变量的集合 $\{x_t\}$ 称为*随机过程*。在本书中，t 是离散的并且取值为整数，例如 $0, \pm 1, \pm 2, \cdots$，或者整数的某个子集，或者类似的索引，比如一年中的月份。

时间序列方法过去被应用于物理和环境科学问题，所以包含大量工程学术语。对时间序列探索的第一步是仔细研究随时间变化的数据散点图。在更仔细地研究特定的统计方法之前，我们先介绍两个独立但不互斥的时间序列分析方法，即*时域方法*（time domain approach，见第 4 章和第 5 章）和*频域方法*（frequency domain approach，见第 6 章和第 7 章）。

1.2 时间序列数据

下面的例子给出了一些常见的时间序列数据类型，以及围绕这些数据可能提出的一些统计问题。

例 1.1 强生公司季度收益序列

图 1.1 显示了美国强生公司的季度每股收益（QEPS）和对数变换后的数据。从 1960

年第一季度到 1980 年最后一季度共有 84 个季度（21 年）。对这样的序列建模，首先要观察历史数据中的主要规律。在这个例子中，注意潜在增长趋势和波动性，以及在趋势上叠加的某种规律性的振荡，且该规律随季度重复。第 3 章将探讨用回归技巧来分析这类数据的方法（见习题 3.1）。

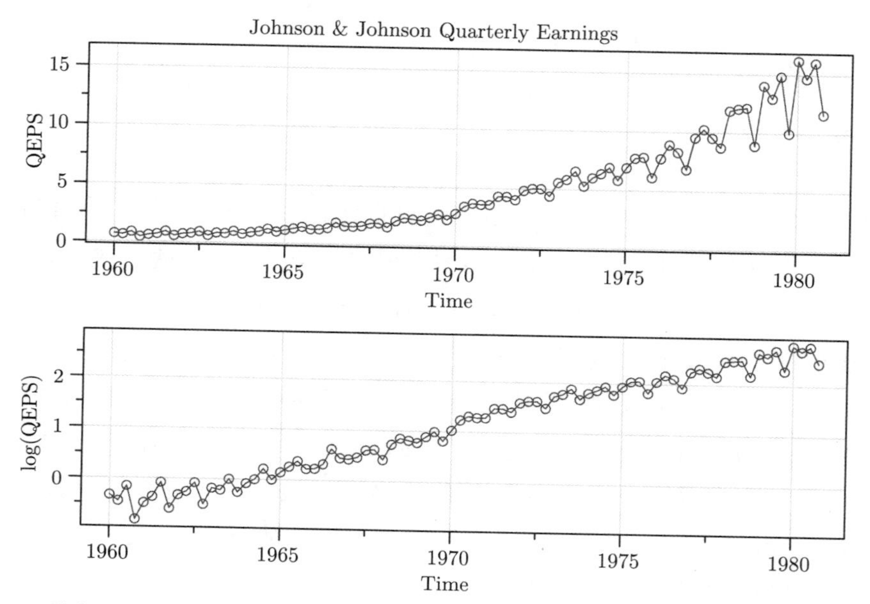

图 1.1　强生公司季度每股收益：1960 年第一季度至 1980 年第四季度（上）；对数变换后的数据（下）

假设数据每年有很小的百分比变化（记为 r_t，可以为负值），那么 $x_t = (1+r_t)x_{t-4}$，其中 x_t 是第 t 季度的 QEPS 值。对数据进行对数变换，得到 $\log(x_t) = \log(1+r_t)+\log(x_{t-4})$，这意味着增长率是线性的。例如，本季度的值等于去年同季度的值加上一个较小的量 $\log(1+r_t)$。图 1.1（下）显示了数据的这个特性。

绘制本例数据的 R 代码[㊀] 是：

```
library(astsa)   # we leave this line off subsequent examples
par(mfrow=2:1)
tsplot(jj, ylab="QEPS", type="o", col=4, main="Johnson & Johnson Quarterly Earnings")
tsplot(log(jj), ylab="log(QEPS)", type="o", col=4)
```

□

㊀ 假设已经安装 astsa 1.8.6 或更高版本，参见 A.2 节。

例 1.2 全球变暖和气候变化

图 1.2 显示了两个全球温度数据。深色折线是地球陆地区域的年平均温度异常，浅色折线是终年无冰的海洋部分（公海）的平均海面温度异常。时间是 1880~2017 年，数据是与 1951 年至 1980 年平均值的偏差（℃），由 Hansen 等（2006）更新。这两个序列在 20 世纪后半叶的上升趋势被用作气候变化假说的论据。请注意，该趋势不是线性的，开始有段时期趋于平稳，然后急剧上升。显然，对其中任意一个序列拟合一个时间 t 的简单线性回归 $x_t = \alpha + \beta t + \varepsilon_t$，是不能准确描述这种趋势的。大多数气候科学家认为，目前全球变暖趋势的主要原因是温室效应的扩大，参见`https://climate.nasa.gov/causes/`。

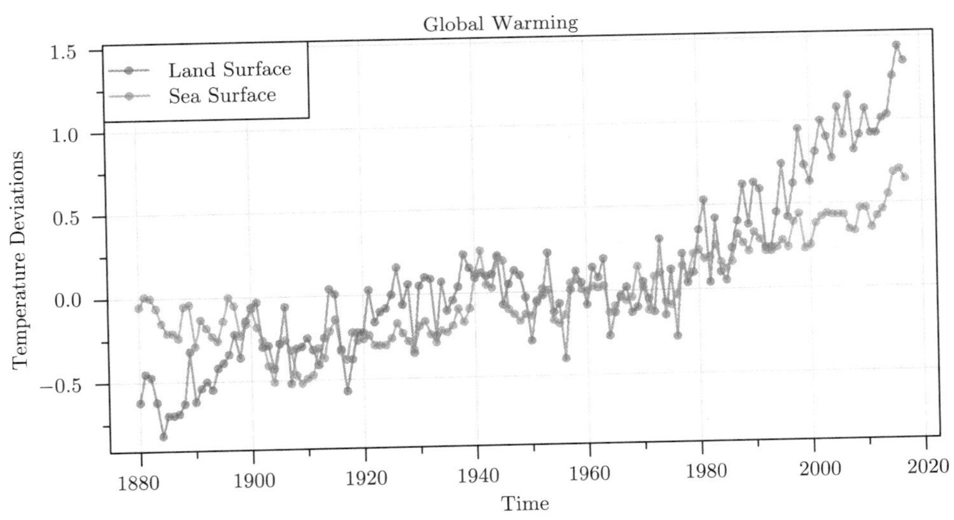

图 1.2 全球陆地表面和海洋表面的年平均温度偏差（1880—2017），单位为 ℃

本例的 R 代码是：

```
culer = c(rgb(.85,.30,.12,.6), rgb(.12,.65,.85,.6))
tsplot(gtemp_land, col=culer[1], lwd=2, type="o", pch=20,
            ylab="Temperature Deviations", main="Global Warming")
lines(gtemp_ocean, col=culer[2], lwd=2, type="o", pch=20)
legend("topleft", col=culer, lty=1, lwd=2, pch=20, legend=c("Land
            Surface", "Sea Surface"), bg="white")
```

□

例 1.3　道琼斯工业平均指数

作为金融时间序列数据的一个例子，图 1.3 显示了 2006~2016 年每个交易日的道琼斯工业平均指数（DJIA）的收盘价和收益率（或百分比变化）。如果 x_t 是第 t 天的道琼斯指数收盘价，那么收益率为：

$$r_t = (x_t - x_{t-1})/x_{t-1}$$

这意味着 $1 + r_t = x_t/x_{t-1}$ ，与例 1.1类似，我们有

$$\log(1 + r_t) = \log(x_t/x_{t-1}) = \log(x_t) - \log(x_{t-1})$$

注意到有展开式：

$$\log(1 + r) = r - \frac{r^2}{2} + \frac{r^3}{3} - \cdots, -1 < r \leqslant 1$$

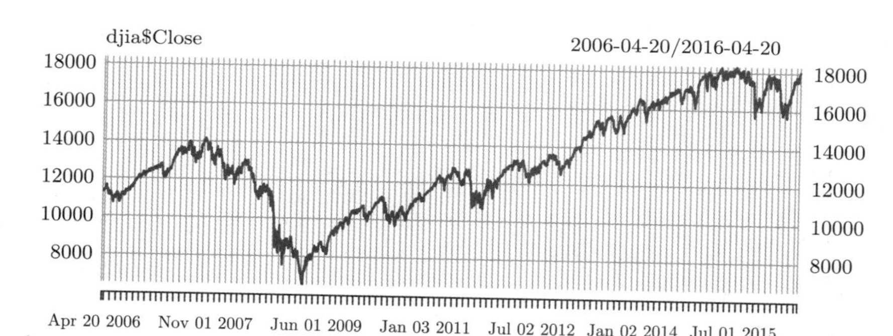

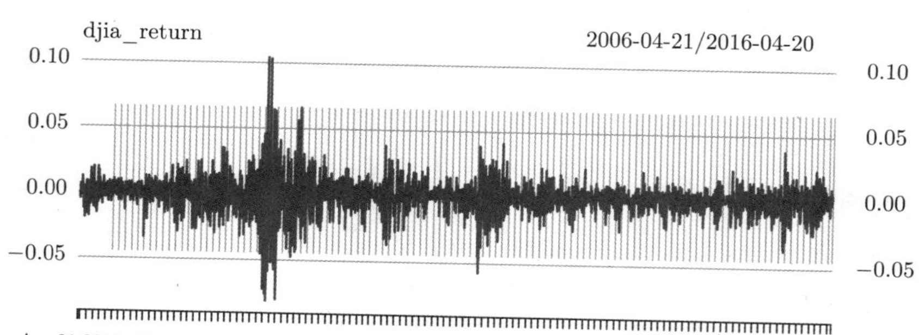

图 1.3　道琼斯工业平均指数在 2006 年 4 月 20 日 ~2016 年 4 月 30 日期间的每个交易日收盘价（上）和收益率（下）

如果 r 非常小，那么高阶项可以忽略。因为对于金融数据来说，$x_t/x_{t-1} \approx 1$，因此

$$\log(1+r_t) \approx r_t$$

注意图 1.3 中所示的 2008 年期间的金融危机。这里显示的数据是典型的收益率数据。该序列的平均值几乎是稳定的，平均收益率约为零。然而，数据的波动（或变化性）显示出聚集性。也就是说，高波动期往往聚集在一起。分析这类金融数据时存在的一个问题是预测未来收益的波动性。已经有对应的模型来处理这类问题，见第 8 章。这个数据集是一个 xts 类的数据文件，因此必须先加载xts 添加包。

```
library(xts)
djia_return = diff(log(djia$Close))[-1]
par(mfrow=2:1)
plot(djia$Close, col=4)
plot(djia_return, col=4)
```

可以和图 1.4 中的 r_t 和 $\log(1+r_t)$ 进行对比。该图展现了季节调整后的美国 GDP 季度增长率 r_t，以及与之对比的对数数据的差值。

```
tsplot(diff(log(gdp)), type="o", col=4, ylab="GDP Growth") # diff-log
points(diff(gdp)/lag(gdp,-1), pch=3, col=2) # actual return
```

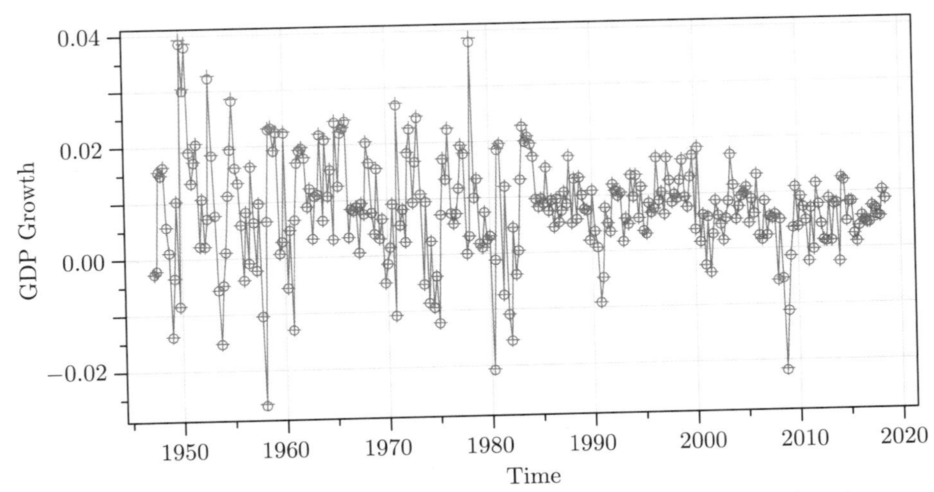

图 1.4 美国 GDP 对数增长率 (− ○ −) 和由实际数值计算的增长率 (+)

事实证明，许多时间序列都表现为类似这样的形式。对数据取对数，然后逐次差分是时间序列分析中的一种标准的数据变换。 □

例 1.4　厄尔尼诺–南方涛动（ENSO）

南方涛动指数（SOI）测量了与太平洋中部海面温度相关的气压变化。由于 ENSO 效应，太平洋中部每 3 ~ 7 年变暖一次，它被认为是全球各种极端天气事件的罪魁祸首。在厄尔尼诺期间，东太平洋和西太平洋上的气压逆转，导致信风减弱，温暖的海水沿赤道向东流动。结果，太平洋中部和东部的表层海水变暖，对天气模式产生了深远的影响。

图 1.5 显示了南方涛动指数及相关的新增鱼群数量（新鱼数量指数）的月平均值。这两个序列的范围都是 1950~1987 年，共 453 个月。它们都表现出明显的年度周期性（夏季热，冬季冷），也都存在一个相对较慢的 3~7 年的周期循环（这一点不太容易看出来）。对这类周期以及它们用途的研究参见第 6 章和第 7 章。这两个序列也是相关的，鱼群的大小取决于海洋温度。

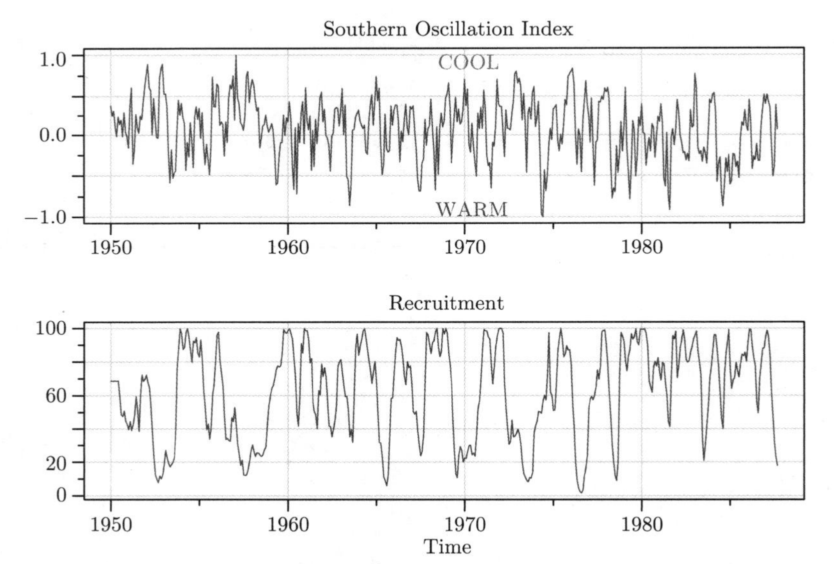

图 1.5　南方涛动指数及相关的新增鱼群数量（新鱼数量指数）的月平均值（1950—1987）

本例数据的 R 代码是：

```
par(mfrow = c(2,1))
tsplot(soi, ylab="", xlab="", main="Southern Oscillation Index", col=4)
text(1970, .91, "COOL", col="cyan4")
text(1970,-.91, "WARM", col="darkmagenta")
tsplot(rec, ylab="", main="Recruitment", col=4)
```

□

例 1.5 捕食者与猎物的互动

很明显，捕食者的数量会影响猎物的数量，但猎物的数量也会影响捕食者的数量，因为当猎物变得稀少时，捕食者可能会死于饥饿或无法繁殖。这种关系通常符合 Lotka-Volterra 模型，一对简单的非线性微分方程（参见 Edelstein-Keshet，2005，第 6 章）。

捕食者与猎物相互作用的经典研究之一是白靴兔数量和加拿大哈德逊湾公司购买的猞猁皮数量的关系。这一关系是间接衡量所得，前提是收集的猞猁皮数量与野外白靴兔和猞猁的数量有直接关系。这种捕食者和猎物的相互作用，经常导致捕食者和猎物数量多寡的循环模式，如图 1.6 所示。请注意，猞猁和白靴兔的种群大小是不对称的，种群往往缓慢增长，快速减少：↗↓。

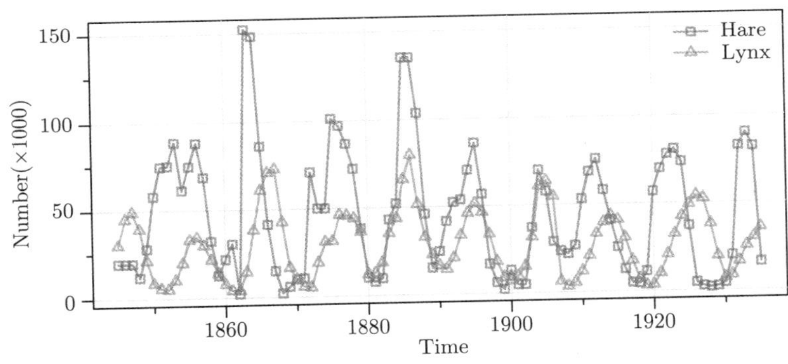

图 1.6 加拿大哈德逊湾公司购买的猞猁皮与白靴兔之间的捕食者–猎物相互作用时间序列

猞猁的猎物有小型啮齿动物和鹿等，其中白靴兔是非常受欢迎的猎物。事实上，猞猁和白靴兔的关系非常紧密，前者的数量随着后者的数量的变化而变化，哪怕可能有其他丰富的食物来源。在这种情况下，根据白靴兔的数量来模拟猞猁的数量应该就合理了。这个想法在例 5.17 中有进一步的探讨。

本例中的图 1.6 可以由以下 R 代码生成：

```
culer = c(rgb(.85,.30,.12,.6), rgb(.12,.67,.86,.6))
tsplot(Hare, col = culer[1], lwd=2, type="o", pch=0,
         ylab=expression(Number~~~(""%*% 1000)))
lines(Lynx, col=culer[2], lwd=2, type="o", pch=2)
legend("topright", col=culer, lty=1, lwd=2, pch=c(0,2),
         legend=c("Hare", "Lynx"), bty="n")
```

□

例 1.6　fMRI 图像

通常，时间序列是在不同的实验条件或处理方式下观察到的。这种数据的一个例子如图 1.7 所示，通过功能性磁共振成像（fMRI）从大脑的不同位置收集数据。

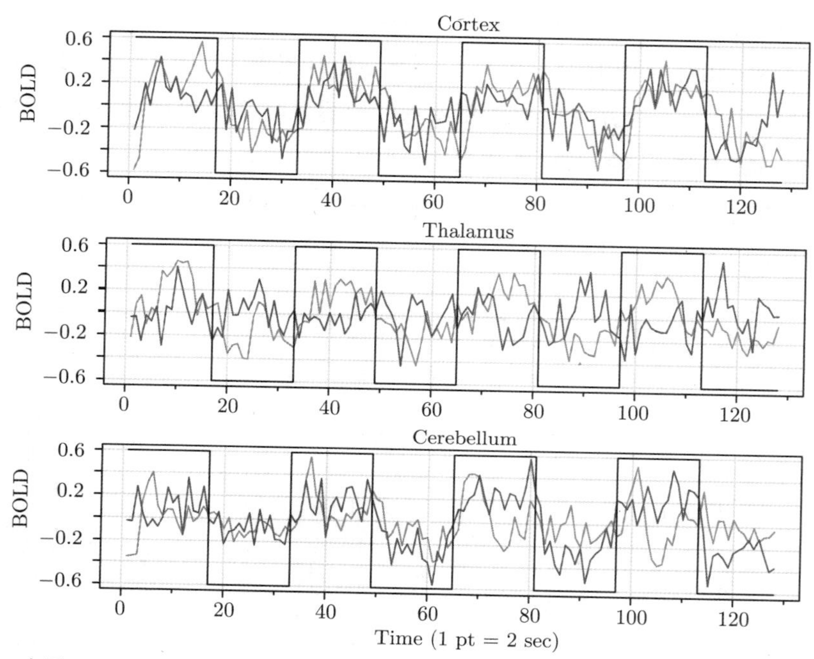

图 1.7　皮层、丘脑和小脑两个部位的 fMRI 数据（$n = 128$，每 2 秒观察一次）。框线表示刺激存在或不存在

在 fMRI 技术中，受试者被置于核磁共振扫描仪中，施加一段时间的刺激，然后停止刺激。重复施加–停止刺激，测量并记录血氧含量依赖（BOLD）信号强度（测量大脑的激活区域）。这种血氧含量依赖的对比是由局部血氧和脱氧血红蛋白浓度的变化引起的。

图 1.7 中显示的数据来自麻醉志愿者的感知实验。它使用 fMRI 检查麻醉志愿者全身麻醉时对痛觉的感知，对志愿者施加超强刺激，用这种刺激来模拟不会造成组织损伤的手术切口。本例中，刺激先施加 32 秒，然后停止 32 秒，因此信号周期为 64 秒。抽样频率是每 2 秒观测一次，总时长为 256 秒（$n = 128$）。

注意，运动皮层（Cortex）序列中表现出强烈的周期性，但丘脑（Thalamus）序列和小脑（Cerebellum）序列中似乎缺少周期性。在这种情况下，从统计学上确定丘脑和小脑中的区域是否真的对刺激做出反应是很有趣的。

本例中生成图形的 R 代码是：

```
par(mfrow=c(3,1))
culer = c(rgb(.12,.67,.85,.7), rgb(.67,.12,.85,.7))
u = rep(c(rep(.6,16), rep(-.6,16)), 4) # stimulus signal
tsplot(fmri1[,4], ylab="BOLD", xlab="", main="Cortex", col=culer[1],
          ylim=c(-.6,.6), lwd=2)
lines(fmri1[,5], col=culer[2], lwd=2)
lines(u, type="s")
tsplot(fmri1[,6], ylab="BOLD", xlab="", main="Thalamus", col=culer[1],
          ylim=c(-.6,.6), lwd=2)
lines(fmri1[,7], col=culer[2], lwd=2)
lines(u, type="s")
tsplot(fmri1[,8], ylab="BOLD", xlab="", main="Cerebellum",
          col=culer[1], ylim=c(-.6,.6), lwd=2)
lines(fmri1[,9], col=culer[2], lwd=2)
lines(u, type="s")
mtext("Time (1 pt = 2 sec)", side=1, line=1.75)
```

□

1.3 时间序列模型

时间序列分析的主要目标是建立数学模型，对如上一节中那样的样本数据提供可信服的描述。

区分例 1.1～ 例 1.6 中所显示的不同序列的基本依据是平滑程度这一可视化特征。对这种平滑性的一个简洁的解释是，与时间 t 相邻的点是相关的，所以在时间 t 的序列值 x_t 在某种程度上依赖过去的值 $x_{t-1}, x_{t-2}, \cdots$。这个想法表达了一种生成类似实际应用中的时间序列的基本方法。

例 1.7　白噪声

一种简单的生成序列可以是一组不相关的随机变量 w_t，并且该组随机变量都具有零均值和有限方差 σ_w^2。在工程应用中，这种由不相关变量产生的时间序列可作为噪声模型，称为**白噪声**。我们把这个过程表示成 $w_t \sim wn(0, \sigma_w^2)$。“白噪声”一词来源于与“白光”的类比（详见第 6 章）。我们使用的是一个特殊的白噪声，独立同分布正态变量，记为 $w_t \sim \text{iid}N(0, \sigma_w^2)$。

图 1.8（上）显示了 500 个相互独立的标准正态随机变量的集合（$\sigma_w^2 = 1$），按照它们

生成的顺序绘制。所得到的序列与图 1.3 中的 DJIA 收益率具有部分相似性。 □

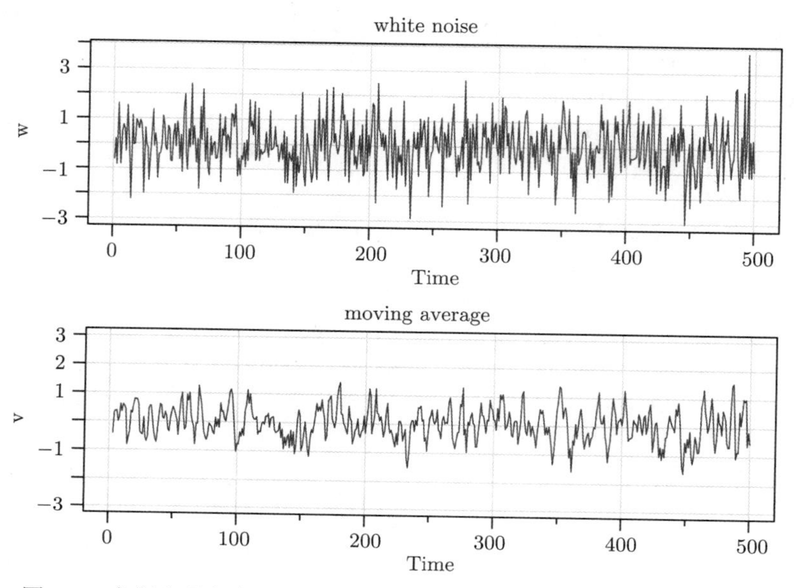

图 1.8 高斯白噪声序列（上）和三点移动平均高斯白噪声序列（下）

如果所有时间序列的随机行为可以用白噪声模型来解释，那么经典的统计方法就足够了。例 1.8 和例 1.9 给出了两种分析时间序列相关性和平滑性的方法。

例 1.8 移动平均线、平滑和滤波

我们可以用移动平均得到的平滑序列来代替白噪声序列 w_t。例如，考虑将例 1.7 中的序列 w_t 替换为其当前值和过去相邻两个值的平均值。也就是说，令

$$v_t = \frac{1}{3}(w_{t-1} + w_t + w_{t+1}) \tag{1.1}$$

这就是图 1.8（下）中的序列。这个序列比白噪声序列平滑得多，而且平均后的方差会更小。显然，平均消除了噪声的一些高频（快速振荡）行为。我们开始注意到和图 1.7 中一些非循环 fMRI 序列的相似性。

式 (1.1) 所示这种时间序列值的线性组合一般称为滤波序列，因此使用 `filter` 命令。可以应用如下代码生成图 1.8：

```
par(mfrow=2:1)
w = rnorm(500)                          # 500 N(0,1) variates
```

```
v = filter(w, sides=2, filter=rep(1/3,3)) # moving average
tsplot(w, col=4, main="white noise")
tsplot(v, ylim=c(-3,3), col=4, main="moving average")
```

□

图 1.5 中的 SOI 序列和新鱼数量序列以及图 1.7 中的 fMRI 序列与移动平均序列不同，因为它们是由振荡行为主导的。有许多方法可以产生这种具有拟周期（quasi-periodic）特性的序列。第 4 章介绍的基于自回归的模型就是其中一个最流行的方法。

例 1.9　自回归模型

以例 1.7 中的白噪声序列 w_t 为输入，对 $t = 1, 2, 3, \cdots, 250$，依次计算下面的二阶方程的输出：

$$x_t = 1.5x_{t-1} - 0.75x_{t-2} + w_t \tag{1.2}$$

得到的输出序列如图 1.9 所示。式 (1.2) 表明，对时间序列当前值 x_t 的回归或预测可以表示为该序列过去两次取值的函数。这就是所谓的自回归模型。这里式 (1.2) 中起始值的设定还存在一个问题，它依赖于初始值 x_0 和 x_1，但现在我们把它们都设为 0。然后，可以通过代入式 (1.2) 递归地生成数据。即已知 $w_1, w_2, \cdots, w_{250}$，我们可以设 $x_{-1} = x_0 = 0$，从 $t = 1$ 开始：

$$x_1 = 1.5x_0 - 0.75x_{-1} + w_1 = w_1$$

$$x_2 = 1.5x_1 - 0.75x_0 + w_2 = 1.5w_1 + w_2$$

$$x_3 = 1.5x_2 - 0.75x_1 + w_3$$

$$x_4 = 1.5x_3 - 0.75x_2 + w_4$$

以此类推。我们注意到，该序列的近似周期性行为类似于图 1.5 中的 SOI 和新鱼数量序列以及图 1.7 中的某些 fMRI 序列。选择这个特殊的模型，使得每 12 个点数据就有 1 个周期的伪循环（pseudo-cyclic）行为。因此，250 次观测应该包含大约 20 个周期。这个自回归模型和它的推广可以作为许多观察序列的一个基本模型，将在第 4 章详细研究。

可以通过以下命令在 R 中模拟和绘制来自模型 (1.2) 的数据。初始条件设为 0，所以我们让滤波器多运行 50 个值以避免初始值问题。

```
set.seed(90210)
w = rnorm(250 + 50) # 50 extra to avoid startup problems
```

```
x = filter(w, filter=c(1.5,-.75), method="recursive")[-(1:50)]
tsplot(x, main="autoregression", col=4)
```

□

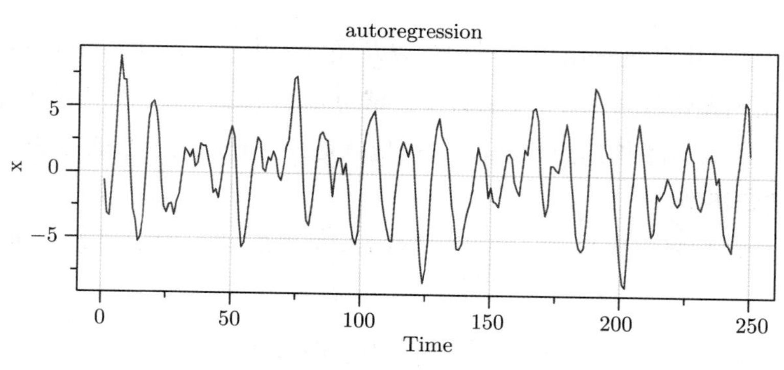

图 1.9　从模型 (1.2)生成的自回归序列

例 1.10　带漂移项的随机游走序列

带漂移项的随机游走序列是一个研究时间序列中所蕴含趋势的模型，图 1.2 中所示的全球温度序列就是一个例子。对 $t = 1, 2, \cdots$ 和初始条件 $x_0 = 0$，带漂移项的随机游走模型为

$$x_t = \delta + x_{t-1} + w_t \tag{1.3}$$

其中 w_t 是白噪声，常数 δ 称为漂移项。当 $\delta = 0$ 时，这个模型称为随机游走，因为序列在 t 时刻的值等于 $t-1$ 时刻的值加上一个完全随机的移动 w_t。注意，对 $t = 1, 2, \cdots$，我们可以将式 (1.3) 重写为白噪声的累加和：

$$x_t = \delta t + \sum_{j=1}^{t} w_j \tag{1.4}$$

使用递归或将式 (1.4) 代入式 (1.3) 来验证该式。图 1.10 显示了从标准正态噪声的模型（$\delta = 0$ 和 $\delta = 0.3$）中生成的 200 个观测值。为了比较，我们也把直线 δt 绘制在随机游走图形上。要在 R 中生成图 1.10，可以使用以下代码（注意每行使用分号分隔多个命令）：

```
set.seed(314159265)      # so you can reproduce the results
w  = rnorm(200); x = cumsum(w)  # random walk
wd = w +.3;      xd = cumsum(wd) # random walk with drift
```

```
tsplot(xd, ylim=c(-2,80), main="random walk", ylab="", col=4)
abline(a=0, b=.3, lty=2, col=4) # plot drift
lines(x, col="darkred")
abline(h=0, col="darkred", lty=2)
```

□

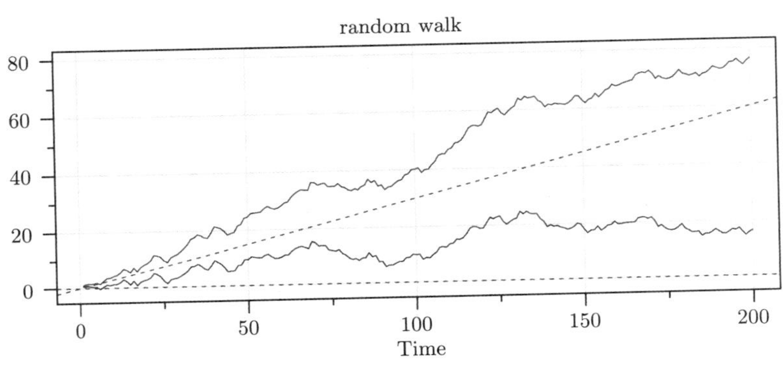

图 1.10　随机游走序列的图形。$\sigma_w = 1$，带漂移项时 $\delta = 0.3$（上部锯齿线），不带漂移项时 $\delta = 0$（下部锯齿线），虚线显示漂移项

例 1.11　信号加噪声

许多真实世界的时间序列模型中，都假设具有一致周期性变化的潜在时间序列信号会受噪声污染。例如，可以容易地检测出图 1.7 上方显示的 fMRI 序列的正常周期性。考虑模型

$$x_t = 2\cos\left(2\pi\frac{t+15}{50}\right) + w_t \tag{1.5}$$

其中，$t = 1, 2, \cdots, 500$，第一项被视为信号，如图 1.11（上）所示。正弦波形可以写成

$$A\cos(2\pi w_t + \phi) \tag{1.6}$$

其中 A 为振幅，w 为振荡频率，ϕ 为相位。在式 (1.5) 中，$A = 2$，$w = 1/50$（每 50 个点为一个循环），$\phi = 0.6\pi$。

添加的噪声项为白噪声，假定参数为 $\sigma_w = 1$（中）和 $\sigma_w = 5$（下），均来源于正态分布。将两者加在一起会使信号变得模糊，如图 1.11（下）所示。信号被遮掩的程度取决于信号的振幅相对于 σ_w 的大小。信号振幅与 σ_w 的比值（或比值的函数）有时称为信噪比（Signal-to-Noise Ratio，SNR）。信噪比越大，信号越容易被检测到。注意，信号在图 1.11（中）中很容易识别。

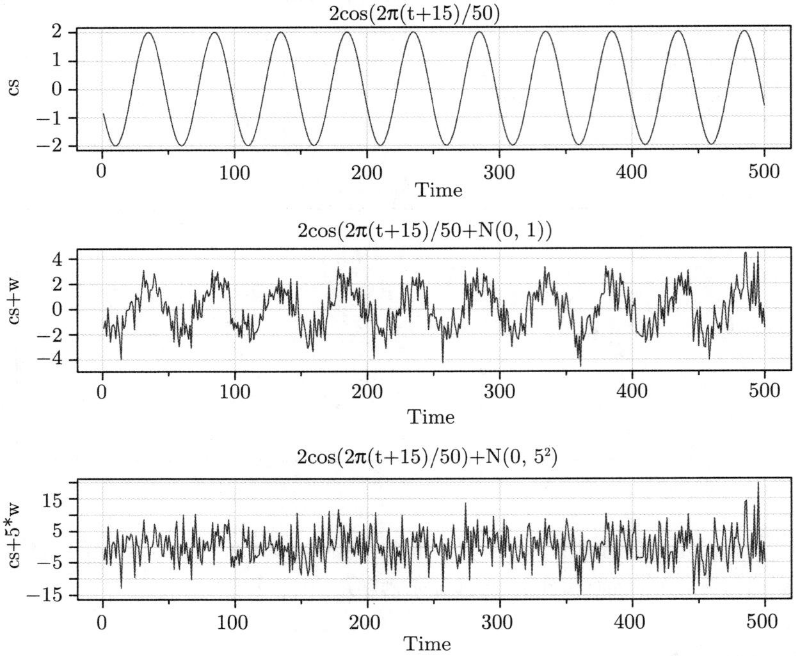

图 1.11　比较周期为 50 个点的余弦波（上）与添加高斯白噪声污染的余弦波 $\sigma_w = 1$（中）和 $\sigma_w = 5$（下），见式 (1.5)

要在 R 中生成图 1.11，可以使用以下代码：

```
t  = 1:500
cs = 2*cos(2*pi*(t+15)/50)  # signal
w  = rnorm(500)              # noise
par(mfrow=c(3,1))
tsplot(cs,     col=4, main=expression(2*cos(2*pi*(t+15)/50)))
tsplot(cs+w,   col=4, main=expression(2*cos(2*pi*(t+15)/50+N(0,1))))
tsplot(cs+5*w,col=4, main=expression(2*cos(2*pi*(t+15)/50)+N(0,5^2)))
```

□

习题

1.1（a） 使用例 1.9 中描述的方法，应用下面的自回归模型生成 $n = 100$ 个观测值：

$$x_t = -0.9x_{t-2} + w_t$$

其中 $\sigma_w = 1$。接下来，对生成的数据 x_t 应用移动平均：

$$v_t = (x_t + x_{t-1} + x_{t-2} + x_{t-3})/4$$

然后绘制 x_t 的线图，并把 v_t 作为虚线叠加。

（b） 重复（a），但把 x_t 改成 $x_t = 2\cos\left(\frac{2\pi t}{4}\right) + w_t$，其中 $w_t \sim \text{iid}N(0,1)$。

（c） 重复（a），但其中 x_t 是例 1.1 中的取对数后的强生公司季度收益率数据。

（d） 什么是季节调整？（你可以上网搜索答案。）

（e） 阐述你的结论，说说你从这个练习中学到了什么。

1.2 添加包 astsa 中有多个地震和采矿爆炸的记录数据。所有的数据都在数据框 eqexp 中，EQ5 和 EXP6 中有两个具体的记录，分别是第 5 次地震和第 6 次爆炸。该数据表示沿表面到达地震记录站的两个阶段，分别记为 $P(t = 1, \cdots, 1024)$ 和 $S(t = 1025, \cdots, 2048)$。这些记录仪器位于斯堪的纳维亚半岛，用于监测俄罗斯的一个核试验场。人们关心的问题是如何区分这些波形，以便维持一项全面禁止核试验的条约。

为了比较地震和爆炸信号:

（a） 采用两行一列的形式分别绘制两个序列。

（b） 用不同的颜色或不同的线形将这两个序列画在同一图表上。

（c） 地震序列和爆炸序列有什么不同?

1.3 探讨随机游走模型和移动平均模型之间的差异。

（a） 生成 9 个随机游走序列（见示例 1.10），长度 $n = 500$，无漂移 $(\delta = 0)$，$\sigma_w = 1$，并在同一张图中绘制。

（b） 生成并绘制 9 个形如例 1.8 中讨论的式 (1.1) 的移动平均序列，$n = 500$。

（c） 就（a）及（b）结果的差异提出看法。

1.4 数据框 gdp 包含 1947 年第一季度至 2018 年第三季度经季节因素调整后的美国季度 GDP 数据，其增长率如图 1.4 所示。

（a） 绘制数据的时间序列图，并将其与 1.3 节中讨论的模型进行比较。

（b） 使用自己选择的颜色和参数绘制图 1.4。然后，对两种增长率计算方法的差异进行评述。

（c） 1.3 节中讨论的哪种模型最能描述美国 GDP 增长情况?

第 2 章　相关性与平稳时间序列

2.1　度量相关性

我们现在讨论各种度量时间序列随时间推移而变化的方法。附录 B 中关于概率的内容可能对本章的某些内容有所帮助。一个相当简单的描述性指标是均值函数，例如所在城市的平均每月高温。在这种情况下，均值是时间的函数。

定义 2.1

如果序列 x_t 的期望存在，则其**均值函数**的定义为

$$\mu_{xt} = E(x_t) \tag{2.1}$$

其中 E 表示期望运算。当不会混淆所讨论的时间序列时，我们将省略其中一个下标，从而把 μ_{xt} 简写为 μ_t。

♡

例 2.2　移动平均序列的均值函数

如果用 w_t 表示一个白噪声序列，则对所有 t，满足 $\mu_{wt} = E(w_t) = 0$。图 1.8（上）中的序列反映了这一点，因为该序列明显地在均值 0 附近波动。例 1.8 中的平滑序列不会改变均值，因为它可以写成

$$\mu_{vt} = E(v_t) = \frac{1}{3}\left[E(w_{t-1}) + E(w_t) + E(w_{t+1})\right] = 0$$

□

例 2.3　带漂移项的随机游走序列的均值函数

考虑式 (1.4) 中给出的带漂移项的随机游走序列

$$x_t = \delta t + \sum_{j=1}^{t} w_j, \quad t = 1, 2, \cdots$$

因为对所有 t，满足 $E(w_t)=0$，并且 δ 是常数，我们有

$$\mu_{xt}=E\left(x_t\right)=\delta t+\sum_{j=1}^{t} E\left(w_j\right)=\delta t$$

这表示一条斜率为 δ 的直线。像图 1.10 中那样，一个带漂移项的随机游走序列可以与它的均值函数进行比较。 □

例 2.4 信号加噪声序列的均值函数

许多实际应用的时间序列，都依赖于“观测数据是由一个固定信号波叠加上一个零均值噪声过程而产生的”这一假设，从而产生形如式 (1.5) 的加性信号模型。很明显，因为式 (1.5) 中的信号是时间的固定函数，所以我们有

$$\begin{aligned}\mu_{xt}&=E\left[2\cos\left(2\pi\frac{t+15}{50}\right)+w_t\right]\\&=2\cos\left(2\pi\frac{t+15}{50}\right)+E\left(w_t\right)\\&=2\cos\left(2\pi\frac{t+15}{50}\right)\end{aligned}$$

且均值函数就是余弦波。 □

均值函数只描述时间序列的边际行为（marginal bebavior）。两个相邻值 x_s 和 x_t 之间是否具有独立性，可以像在经典统计学中一样，使用协方差和相关的概念来进行数值评估。假设 x_t 的方差是有限的，我们有如下定义。

定义 2.5

对于所有的 s 和 t，**自协方差函数**定义为乘积二阶矩，即

$$\gamma_x(s,t)=\operatorname{cov}(x_s,x_t)=E[(x_s-\mu_s)(x_t-\mu_t)] \tag{2.2}$$

对所指的时间序列不会混淆时，我们将省略下标并写成 $\gamma(s,t)$。 ♡

注意，对任何 s 和 t，$\gamma_x(s,t)=\gamma_x(t,s)$ 都成立。自协方差测量在不同时间观察到的同一序列上两点之间的线性相关性。回忆古典统计学，如果 $\gamma_x(s,t)=0$，那么 x_s 和 x_t 非线性相关，但它们之间可能仍存在一定的依赖结构。如果 x_s 和 x_t 满足二元正态，那么 $\gamma_x(s,t)=0$ 说明二者之间具有独立性。显然，对于 $s=t$，自协方差简化为（假设有限）

方差，因为

$$\gamma_x(t,t) = E[(x_t - \mu_t)^2] = \operatorname{var}(x_t) \tag{2.3}$$

例 2.6　白噪声的自协方差函数

白噪声序列 w_t 满足 $E(w_t) = 0$，并且

$$\gamma_w(s,t) = \operatorname{cov}(w_s, w_t) = \begin{cases} \sigma_w^2 & s = t \\ 0 & s \neq t \end{cases} \tag{2.4}$$

图 1.8 的上图给出了一个这样的白噪声的例子。 □

我们经常要计算滤波序列之间的自协方差。下面的命题给出了一个有用的结论。

性质 2.7 如果随机变量

$$U = \sum_{j=1}^{m} a_j X_j \quad 和 \quad V = \sum_{k=1}^{r} b_k Y_k$$

分别是（有限方差）随机变量 $\{X_j\}$ 和 $\{Y_k\}$ 的线性滤波器，那么

$$\operatorname{cov}(U,V) = \sum_{j=1}^{m}\sum_{k=1}^{r} a_j b_k \operatorname{cov}(X_j, Y_k) \tag{2.5}$$

此外，$\operatorname{var}(U) = \operatorname{cov}(U,U)$。

记住式 (2.5) 的一个简单方法是把它当作乘法：

$$(a_1X_1 + a_2X_2)(b_1Y_1) = a_1b_1X_1Y_1 + a_2b_1X_2Y_1$$

例 2.8　移动平均的自协方差

对例 1.8 所示的白噪声序列 w_t，应用三点移动平均。在这种情况下，

$$\gamma_v(s,t) = \operatorname{cov}(v_s, v_t) = \operatorname{cov}\left\{\frac{1}{3}(w_{s-1} + w_s + w_{s+1}), \frac{1}{3}(w_{t-1} + w_t + w_{t+1})\right\}$$

应用式 (2.4)，当 $s = t$ 时，有

$$\begin{aligned}\gamma_v(t,t) &= \frac{1}{9}\operatorname{cov}\{(w_{t-1} + w_t + w_{t+1}), (w_{t-1} + w_t + w_{t+1})\} \\ &= \frac{1}{9}[\operatorname{cov}(w_{t-1}, w_{t-1}) + \operatorname{cov}(w_t, w_t) + \operatorname{cov}(w_{t+1}, w_{t+1})] \\ &= \frac{3}{9}\sigma_w^2\end{aligned}$$

当 $s=t+1$ 时，有

$$\begin{aligned}\gamma_v(t+1,t) &= \frac{1}{9}\operatorname{cov}\{(w_t+w_{t+1}+w_{t+2}),(w_{t-1}+w_t+w_{t+1})\}\\ &= \frac{1}{9}[\operatorname{cov}(w_t,w_t)+\operatorname{cov}(w_{t+1},w_{t+1})]\\ &= \frac{2}{9}\sigma_w^2\end{aligned}$$

通过类似的计算可以得到，$\gamma_v(t-1,t)=2\sigma_w^2/9$，$\gamma_v(t+2,t)=\gamma_v(t-2,t)=\sigma_w^2/9$，以及当 $|t-s|>2$ 时为 0。对所有 s 和 t，汇总自协方差的值如下：

$$\gamma_v(s,t)=\begin{cases}\frac{3}{9}\sigma_w^2 & s=t\\ \frac{2}{9}\sigma_w^2 & |s-t|=1\\ \frac{1}{9}\sigma_w^2 & |s-t|=2\\ 0 & |s-t|>2\end{cases} \tag{2.6}$$

□

例 2.9　随机游走序列的自协方差

对于随机游走序列，$x_t=\sum_{j=1}^t w_j$，因为 w_t 是不相关的随机变量，所以我们有

$$\gamma_x(s,t)=\operatorname{cov}(x_s,x_t)=\operatorname{cov}\left(\sum_{j=1}^s w_j,\sum_{k=1}^t w_k\right)=\min\{s,t\}\sigma_w^2$$

例如，当 $s=2$ 和 $t=4$ 时，

$$\operatorname{cov}(x_2,x_4)=\operatorname{cov}(w_1+w_2,w_1+w_2+w_3+w_4)=2\sigma_w^2$$

注意，与前面的例子相反，随机游走序列的自协方差函数依赖于特定的时间值 s 和 t，而不是依赖于时间间隔或滞后，并且随机游走序列的方差随着时间 t 的增加而无限地增加，$\operatorname{var}(x_t)=\gamma_x(t,t)=t\sigma_w^2$。在图 1.10 中可以看到这个方差增加的影响，其值开始远离它们的均值函数 δt（注意，在那个例子中 $\delta=0$ 和 0.3）。 □

在经典统计学中，处理一个在 -1 和 1 之间的相关性度量会更方便，这就引出了以下定义。

定义 2.10

自相关函数（ACF） 定义为

$$\rho(s,t)=\frac{\gamma(s,t)}{\sqrt{\gamma(s,s)\gamma(t,t)}} \tag{2.7}$$

♡

ACF 仅用序列的值 x_s 来度量时间序列 x_t 的线性可预测性。因为这是一个相关性度量，所以必须有 $-1 \leqslant \rho(s,t) \leqslant 1$。如果我们通过 x_s 与 x_t 的线性组合 $x_t=\beta_0+\beta_1 x_s$ 来完整地预测 x_t，那么当 $\beta_1>0$ 时，相关性为 $+1$，当 $\beta_1<0$ 时，相关性为 -1。因此，我们对根据 s 时刻序列值预测 t 时刻序列值的能力有了一个粗略的度量。

通常，我们想度量序列 x_s 对另一个序列 y_t 的可预测性。假设两个序列的方差都是有限的，我们有如下定义。

定义 2.11

对于两个序列 x_t 和 y_t 的**交叉协方差函数**定义为

$$\gamma_{xy}(s,t)=\operatorname{cov}(x_s,y_t)=E\left[(x_s-\mu_{xs})(y_t-\mu_{yt})\right] \tag{2.8}$$

♡

我们可以应用交叉协方差函数来定义交叉相关性：

定义 2.12

交叉相关函数（CCF） 定义为

$$\rho_{xy}(s,t)=\frac{\gamma_{xy}(s,t)}{\sqrt{\gamma_x(s,s)\gamma_y(t,t)}} \tag{2.9}$$

♡

2.2　平稳性

在前一节中，均值函数和自协方差函数的定义是具有一般性的。虽然我们没有对时间序列做出任何特殊的假设，但是前面的许多例子都暗示了时间序列的行为可能存在一种规律性。平稳性要求均值函数和自相关函数具有规律性，以便通过求均值估计这些量（或其他统计量）。

定义 2.13

平稳时间序列是一个方差有限的随机过程，它满足：

(i) 在式 (2.1) 中定义的均值函数 μ_t 是常数，不依赖于时间 t。

(ii) 在式 (2.2) 中定义的自协方差函数 $\gamma(\mathrm{s}, \mathrm{t})$ 仅依赖于时间 s 和 t 的差值。♡

举个例子，对于固定的每小时时间序列，凌晨 1 点和凌晨 3 点发生的事情的相关性与晚上 9 点和晚上 11 点发生的事情的相关性是一样的，因为它们都相隔 2 个小时。

例 2.14 随机游走序列是非平稳的

随机游走序列是非平稳的。因为它的自协方差函数 $\gamma(s,t) = \min\{s,t\}\sigma_w^2$ 依赖于时间。参见例 2.9 和习题 2.5。此外，具有漂移项的随机游走模型违反了定义 2.13 的两个条件，因为如例 2.3 所示的均值函数 $\mu_{xt} = \delta t$ 也是时间 t 的函数。□

因为平稳时间序列的均值函数 $E(x_t) = \mu_t$ 与时间 t 无关，所以我们可以写成

$$\mu_t = \mu \tag{2.10}$$

同时，由于平稳时间序列 x_t 的自协方差函数 $\gamma(s,t)$ 仅依赖于时间点 s 和 t 的差值，而与具体的时间值无关，我们可以简化符号。设 $s = t+h$，其中 h 表示时间移动或滞后。然后

$$\gamma(t+h,t) = \operatorname{cov}(x_{t+h}, x_t) = \operatorname{cov}(x_h, x_0) = \gamma(h,0)$$

因为时间 t 与 $t+h$ 的差值和时间 h 与 0 的差值是一致的，平稳时间序列的自协方差函数不依赖于时间参数 t。此后，为了方便起见，我们将 $\gamma(h,0)$ 的第二个参数省略。

定义 2.15

平稳时间序列的自协方差函数记为

$$\gamma(h) = \operatorname{cov}(x_{t+h}, x_t) = E\left[(x_{t+h} - \mu)(x_t - \mu)\right] \tag{2.11}$$

♡

定义 2.16

平稳时间序列的自相关函数 (ACF) 用式 (2.7) 表示为

$$\rho(h) = \frac{\gamma(h)}{\gamma(0)} \tag{2.12}$$

♡

因为这是一个相关函数，所以对于所有 h，我们有 $-1 \leqslant \rho(h) \leqslant 1$。通过比较自相关系数与极值 -1 和 1 的大小关系，可以评估其相对重要性。

例 2.17　白噪声的平稳性

例 1.7 和例 2.6 中讨论的白噪声序列的均值函数和自协方差函数可以很容易地计算出 $\mu_{wt}=0$ 和

$$\gamma_w(h)=\operatorname{cov}(w_{t+h},w_t)=\begin{cases}\sigma_w^2 & h=0\\ 0 & h\neq 0\end{cases}$$

因此，白噪声满足定义 2.13，它是平稳的。　□

例 2.18　移动平均序列的平稳性

例 1.8 的三阶移动平均过程是平稳的，因为由例 2.2 和例 2.8 得到，均值 $\mu_{vt}=0$ 以及自协方差函数

$$\gamma_v(h)=\begin{cases}\frac{3}{9}\sigma_w^2 & h=0\\ \frac{2}{9}\sigma_w^2 & h=\pm 1\\ \frac{1}{9}\sigma_w^2 & h=\pm 2\\ 0 & |h|>2\end{cases}$$

与时间 t 无关，满足定义 2.13 的条件。注意 ACF，即 $\rho(h)=\gamma(h)/\gamma(0)$ 由下式给出：

$$\rho_v(h)=\begin{cases}1 & h=0\\ 2/3 & h=\pm 1\\ 1/3 & h=\pm 2\\ 0 & |h|>2\end{cases}$$

图 2.1 显示了滞后 h 期的自相关函数图，可以通过如下代码绘制。注意，自相关函数是关于滞后 0 期对称的。

```
ACF = c(0,0,0,1,2,3,2,1,0,0,0)/3
LAG = -5:5
tsplot(LAG, ACF, type="h", lwd=3, xlab="LAG")
abline(h=0)
```

```
points(LAG[-(4:8)], ACF[-(4:8)], pch=20)
axis(1, at=seq(-5, 5, by=2))
```

□

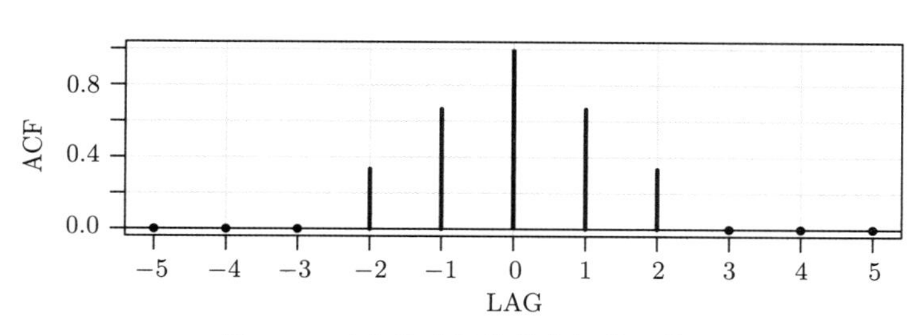

图 2.1　三点移动平均的自相关函数

例 2.19　趋势平稳性

一个时间序列具有在趋势范围内的平稳行为。例如，如果

$$x_t = \beta t + y_t$$

其中 y_t 是平稳的，且具有均值函数 μ_y 和自协方差函数 $\gamma_y(h)$，那么 x_t 的均值函数是

$$\mu_{x,t} = E(x_t) = \beta t + \mu_y$$

它与时间无关。因此，这个过程不是平稳的。然而，自协方差函数与时间无关，因为

$$\begin{aligned}\gamma_x(h) = \operatorname{cov}(x_{t+h}, x_t) &= E\left[(x_{t+h} - \mu_{x,t+h})(x_t - \mu_{x,t})\right] \\ &= E\left[(y_{t+h} - \mu_y)(y_t - \mu_y)\right] = \gamma_y(h)\end{aligned}$$

这种行为有时被称为*趋势平稳性*。该过程的一个例子是图 3.1 所示的三文鱼出口价格序列。

□

平稳过程的自协方差函数有几个有用的性质。首先，当 $h = 0$ 时，其值是序列的方差：

$$\gamma(0) = E\left[(x_t - \mu)^2\right] = \operatorname{var}(x_t) \tag{2.13}$$

另一个有用的性质是，对于所有 h，平稳序列的自协方差函数在原点是对称的：

$$\gamma(h) = \gamma(-h) \tag{2.14}$$

因为

$$\begin{aligned}\gamma(h) &= \gamma((t+h)-t) = E\left[(x_{t+h}-\mu)(x_t-\mu)\right] \\ &= E\left[(x_t-\mu)(x_{t+h}-\mu)\right] = \gamma(t-(t+h)) = \gamma(-h)\end{aligned}$$

结果得证。

例 2.20　自回归模型

AR 模型的平稳性比较复杂，将在第 4 章中讨论。这里使用 AR（1）来探索自回归模型的某些特征：

$$x_t = \phi x_{t-1} + w_t$$

如果 x_t 是平稳的，那么均值必然是常数，从而均值函数 $\mu_t = E(x_t) = \mu$ 是常数。因此，由式

$$E(x_t) = \phi E(x_{t-1}) + E(w_t)$$

得到 $\mu = \phi\mu + 0$。这里 $\phi \neq 1$，所以 $\mu = 0$。此外，假设 x_{t-1} 和 w_t 是不相关的。进一步得到

$$\begin{aligned}\operatorname{var}(x_t) &= \operatorname{var}(\phi x_{t-1} + w_t) \\ &= \operatorname{var}(\phi x_{t-1}) + \operatorname{var}(w_t) + 2\operatorname{cov}(\phi x_{t-1}, w_t) \\ &= \phi^2 \operatorname{var}(x_{t-1}) + \operatorname{var}(w_t)\end{aligned}$$

如果 x_t 是平稳的，其方差 $\operatorname{var}(x_t) = \gamma_x(0)$ 是常数，那么

$$\gamma_x(0) = \phi^2\gamma_x(0) + \sigma_w^2$$

从而

$$\gamma_x(0) = \sigma_w^2 \frac{1}{(1-\phi^2)}$$

注意，为了使序列有一个有限的正方差，我们应该要求 $|\phi| < 1$。类似地，我们有

$$\begin{aligned}\gamma_x(1) &= \operatorname{cov}(x_t, x_{t-1}) = \operatorname{cov}(\phi x_{t-1} + w_t, x_{t-1}) \\ &= \operatorname{cov}(\phi x_{t-1}, x_{t-1}) = \phi\gamma_x(0)\end{aligned}$$

所以，可以得到

$$\rho_x(1) = \frac{\gamma_x(1)}{\gamma_x(0)} = \phi$$

我们看到 ϕ 实际上是一个相关系数，$\phi = \operatorname{corr}(x_t, x_{t-1})$。

需要明确的是，使用 AR 模型必须非常小心。同样应该清楚的是，在例 1.9 中，简单地将初始条件设为零并不满足平稳条件，因为 x_0 不是一个常数，而是一个具有均值 μ、方差为 $\sigma_w^2/(1-\phi^2)$ 的随机变量。□

在 1.3 节中，我们讨论了通过滤波白噪声来生成实用时间序列模型的概念。事实上，Wold（1954）的一个结果表明，任何（非确定性的[㊀]）平稳时间序列实际上都是白噪声的滤波器。

性质 2.21（Wold 分解）　对任何时间序列 x_t，都可以写成白噪声的线性组合的形式：

$$x_t = \mu + \sum_{j=0}^{\infty} \psi_j w_{t-j} \tag{2.15}$$

其中，ψ_j 是满足 $\sum_{j=0}^{\infty} \psi_j^2 < \infty$ 以及 $\psi_0 = 1$ 的常数。我们称其为**线性过程**。

注意　有关性质 2.21 的下述几个方面非常重要：

- 如前所述，平稳时间序列可以看作白噪声的滤波器。它可能并不总是最好的模型，但这种形式的模型在许多情况下是可行的。
- 任何平稳时间序列都可以表示为一个不依赖于未来取值的模型。式 (2.15)中，x_t 仅依赖于现值 w_t 和过去值 $w_{t-1}, w_{t-2}, \cdots$。
- 因为系数满足 $\psi_j^2 \to 0, j \to \infty$，对久远的过去值的依赖是微不足道的。我们将遇到的许多模型都满足更强的条件 $\sum_{j=0}^{\infty} |\psi_j| < \infty$（考虑 $\sum_{n=1}^{\infty} 1/n^2 < \infty$ 和 $\sum_{n=1}^{\infty} 1/n = \infty$）。

我们将在第 4 章中遇到的模型是线性过程。对于线性过程，均值函数为 $E(x_t) = \mu$，对 $h \geqslant 0, \gamma(-h) = \gamma(h)$，自协方差函数为

$$\gamma(h) = \sigma_w^2 \sum_{j=0}^{\infty} \psi_{j+h} \psi_j \tag{2.16}$$

注意

$$\gamma(h) = \operatorname{cov}(x_{t+h}, x_t) = \operatorname{cov}\left(\sum_{j=0}^{\infty} \psi_j w_{t+h-j}, \sum_{k=0}^{\infty} \psi_k w_{t-k}\right)$$

㊀ 意味着时间序列中不存在任何一部分是确定的，即未来可以由过去完全预测，参见模型(1.6)。

$$
\begin{aligned}
&= \operatorname{cov}\left[w_{t+h} + \cdots + \psi_h w_t + \psi_{h+1} w_{t-1} + \cdots, \psi_0 w_t + \psi_1 w_{t-1} + \cdots\right] \\
&= \sigma_w^2 \sum_{j=0}^{\infty} \psi_{h+j} \psi_j
\end{aligned}
$$

移动平均模型已经是一个线性过程的形式。自回归模型（如例 1.9 中的模型）也可以按照我们在该例中所建议的形式书写。

当有几个序列时，在附加条件下，平稳性的概念仍然适用。

定义 2.22

如果两个序列 x_t 和 y_t 各自平稳，且交叉相关函数满足

$$
\gamma_{xy}(h) = \operatorname{cov}(x_{t+h}, y_t) = E[(x_{t+h} - \mu_x)(y_t - \mu_y)] \tag{2.17}
$$

则称这两个序列**联合平稳**。

♡

定义 2.23

联合平稳序列 x_t 和 y_t 的**交叉相关函数 (CCF)** 定义为

$$
\rho_{xy}(h) = \frac{\gamma_{xy}(h)}{\sqrt{\gamma_x(0)\gamma_y(0)}} \tag{2.18}
$$

♡

通常来说，我们有 $-1 \leqslant \rho_{xy}(h) \leqslant 1$，确保研究 x_{t+h} 和 y_t 的关系时，可以与极值 -1 和 1 进行比较。联合平稳序列的交叉相关函数通常情况下在零点是不对称的，因为当 $h > 0$ 时，y_t 在 x_{t+h} 之前发生，当 $h < 0$ 时，y_t 在 x_{t+h} 之后发生。

例 2.24　联合平稳性

考虑两个序列 x_t 和 y_t，它们分别是由白噪声过程的两个连续值的和与差构成的：

$$
x_t = w_t + w_{t-1} \quad \text{和} \quad y_t = w_t - w_{t-1}
$$

其中，w_t 是方差为 σ_w^2 的白噪声。因为 w_t 是不相关的，所以很容易证明 $\gamma_x(0) = \gamma_y(0) = 2\sigma_w^2$。此外，

$$
\gamma_x(1) = \operatorname{cov}(x_{t+1}, x_t) = \operatorname{cov}(w_{t+1} + w_t, w_t + w_{t-1}) = \sigma_w^2
$$

且有 $\gamma_x(-1) = \gamma_x(1)$；类似地，$\gamma_y(1) = \gamma_y(-1) = -\sigma_w^2$。同样，我们有

$$
\gamma_{xy}(0) = \operatorname{cov}(x_t, y_t) = \operatorname{cov}(w_{t+1} + w_t, w_{t+1} - w_t) = \sigma_w^2 - \sigma_w^2 = 0
$$

$$\gamma_{xy}(1) = \operatorname{cov}(x_{t+1}, y_t) = \operatorname{cov}(w_{t+1} + w_t, w_t - w_{t-1}) = \sigma_w^2$$
$$\gamma_{xy}(-1) = \operatorname{cov}(x_{t-1}, y_t) = \operatorname{cov}(w_{t-1} + w_{t-2}, w_t - w_{t-1}) = -\sigma_w^2$$

注意，当 $|h| > 2$ 时，$\operatorname{cov}(x_{t+h}, y_t) = 0$ ，应用式 (2.18)，可以得到

$$\rho_{xy}(h) = \begin{cases} 0 & h = 0 \\ \dfrac{1}{2} & h = 1 \\ -\dfrac{1}{2} & h = -1 \\ 0 & |h| \geqslant 2 \end{cases}$$

显然，自协方差函数和交叉协方差函数只依赖于滞后差值 h，因此序列是联合平稳的。□

例 2.25 用交叉相关函数进行预测

考虑确定两个平稳序列 x_t 和 y_t 之间的先行或滞后关系的问题。如果存在某个未知的整数 ℓ，有模型

$$y_t = Ax_{t-\ell} + w_t$$

成立，则当 $\ell > 0$ 时，称序列 x_t 是 y_t 的**先行**，当 $\ell < 0$ 时，称序列 x_t 是 y_t 的**滞后**。因此，对先行和滞后关系的估计，可能对根据序列 x_t 预测 y_t 的值很重要。假设噪声 w_t 与 x_t 序列不相关，则交叉协方差函数可以由下式计算：

$$\begin{aligned}\gamma_{yx}(h) &= \operatorname{cov}(y_{t+h}, x_t) = \operatorname{cov}(Ax_{t+h-\ell} + w_{t+h}, x_t) \\ &= \operatorname{cov}(Ax_{t+h-\ell}, x_t) = A\gamma_x(h - \ell)\end{aligned}$$

因为 $|\gamma_x(h-\ell)|$ 的最大值为 $\gamma_x(0)$，所以当 $h = \ell$ 时，交叉协方差函数看起来像输入序列 x_t 的自协方差。如果序列 x_t 是 y_t 的先行，它将在正的滞后值一边达到峰值；如果 x_t 序列是 y_t 的滞后，它将在负的滞后值一边达到峰值。下面的 R 代码给出了一个滞后值 $\ell = 5$ 时定义 2.30 中定义的 $\hat{\gamma}_{yx}(h)$ 的例子，其结果如图 2.2 所示。

```
x = rnorm(100)
y = lag(x,-5) + rnorm(100)
ccf(y, x, ylab="CCovF", type="covariance", panel.first=Grid())
```

□

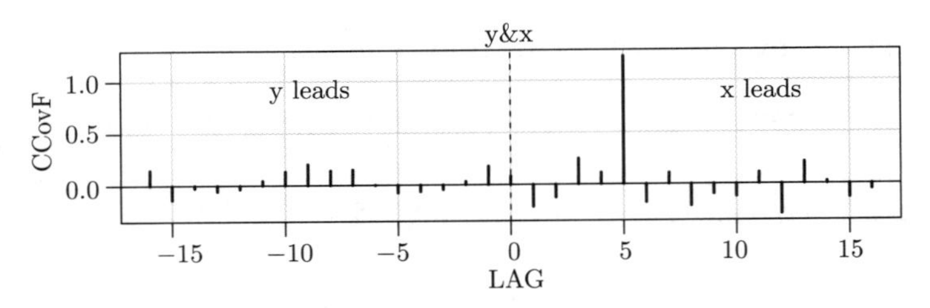

图 2.2　当 $\ell = 5$ 时例 2.25 的结果。图中标题指示了哪个序列是先行

2.3　相关系数的估计

对于数据分析来说，可用于估计均值、自协方差和自相关函数的仅仅是样本值 x_1, $x_2, \cdots, x_n$。在这种情况下，平稳性假设变得至关重要，基于这个条件可以使用平均来估计总体均值和协方差函数。

因此，如果时间序列是平稳的，则均值函数 (2.10)即 $\mu_t = \mu$ 是常数。因此，可以通过以下样本均值来估计它：

$$\bar{x} = \frac{1}{n}\sum_{t=1}^{n} x_t \tag{2.19}$$

该估计是无偏的，$E(\bar{x}) = \mu$，估计值的标准误差是 $\sqrt{\operatorname{var}(\bar{x})}$，可以使用性质 (2.7) 的第一部分来计算，如下所示：

$$\operatorname{var}(\bar{x}) = \frac{1}{n}\sum_{h=-n}^{n}\left(1 - \frac{|h|}{n}\right)\gamma_x(h) \tag{2.20}$$

如果随机过程是白噪声，那么因为 $\gamma_x(0) = \sigma_x^2$，式 (2.20) 可以简化为 σ_x^2/n。注意，在具有相关性的情况下，根据相关性的具体结构，$\bar{x}$ 的标准误差可能小于或者大于白噪声的情况（见习题 2.10）。

理论自相关函数 (2.12)由样本自相关函数来估计。

定义 2.26

对 $h = 0, 1, \cdots, n-1$，**样本自相关函数（ACF）**的定义为：

$$\widehat{\rho}(h) = \frac{\widehat{\gamma}(h)}{\widehat{\gamma}(0)} = \frac{\sum_{t=1}^{n-h}(x_{t+h} - \bar{x})(x_t - \bar{x})}{\sum_{t=1}^{n}(x_t - \bar{x})^2} \tag{2.21}$$

♡

式 (2.21)分子中的加法具有限定的范围，因为当 $t+h>n$ 时，x_{t+h} 不存在。注意，我们实际上是通过下式来估计自协方差函数的：

$$\widehat{\gamma}(h)=n^{-1}\sum_{t=1}^{n-h}(x_{t+h}-\bar{x})(x_t-\bar{x}) \tag{2.22}$$

其中，对于 $h=0,1,\cdots,n-1$，$\hat{\gamma}(-h)=\hat{\gamma}(h)$。尽管在滞后 h 处，我们只有 $n-h$ 对观测值

$$\{(x_{t+h},x_t)\,;t=1,\cdots,n-h\} \tag{2.23}$$

我们还是除以 n。这保证了样本自协方差函数将像一个真正的自协方差函数那样。例如，在式 (2.20)中估计 $\text{var}(\bar{x})$ 时，用 $\hat{\gamma}(h)$ 替换 $\gamma_x(h)$，这样就不会给出负值。

例 2.27　样本 ACF 和散点图

估计自相关函数和传统的估计相关系数类似，但我们使用式 (2.21)而不是在回归课程中学到的样本相关系数。图 2.3 中用 SOI 序列给出了一个示例，其中 $\hat{\rho}(1)=0.6$，$\hat{\rho}(6)=-0.19$. 以下代码用于生成图 2.3：

```
(r = acf1(soi, 6, plot=FALSE)) # sample acf values
  [1] 0.60   0.37  0.21  0.05 -0.11 -0.19
par(mfrow=c(1,2), mar=c(2.5,2.5,0,0)+.5, mgp=c(1.6,.6,0))
plot(lag(soi,-1), soi, col="dodgerblue3", panel.first=Grid())
legend("topleft", legend=r[1], bg="white", adj=.45, cex = 0.85)
plot(lag(soi,-6), soi, col="dodgerblue3", panel.first=Grid())
legend("topleft", legend=r[6], bg="white", adj=.25, cex = 0.8)
```

□

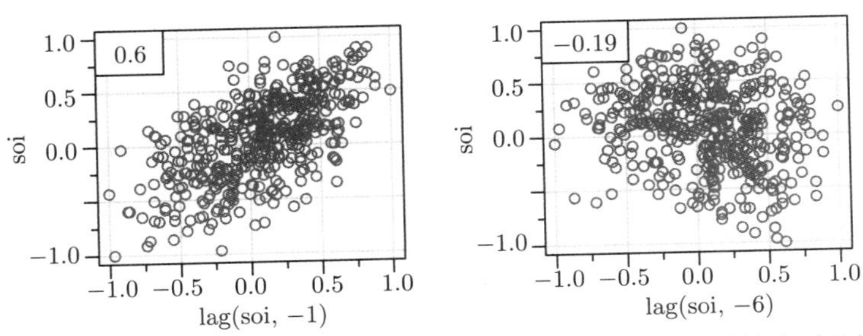

图 2.3　例 2.27 的图形。对序列 SOI，左图给出了序列间隔为 1 个月的点对的散点图，右图给出了间隔为 6 个月的点对的散点图。相应的自相关系数的估计值也在图中的小框中给出

注意　这种估计相关性的方法只有在数据平稳的情况下才有意义。如果数据不平稳，图中的每一点都可能是从不同的相关结构观测的。

样本自相关函数有一个抽样分布，应用它可以评估数据是否来自完全随机的序列或白噪声序列，或是否在某些滞后处具有显著的统计相关性。

性质 2.28（ACF 大样本分布）　如果 x_t 为白噪声，则在较弱条件下，当 n 很大时，对于 $h=1,2,\cdots,H$（H 为随机给定的值），ACF 即 $\widehat{\rho_x}(h)$ 近似服从均值为 0 和标准差为 $\dfrac{1}{\sqrt{n}}$ 的正态分布。

基于性质 2.28，我们通过评估多少 $\hat{\rho}(h)$ 的值在区间 $\pm\dfrac{2}{\sqrt{n}}$（两个标准误差）上来确定一个序列是否为白噪声序列。对于白噪声序列，大约 95% 的样本 ACF 应该在这个范围内[㊀]。

例 2.29　一个模拟时间序列

为了对不同长度的时间序列的样本 ACF 与理论 ACF 进行比较，考虑通过投掷均匀硬币生成的一组数据，当获得正面时令 $x_t=2$，当获得反面时令 $x_t=-2$。因此，我们只有 $2,4,6,8$。令

$$y_t = 5 + x_t - 0.5x_{t-1} \tag{2.24}$$

我们考虑两种情况，一种情况是样本量较小（$n=10$，参见图 2.4），另一种情况是样本量大小居中（$n=100$）。

```
set.seed(101011)
x1 = sample(c(-2,2), 11, replace=TRUE) # simulated coin tosses
x2 = sample(c(-2,2), 101, replace=TRUE)
y1 = 5 + filter(x1, sides=1, filter=c(1,-.5))[-1]
y2 = 5 + filter(x2, sides=1, filter=c(1,-.5))[-1]
tsplot(y1, type="s", col=4, xaxt="n", yaxt="n") # y2 not shown
axis(1, 1:10); axis(2, seq(2,8,2), las=1)
points(y1, pch=21, cex=1.1, bg=6)
acf(y1, lag.max=4, plot=FALSE) # 1/√10 =.32
     0      1      2     3      4
1.000 -0.352 -0.316 0.510 -0.245
acf(y2, lag.max=4, plot=FALSE) # 1/√100 =.1
     0      1     2     3     4
1.000 -0.496 0.067 0.087 0.063
```

㊀ 此时，正态分布的 $z_{.025}=1.959\,963\,984\,54$，近似为 1.96 或者 2。

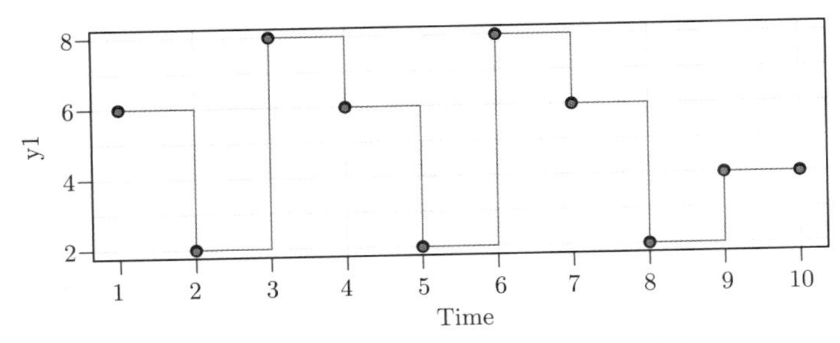

图 2.4 模型 (2.24)在 $n=10$ 时的一个特例

利用第一个原则，可以从模型 (2.24)中得到理论 ACF 如下：

$$\rho_y(1)=\frac{-0.5}{1+0.5^2}=-0.4$$

并且当 $|h|>1$ 时，$\rho_y(h)=0$ （参见习题 2.15）。将 $n=10$、$n=100$ 的样本 ACF 和理论 ACF 分别进行比较，将注意到较小的样本会有较大的方差变化。 □

定义 2.30

式 (2.17)中给出的交叉协方差函数 $\gamma_{xy}(h)$ 以及式 (2.18)中给出的交叉相关函数 $\rho_{xy}(h)$ 的估计分别由**样本交叉协方差函数**

$$\widehat{\gamma}_{xy}(h)=n^{-1}\sum_{t=1}^{n-h}(x_{t+h}-\bar{x})(y_t-\bar{y}) \tag{2.25}$$

和**样本交叉相关函数**

$$\widehat{\rho}_{xy}(h)=\frac{\widehat{\gamma}_{xy}(h)}{\sqrt{\widehat{\gamma}_x(0)\widehat{\gamma}_y(0)}} \tag{2.26}$$

给出。其中 $\widehat{\gamma}_{xy}(-h)=\widehat{\gamma}_{yx}(h)$ 确定滞后值为负数时的函数值。 ♡

样本交叉相关函数为滞后值 h 的函数，可以应用例 2.25 中提到的理论交叉协方差函数的性质，分析相关函数的图形，找到数据中的先行和滞后关系。因为 $-1\leqslant\widehat{\rho}_{xy}(h)\leqslant 1$，可以通过将峰值的大小与其理论最大值进行比较来评估峰值的实际重要性。

性质 2.31（交叉相关系数的大样本分布） 如果过程 x_t 和 y_t 是独立过程，且**至少有一个过程是独立的白噪声过程**，那么在一般条件下，$\widehat{\rho}_{xy}(h)$ 的大样本分布是正态的，且均值为零，标准差为 $\dfrac{1}{\sqrt{n}}$。

例 2.32 SOI 和新鱼数量相关性分析

自相关函数和交叉相关函数对于分析两个平稳时间序列的联合行为也是有用的，这两个平稳序列的行为可能以某种未指明的方式相关。在例 1.4（见图 1.5）中，我们同时考虑了 SOI 的月度数据和新鱼数量。图 2.5 显示了这两个序列的自相关函数和交叉相关函数（ACF 和 CCF）。

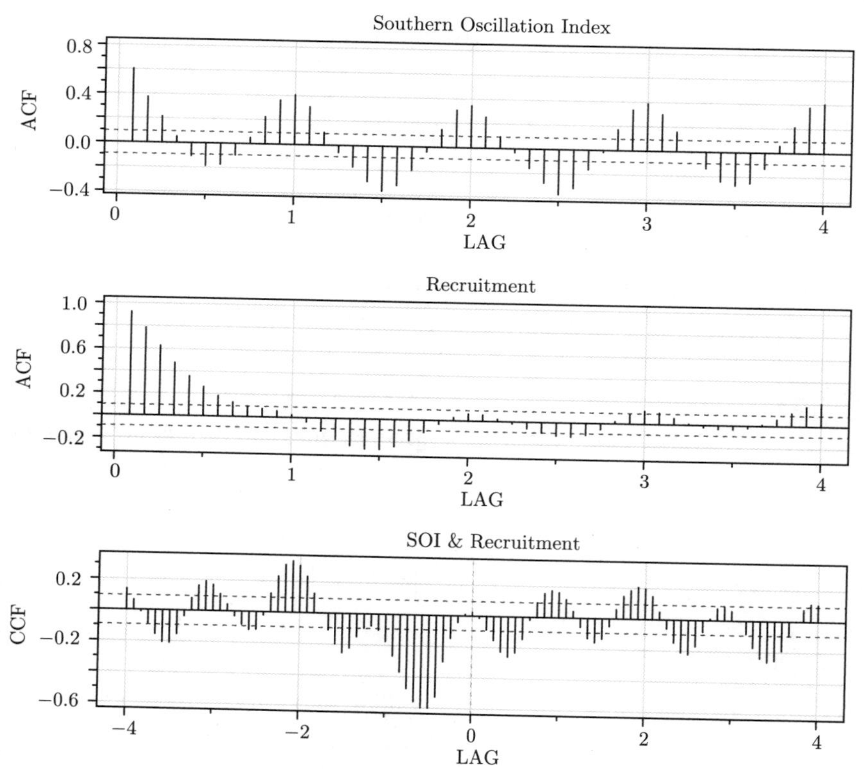

图 2.5 SOI 序列样本 ACF（上）和新鱼数量序列 ACF（中），以及两个序列的样本 CCF（下）。负的滞后值表明 SOI 领先新鱼数量序列，横轴的滞后值以季节（共 12 个月）为单位

两个序列的 ACF 都表现出每隔 12 个单位的序列值之间相关性的周期性。每 12 个月或者 1 年的观测值（如 $24, 36, 48, \cdots$）之间呈强正相关。每 6 个月的观测值之间呈负相关，显示正偏移往往与 6 个月后的负偏移有关。这种特征的模式可以由一个周期为 12 个

月的正弦分量生成，见例 2.33。交叉相关函数在 $h=-6$ 时存在峰值，意味着在时间 $t-6$ 个月测量的 SOI 序列值与在时间 t 测量的新鱼数量序列相关。我们可以说 SOI 领先新鱼数量序列 6 个月，CCF 的符号是负的，导致两个序列向不同方向移动。也就是说，SOI 的增加导致新鱼数量减少，反之亦然。注意 CCF 中存在 12 个月的周期性。

图 2.5 中的虚线表示 $\pm\frac{2}{\sqrt{453}}$，如果噪声满足性质 2.28 和性质 2.31，意味着上限将会超过 2.5%。但由于两个序列都不是噪声序列，所以这里的虚线没有实际用处，我们可以忽略这些虚线。生成图 2.5 的 R 代码为：

```
par(mfrow=c(3,1))
acf1(soi, 48, main="Southern Oscillation Index")
acf1(rec, 48, main="Recruitment")
ccf2(soi, rec, 48, main="SOI & Recruitment")
```

□

例 2.33　预白化和交叉相关分析*

虽然我们还没有所有必备的工具，但是在学习交叉相关分析之前，有必要先讨论预白化时间序列的想法。基本思路很简单，为了应用性质 2.31，至少有一个序列必须是白噪声。如果情况并非如此，则没有简单的方法可以判断交叉相关估计是否与零显著不同。因此，在例 2.32 中，我们只是猜测 SOI 和新鱼数量序列之间的线性依赖关系。 8.5 节将讨论时间序列预白化的优选方法。

例如，在图 2.6中，我们生成两个独立时间序列 x_t 和 $y_t(t=1,2,\cdots,120)$，分别为

$$x_t = 2\cos\left(2\pi t\frac{1}{12}\right) + w_{t1} \quad \text{和} \quad y_t = 2\cos\left(2\pi[t+5]\frac{1}{12}\right) + w_{t2}$$

其中 $\{w_{t1}, w_{t2}; t=1,\cdots,120\}$，都是独立的标准正态分布。该时间序列类似于 SOI 和新鱼数量序列。生成的时间序列的时序图显示在图 2.6 的最上面一行。图 2.6 的中间一行图显示了每个时间序列的样本 ACF，每一个 ACF 图都展示了相应时间序列的循环特性。图 2.6 的底行左图显示了序列 x_t 和 y_t 之间的样本 CCF，即使两个序列是独立的，它们也显示出交叉相关。图 2.6 的底行右图还显示 x_t 和预白化的 y_t 之间的样本 CCF，这表明两个序列是不相关的。所谓预白化 y_t，指的是通过对它应用 $\cos(2\pi t/12)$ 和 $\sin(2\pi t/12)$ 进行回归，从而从序列中剔除信号（见例 3.15），从而得到 $\widetilde{y}_t = y_t - \hat{y}_t$，其中 $\widetilde{y}_t$ 是回归的预测值。生成图 2.6 的 R 代码如下：

```
set.seed(1492)
num = 120
t   = 1:num
X   = ts( 2*cos(2*pi*t/12)     + rnorm(num), freq=12 )
Y   = ts( 2*cos(2*pi*(t+5)/12) + rnorm(num), freq=12 )
Yw  = resid(lm(Y~cos(2*pi*t/12) + sin(2*pi*t/12), na.action=NULL))
par(mfrow=c(3,2))
tsplot(X, col=4); tsplot(Y, col=4)
acf1(X, 48);      acf1(Y, 48)
ccf2(X, Y, 24);   ccf2(X, Yw, 24, ylim=c(-.6,.6))
```

□

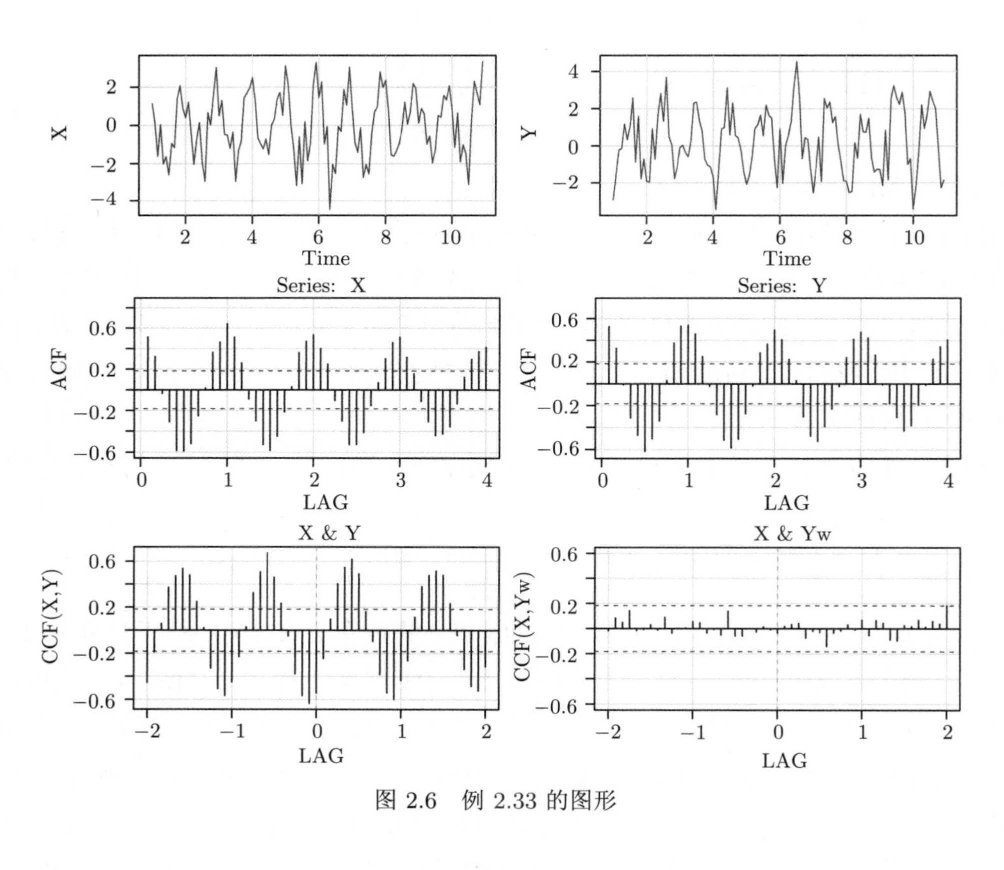

图 2.6 例 2.33 的图形

习题

2.1 不使用数学符号，解释为什么平稳性如此重要。

2.2 考虑时间序列

$$x_t = \beta_0 + \beta_1 t + w_t$$

其中 β_0 和 β_1 都是回归系数，w_t 是白噪声，且其方差为 σ_w^2。

（a） 判断 x_t 是否平稳。

（b） 证明 $y_t = x_t - x_{t-1}$ 是平稳的。

（c） 证明三阶中心平滑的平均值

$$v_t = \frac{1}{3}(x_{t-1} + x_t + x_{t+1})$$

是 $\beta_0 + \beta_1 t$。

2.3 在平滑时间序列数据时，有时对离中心较远的值给予较小的权重是一个较好的选择。考虑简单的三点中心平滑形式：

$$x_t = \frac{1}{4}(w_{t-1} + 2w_t + w_{t+1})$$

其中 w_t 是白噪声，且其方差为 σ_w^2，确定关于滞后 h 的自协方差和自相关函数。

2.4 我们还没有讨论自回归模型的平稳性（将在第 4 章中讨论）。现在，设 $x_t = \phi x_{t-1} + w_t$，其中 $w_t \sim wn(0,1)$，ϕ 是常数，假设 x_t 平稳，且 x_{t-1} 与白噪声项 w_t 不相关。

（a） 证明 x_t 的均值函数为 $\mu_{xt} = 0$。

（b） 证明 $\gamma_x(0) = \mathrm{var}(x_t) = \dfrac{1}{(1-\phi^2)}$。

（c） ϕ 为何值的时候，（b）中的结果成立?

（d） 给出一阶滞后自相关 $\rho_x(1)$。

2.5 考虑带漂移项的随机游走序列

$$x_t = \delta + x_{t-1} + w_t$$

其中 $t = 1, 2, \cdots, x_0 = 0$，并且 w_t 是白噪声，其方差为 σ_w^2。

（a） 证明模型可以写成 $x_t = \delta t + \sum_{k=1}^{t} w_k$。

（b） 求 x_t 的均值函数和自协方差函数。

（c） 证明 x_t 是非平稳的。

（d） 证明 $\rho_x(t-1, t) = \sqrt{\dfrac{t-1}{t}} \to 1, t \to \infty$，这个结果意味着什么？

(e) 做一个使序列平稳的变换，并证明变换后的序列是平稳的。

2.6 例 1.2 中讨论的全球温度数据（见图 1.2）是平稳序列还是非平稳序列？证明你的答案。

2.7 具有周期成分的时间序列可以由下式表示：

$$x_t = U_1 \sin(2\pi\omega_0 t) + U_2 \cos(2\pi\omega_0 t)$$

其中 U_1、U_2 是均值为零的独立随机变量，$E(u_1^2) = E(u_2^2) = \sigma^2$。常数 w_0 确定过程完成一个完整循环所需的周期或时间。证明该序列是弱平稳的，且自协方差函数为：

$$\gamma(h) = \sigma^2 \cos(2\pi\omega_0 h)$$

2.8 考虑两个序列：

$$x_t = w_t$$

$$y_t = w_t - \theta w_{t-1} + u_t$$

其中 w_t 和 μ_t 为独立的白噪声序列，方差分别为 σ_w^2 和 σ_μ^2，且 θ 是一个未知常数。

(a) 将序列 y_t 的 ACF 即 $\rho_y(h)(h = 0, \pm 1, \pm 2, \cdots)$ 表示成 σ_w^2、σ_μ^2 与 θ 的一个函数。

(b) 写出 x_t 和 y_t 的交叉相关函数 $\rho_{xy}(h)$。

(c) 证明 x_t 和 y_t 是联合平稳的。

2.9 设 $w_t(t = 0, \pm 1, \pm 2, \cdots)$ 为正态白噪声过程，考虑下面的序列：

$$x_t = w_t w_{t-1}$$

确定 x_t 的均值和自协方差函数，并说明该序列是否平稳。

2.10 设 $x_t = \mu + w_t + \theta w_{t-1}$，其中 $w_t \sim wn(0, \sigma_w^2)$。

(a) 证明 $E(x_t) = \mu$。

(b) 证明 x_t 的自协方差函数为：$\gamma_x(0) = \sigma_w^2(1 + \theta^2)$，$\gamma_x(\pm 1) = \sigma_w^2 \theta$，以及其他情况下 $\gamma_x(h) = 0$。

(c) 证明对所有 $\theta \in \mathbb{R}$，x_t 是平稳的。

(d) 应用式 (2.20)来估计 μ，在下列条件下计算 $\text{var}(\bar{x})$：(i) $\theta = 1$；(ii) $\theta = 0$；(iii) $\theta = -1$。

(e) 时间序列应用中，样本量 n 通常很大，因此 $\dfrac{(n-1)}{n} \approx 1$。考虑到这一点，评估（d）中的结果。特别是，在三种不同条件下对均值 μ 的估计的精度如何变化？

2.11(a) 和例 1.7 一样，模拟长度为 $n = 500$ 的一个高斯白噪声序列，然后计算其滞后 1 到 20 阶的样本 ACF，记作 $\widehat{\rho}(h)$。把得到的结果与真实的 ACF 即 $\rho(h)$ 进行比较。[参见例 2.17。]

(b) 设 $n = 50$，重复（a）。长度 n 是如何影响结果的？

2.12(a) 和例 1.8 一样，模拟长度为 $n = 500$ 的一个移动平均序列，然后计算其滞后 1 到 20 阶样本 ACF 即 $\widehat{\rho}(h)$。把得到的结果与真实的 ACF 即 $\rho(h)$ 进行比较。[参见例 2.18。]

(b) 设 $n = 50$，重复（a）。长度 n 是如何影响结果的？

2.13 模拟一个例 1.9 中给出的 AR 模型，模拟序列长度为 $n = 500$。然后绘制其滞后 1 到 50 阶的样本 ACF。从样本 ACF 可以大致得到数据循环行为的什么结论？[参见例 2.32。]

2.14 模拟例 1.11 中给出的信号加噪声模型，其中（a）$\sigma_w = 0$,（b）$\sigma_w = 1$,（c）$\sigma_w = 5$。模拟序列长度为 $n = 500$。然后绘制生成的这三个序列的滞后 1 到 100 阶的样本 ACF。从这三个序列的样本 ACF 可以大致得到数据循环行为的什么结论？[参见例 2.32。]

2.15 对例 2.29 给出的时间序列 y_t，验证给出的结论：$\rho_y(1) = -0.4$，$h > 1$ 时 $\rho_y(h) = 0$。

第 3 章　时间序列回归和探索性数据分析

3.1　时间序列的最小二乘

我们首先考虑一个问题，即时间序列 $x_t(t=1,\cdots n,)$ 受到一系列固定序列 $z_{t1},z_{t2},\cdots$, z_{tq} 的影响。当 $q=3$ 时，外生变量如下：

时间点	因变量	自变量		
1	x_1	z_{11}	z_{12}	z_{13}
2	x_2	z_{21}	z_{22}	z_{23}
$\vdots$	$\vdots$	$\vdots$	$\vdots$	$\vdots$
n	x_n	z_{n1}	z_{n2}	z_{n3}

我们通过线性回归模型表达这种关系：

$$x_t=\beta_0+\beta_1 z_{t1}+\beta_2 z_{t2}+\cdots+\beta_q z_{tq}+w_t \tag{3.1}$$

其中 $\beta_0,\beta_1,\cdots,\beta_q$ 是未知的固定回归系数，$\{w_t\}$ 是方差为 σ_w^2 的白噪声，我们稍后将放宽这个假设。

例 3.1　估计商品的线性趋势

考虑 2003 年 9 月到 2017 年 6 月挪威三文鱼的每公斤月出口价格，如图 3.1 所示。该序列有一个明显的上升趋势，我们可以使用简单的线性回归进行拟合来估计该趋势：

$$x_t=\beta_0+\beta_1 z_t+w_t,\quad z_t=2003\frac{8}{12},2001\frac{8}{12},\cdots,2017\frac{5}{12}$$

上式以回归模型 (3.1)的形式呈现，其中 $q=1$。x_t 代表三文鱼价格，z_t 代表月份，数据可以通过代码 `time(salmon)` 获取。我们假设误差 w_t 是白噪声，这可能不成立，但现在我们做出这一假设。 5.4 节将详细讨论误差自相关的问题。

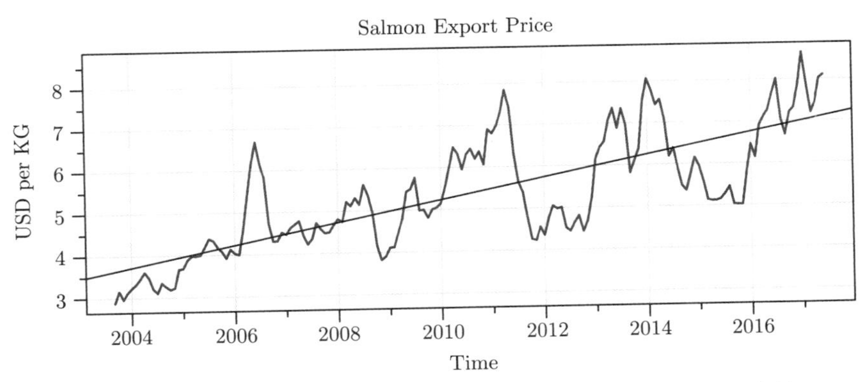

图 3.1 2003 年 9 月到 2017 年 6 月挪威三文鱼的每公斤月出口价格

在普通最小二乘（OLS）中，我们关于 $\beta_i\,(i=0,1)$ 最小化误差平方和

$$S=\sum_{t=1}^{n} w_t^2=\sum_{t=1}^{n}\left(x_t-[\beta_0+\beta_1 z_t]\right)^2$$

在这种情况下，我们可以使用简单的微积分来计算 $\dfrac{\partial S}{\partial \beta_i}=0$，以获得两个方程来求解 β_i，其中 $i=0,1$。系数的 OLS 估计则可以显式地由下式给出：

$$\hat{\beta}_1=\frac{\sum_{t=1}^{n}(x_t-\bar{x})(z_t-\bar{z})}{\sum_{t=1}^{n}(z_t-\bar{z})^2} \quad 和 \quad \hat{\beta}_0=\bar{x}-\hat{\beta}_1\bar{z}$$

其中 $\bar{x}=\sum_t x_t/n$ 和 $\bar{z}=\sum_t z_t/n$ 是各自的样本均值。

使用 R，我们得到估计的斜率系数 $\hat{\beta}_1=0.25$（标准误差为 0.02），每年产生约 25 美分的显著增长[㊀]。最后，图 3.1 显示了叠加估计趋势线的数据。要在 R 中执行此分析，请使用以下命令：

```
summary(fit <- lm(salmon~time(salmon), na.action=NULL))
 Coefficients:
                 Estimate Std. Error t value Pr(>|t|)
  (Intercept)  -503.08947   34.44164  -14.61   <2e-16
  time(salmon)    0.25290    0.01713   14.76   <2e-16
  ---
  Residual standard error: 0.8814 on 164 degrees of freedom
  Multiple R-squared:  0.5706,    Adjusted R-squared:  0.568
  F-statistic: 217.9 on 1 and 164 DF, p-value: < 2.2e-16
```

㊀ 在这里的时间单位是 1 年，即 $z_t-z_{t-12}=1$，因此 $\hat{x}_t-\hat{x}_{t-12}=\hat{\beta}_1(z_t-z_{t-12})=\hat{\beta}_1$。

```
tsplot(salmon, col=4, ylab="USD per KG", main="Salmon Export Price")
abline(fit)
```

□

简单线性回归以一种相当直接的方式扩展到多元线性回归。和前面的例子一样，OLS 估计关于 $\beta_0, \beta_1, \cdots, \beta_q$ 最小化误差平方和

$$S = \sum_{t=1}^{n} w_t^2 = \sum_{t=1}^{n} \left(x_t - [\beta_0 + \beta_1 z_{t1} + \beta_2 z_{t2} + \cdots + \beta_q z_{tq}]\right)^2 \tag{3.2}$$

这种最小化可以通过求解 $\dfrac{\partial S}{\partial \beta_i} = 0$ 来实现，对于 $i = 0, 1, 2, \cdots, q$，可以得到 $q+1$ 个方程，有 $q+1$ 个未知数。这些方程通常称为*正规方程*（normal equation）。最小化的误差平方和（式 (3.2)），记为 SSE，可写为如下形式：

$$\text{SSE} = \sum_{t=1}^{n} (x_t - \hat{x}_t)^2 \tag{3.3}$$

其中

$$\widehat{x}_t = \hat{\beta}_0 + \hat{\beta}_1 z_{t1} + \hat{\beta}_2 z_{t2} + \cdots + \hat{\beta}_q z_{tq}$$

并且 $\hat{\beta}_i$ 是 β_i 的 OLS 估计，$i = 0, 1, 2, \cdots, q$。β 的普通最小二乘估计量是无偏的，并且在所有线性无偏估计量中具有最小方差。方差 σ_w^2 的无偏估计为：

$$s_w^2 = \text{MSE} = \frac{\text{SSE}}{n - (q+1)} \tag{3.4}$$

其中 MSE 为*均方误差*。因为误差是正态的，所以如果 $\text{se}(\hat{\beta}_i)$ 表示 β_i 估计量的估计的标准误差，那么

$$t = \frac{\left(\widehat{\beta}_i - \beta_i\right)}{\text{se}\left(\hat{\beta}_i\right)} \tag{3.5}$$

服从自由度为 $n-(q+1)$ 的 t 分布。对于 $i = 1, 2, \cdots, q$，该结果通常用于单样本检验零假设的 $H_0 : \beta_i = 0$。

各种竞争模型通常关注于分离或选择出最佳的自变量子集。假设所提出的模型只选择 $r < q$ 个独立变量，即 $z_{t,1:r} = \{z_{t1}, z_{t2}, \cdots, z_{tr}\}$ 影响因变量 x_t，简化的模型是：

$$x_t = \beta_0 + \beta_1 z_{t1} + \cdots + \beta_r z_{tr} + w_t \tag{3.6}$$

其中 $\beta_1, \beta_2, \cdots, \beta_r$ 是原始的 q 个系数变量的一个子集。

在这种情况下的零假设是 $H_0: \beta_{r+1} = \cdots = \beta_q = 0$。我们可以通过使用 F 统计量比较两种模型下的误差平方和，据此来检验简化模型 (3.6)和完整模型 (3.1)。F 统计量为

$$F = \frac{(\mathrm{SSE}_r - \mathrm{SSE})/(q-r)}{\mathrm{SSE}/(n-q-1)} = \frac{\mathrm{MSR}}{\mathrm{MSE}} \tag{3.7}$$

其中 SSE_r 是简化模型 (3.7)下的误差平方和。注意 $\mathrm{SSE}_r \geqslant \mathrm{SSE}$，因为简化模型具有更少的参数。如果 $H_0: \beta_{r+1} = \cdots = \beta_q = 0$ 为真，则 $\mathrm{SSE}_r \approx \mathrm{SSE}$，因为那些 β 的估计值将接近 0。因此，如果 $\mathrm{SSR} = \mathrm{SSE}_r - \mathrm{SSE}$ 很大，那么我们不相信 H_0。在零假设下，当式 (3.6)是正确的模型时，式 (3.7)服从自由度为 $q-r$ 和 $n-q-1$ 的中心化 F 分布。

对于该情况，这些结果通常总结在方差分析（ANOVA）表中（见表 3.1）。分子的差异通常称为回归平方和（SSR）。如果 $F > F_{n-q-1}^{q-r}(\alpha)$，则在 α 水平处拒绝零假设，即具有分子自由度 $q-r$、分母自由度 $n-q-1$ 的 F 分布的 $1-\alpha$ 百分位数。

表 3.1　回归分析的方差分析

误差源	自由度（df）	平方和	均方	F 统计量
$z_{t,r+1:q}$	$q-r$	$\mathrm{SSR} = \mathrm{SSE}_r - \mathrm{SSE}$	$\mathrm{MSR} = \mathrm{SSR}/(q-r)$	$F = \frac{\mathrm{MSR}}{\mathrm{MSE}}$
误差	$n-(q+1)$	SSE	$MSE = \mathrm{SSE}/(n-q-1)$	

一种特殊情况是，零假设 $H_0: \beta_1 = \cdots = \beta_q = 0$。在这种情况下，$r = 0$，并且式 (3.6)中的模型变为

$$x_t = \beta_0 + w_t$$

简化模型下的残差平方和为

$$\mathrm{SSE}_0 = \sum_{t=1}^{n} (x_t - \bar{x})^2 \tag{3.8}$$

SSE_0 通常称为调整后的总平方和，或者记为 SST（即 $\mathrm{SST} = \mathrm{SSE}_0$）。在这种情况下，

$$\mathrm{SST} = \mathrm{SSR} + \mathrm{SSE}$$

我们可以使用下式来衡量所有变量能解释的变化比例：

$$R^2 = \frac{\mathrm{SSR}}{\mathrm{SST}} \tag{3.9}$$

R^2 称为确定系数。

上面所讨论的技术可用于模型选择，例如逐步回归。另一种方法是基于简单有效原理（parsimony，也称为奥卡姆剃刀原理（Occam's razor）），我们试图找到具有最小复杂度的最准确的模型。对于回归模型，这意味着我们找到的模型具有最好的拟合度与最少的参数。在关于回归的课程中，你可能已经通过 Mallows C_p 了解了简单有效原理和模型选择。

为了度量准确性，我们使用误差平方和 $\text{SSE} = \sum_{t=1}^{n}(x_t - \widehat{x}_t)^2$，因为它度量了拟合值（$\widehat{x}_t$）与实际数据（$x_t$）的相似程度。假设我们考虑具有 k 个系数的正态回归模型，并将方差的最大似然估计表示为

$$\widehat{\sigma}_k^2 = \frac{\text{SSE}(k)}{n} \tag{3.10}$$

其中 SSE(k) 表示具有 k 个回归系数的模型的残差平方和。模型的复杂度可以通过模型中参数个数 k 来描述。Akaike（1974）建议平衡拟合的准确度与模型中参数的数量。

定义 3.2　Akaike 信息准则（AIC）

$$\text{AIC} = \log \widehat{\sigma}_k^2 + \frac{n+2k}{n} \tag{3.11}$$

其中 $\widehat{\sigma}_k^2$ 由式 (3.10)给出，k 是模型中的参数个数[㊀]。♡

因此，最优模型将是精确的（具有较小误差 $\widehat{\sigma}_k$），并且不是过于复杂（具有较小的 k）。因此，产生最小 AIC 对应的模型是最佳模型。

式 (3.11)给出的惩罚项的选择不是唯一的，并且有相当多的文献提倡使用不同的惩罚项。由 Sugiura（1978）提出并由 Hurvich 和 Tsai（1989）扩展的修正形式是基于线性回归模型的小样本分布结果。修正后的形式如下。

定义 3.3　偏差修正 AIC（AICc）

$$\text{AICc} = \log \widehat{\sigma}_k^2 + \frac{n+k}{n-k-2} \tag{3.12}$$

其中 $\widehat{\sigma}_k^2$ 由式 (3.10)给出，k 是模型中的参数个数。♡

我们也可以根据贝叶斯论证推导出一个修正项，参见文献 Schwarz（1978），其结果如下。

㊀ 形式上，AIC 定义为 $-2\log L_k + 2k$，其中 L_k 是最大似然，k 是模型中的参数个数。对于正态分布的回归问题，AIC 可以简化为式 (3.11)的形式。相比之下，BIC 被定义为 $-2\log L_k + k\log n$，所以复杂度的代价要大得多。

定义 3.4 贝叶斯信息准则（BIC）

$$\mathrm{BIC} = \log \hat{\sigma}_k^2 + \frac{k \log n}{n} \tag{3.13}$$

使用与定义 3.3 中的表示法。♡

BIC 也称为 Schwarz 信息准则（SIC）。各种模拟研究都倾向于验证 BIC 在大样本中获得正确阶数方面表现良好，而 AICc 往往在参数相对数量较大的较小样本中表现优异，参阅 McQuarrie 和 Tsai（1998）进行详细比较。

例 3.5 污染、温度和死亡率

图 3.2 所示的数据是从 Shumway 等（1988）的研究中提取的序列。研究了温度和污染对洛杉矶每周死亡率可能造成的影响。请注意所有序列中对应于冬季和夏季变化的强烈季节分量以及 10 年间心血管死亡率的下降趋势。

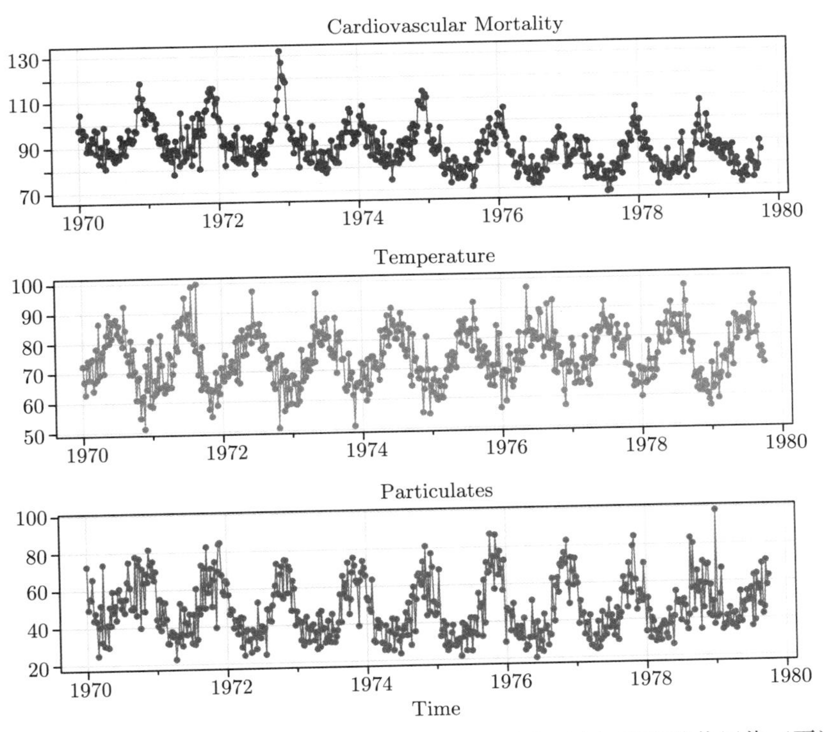

图 3.2 洛杉矶地区平均每周心血管死亡率（上）、温度（中）和颗粒物污染（下）。在 1970~1979 年的 10 年间，通过过滤日数据得到 508 个六日平滑平均值

注意死亡率和温度之间的反比关系：当温度较低时，死亡率更高。此外，颗粒物污染似乎与死亡率正相关：污染程度越高，死亡率越高。在图 3.3 中，数据被绘制在一起，可以更好地看到这些关系。时间序列图使用以下 R 代码生成：

```
##--  Figure 3.2 --##
culer = c(rgb(.66,.12,.85), rgb(.12,.66,.85), rgb(.85,.30,.12))
par(mfrow=c(3,1))
tsplot(cmort, main="Cardiovascular Mortality", col=culer[1],
           type="o", pch=19, ylab="")
tsplot(tempr, main="Temperature", col=culer[2], type="o", pch=19,
           ylab="")
tsplot(part, main="Particulates", col=culer[3], type="o", pch=19,
            ylab="")
##-- Figure 3.3 --##
tsplot(cmort, main="", ylab="", ylim=c(20,130), col=culer[1])
lines(tempr, col=culer[2])
lines(part, col=culer[3])
legend("topright", legend=c("Mortality", "Temperature", "Pollution"),
           lty=1, lwd=2, col=culer, bg="white")
```

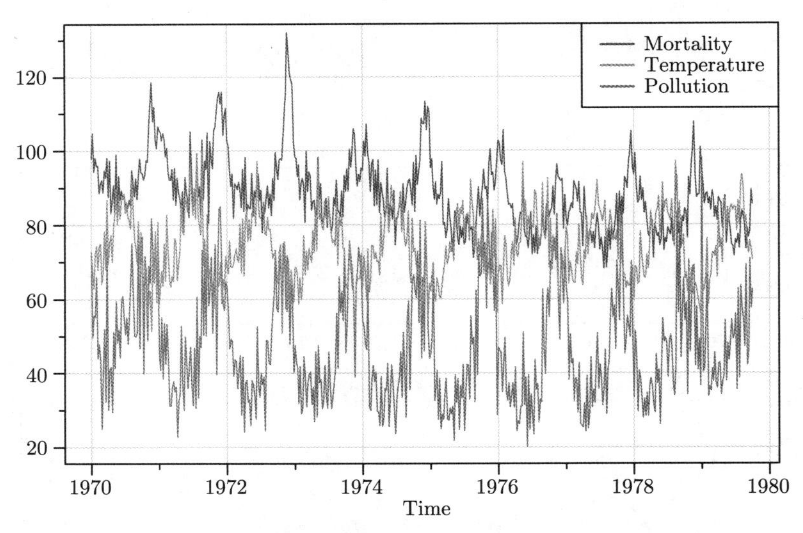

图 3.3　在同一张图中绘制污染、温度和死亡率数据

为了进一步研究这些关系，绘制如图 3.4 所示的散点图矩阵，表明心血管死亡率与污染颗粒物呈线性相关，与温度呈非线性相关。我们注意到，温度–死亡率曲线的形状表明，

较高的温度和较低的温度都与心血管死亡率的增加有关。在 R 中生成图 3.4 所示的散点图矩阵的代码如下所示。脚本 panel.cor 计算所有变量之间的相关性。可以调用 pairs 获取对应的值。

```
panel.cor <- function(x, y, ...){
    usr <- par("usr"); on.exit(par(usr))
    par(usr = c(0, 1, 0, 1))
    r <- round(cor(x, y), 2)
    text(0.5, 0.5, r, cex = 1.75)
}
pairs(cbind(Mortality=cmort, Temperature=tempr, Particulates=part),
          col="dodgerblue3", lower.panel=panel.cor)
```

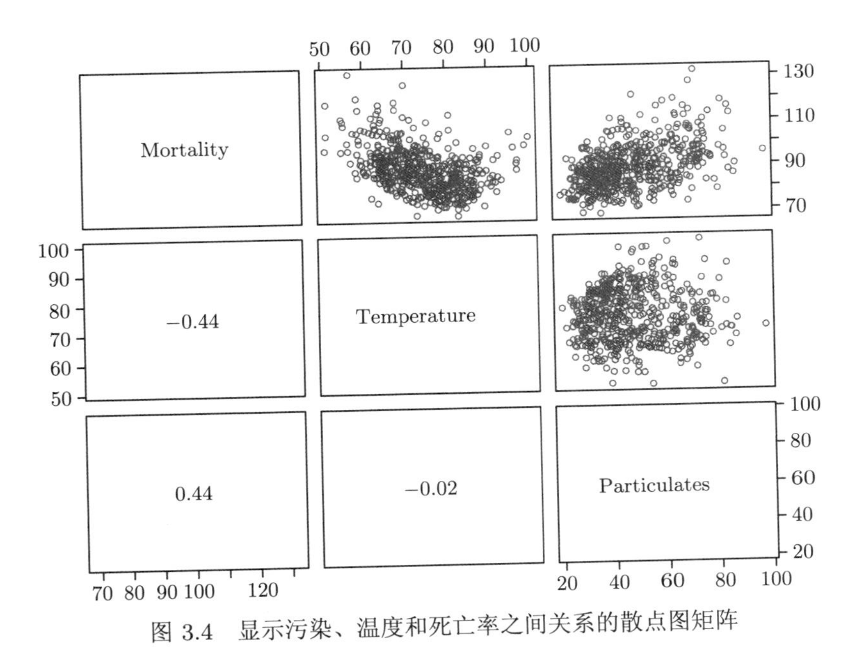

图 3.4 显示污染、温度和死亡率之间关系的散点图矩阵

重要的是，温度和颗粒物污染几乎没有相关性。如果这两个自变量高度相关（即共线），那么就很难区分它们对死亡率的影响。

为了方便，M_t 表示心血管死亡率，T_t 表示温度，P_t 表示颗粒物水平。基于散点图矩阵，显然 T_t 和 P_t 应该在模型中，但出于演示目的，我们生成 4 个模型，分别是：

$$M_t = \beta_0 + \beta_1 t + w_t \tag{3.14}$$

$$M_t = \beta_0 + \beta_1 t + \beta_2 (T_t - T_\cdot) + w_t \tag{3.15}$$

$$M_t = \beta_0 + \beta_1 t + \beta_2 (T_t - T_\cdot) + \beta_3 (T_t - T_\cdot)^2 + w_t \tag{3.16}$$

$$M_t = \beta_0 + \beta_1 t + \beta_2 (T_t - T_\cdot) + \beta_3 (T_t - T_\cdot)^2 + \beta_4 P_t + w_t \tag{3.17}$$

我们用温度平均值 $T_\cdot = 74.26$ 来得到调整的温度序列，以避免共线性问题。在这个温度范围内，T_t 和 T_t^2 具有很强的共线性，但 $T_t - T_\cdot$ 和 $(T_t - T_\cdot)^2$ 没有。可以通过运行如下 R 代码观察这一点：

```
par(mfrow = 2:1)
plot(tempr, tempr^2) # collinear
cor(tempr, tempr^2)
 [1] 0.9972099
temp = tempr - mean(tempr)
plot(temp, temp^2)   # not collinear
cor(temp, temp^2)
 [1] 0.07617904
```

注意，式 (3.14) 仅仅是趋势模型，式 (3.15) 中的温度变量是线性的，式 (3.16) 中的温度变量是二次的，式 (3.17) 则含有线性的温度变量、非线性的温度变量和线性的污染变量。我们在表 3.2 中针对这一情况总结了一些统计数据。

表 3.2　死亡率模型的汇总统计

模型	k	误差平方和（SSE）	自由度（df）	均方和（MSE）	确定系数（R^2）	AIC	BIC
(3.14)	2	40 020	506	79.0	0.21	5.38	5.40
(3.15)	3	31 413	505	62.2	0.38	5.14	5.17
(3.16)	4	27 985	504	55.5	0.45	5.03	5.07
(3.17)	5	20 508	503	40.8	0.60	4.72	4.77

我们注意到，每个模型都比它前一个模型做得更好，并且包括温度、温度平方和污染项的模型效果最好，可以解释 60% 的误差平方和、具有 AIC 和 BIC 的最佳值（基于大样本量，AIC 和 AICc 几乎相同）。注意，可以使用残差平方和以及式 (3.7) 来比较任何两个模型。因此，可以将仅具有趋势的模型与完整模型进行比较，取 $q = 4$，$r = 1$，$n = 508$，所以

$$F_{3503} = \frac{(40\ 020 - 20\ 508)/3}{20\ 508/503} = 160$$

该值超过了 $F_{3503}(0.001) = 5.51$。于是，我们得到了最好的死亡率预测模型：

$$\widehat{M}_t = 2831.5 - 1.396_{(0.10)}\ \text{trend}\ - 0.472_{(0.032)}\,(T_t - 74.26) \\ + 0.023_{(0.003)}\,(T_t - 74.26)^2 + 0.255_{(0.019)} P_t$$

计算的标准误差在括号中给出。

正如预期的那样，时间呈现负趋势，调整温度的系数为负值。污染变量的权重为正，可以解释为每单位颗粒物污染对每日死亡增量的贡献。检查残差 $\hat{w}_t = M_t - \hat{M}_t$ 是否自相关（这里的残差自相关较为严重）仍然是必要的。但我们将这个问题推迟到 5.4 节，当我们讨论具有误差相关的回归时再详细探讨。

下面的 R 代码用于拟合最终的回归模型 (3.17)，并计算相应的 AIC 和 BIC ㊀。我们的定义与 R 不同，各项不随模型而变化。在这个例子中，我们展示了如何从 R 输出中获得式 (3.11)和式 (3.13)。最后，在 `lm()` 中使用参数 `na.action`，用于保留残差和拟合值的时间序列属性。

```
temp  = tempr - mean(tempr) # center temperature
temp2 = temp^2
trend = time(cmort)           # time is trend
fit   = lm(cmort~ trend + temp + temp2 + part, na.action=NULL)
summary(fit)                  # regression results
summary(aov(fit))             # ANOVA table (compare to next line)
summary(aov(lm(cmort~cbind(trend, temp, temp2, part)))) # Table 3.1
num = length(cmort)           # sample size
AIC(fit)/num - log(2*pi)      # AIC
BIC(fit)/num - log(2*pi)      # BIC
```

最后，在图 3.3 中，死亡率似乎会在污染达到峰值几周后达到峰值。在这种情况下，我们可能想要在模型中包括污染的滞后变量。这个概念在习题 3.2 中有进一步的探讨。□

可以在时间序列回归模型中考虑滞后变量。我们将继续讨论这类问题。为了解决这个问题，我们考虑一个滞后回归的简单示例。

例 3.6　使用滞后变量的回归

在例 2.32 中，我们发现在时间 $t-6$ 个月测量的南方涛动指数（SOI），与在时间 t 的新鱼数量序列相关，表明 SOI 领先新鱼数量序列 6 个月。虽然有证据表明这种关系不是

㊀ 从 R 的 `lm()` 命令的结果中提取 AIC 和 BIC 的最简单方法是使用命令 `AIC()` 和 `BIC()`。

线性的（这将在例 3.13 中进一步讨论），但为了说明，考虑以下回归：

$$R_t = \beta_0 + \beta_1 S_{t-6} + w_t \tag{3.18}$$

其中 R_t 表示第 t 个月的新鱼数量，S_{t-6} 表示 6 个月前的 SOI。假设 w_t 序列是白噪声，拟合模型为

$$\widehat{R}_t = 65.79 - 44.28_{(2.78)} S_{t-6} \tag{3.19}$$

在 445 个自由度上 $\sigma_w^2 = 22.5$。当然，在得出任何结论前先检查模型假设仍然很重要，但我们再次把这部分放到后面的内容中讨论。我们在图 3.5 中显示了回归残差的时间序列图，这清楚地表现出一种与白噪声假设相矛盾的模式。

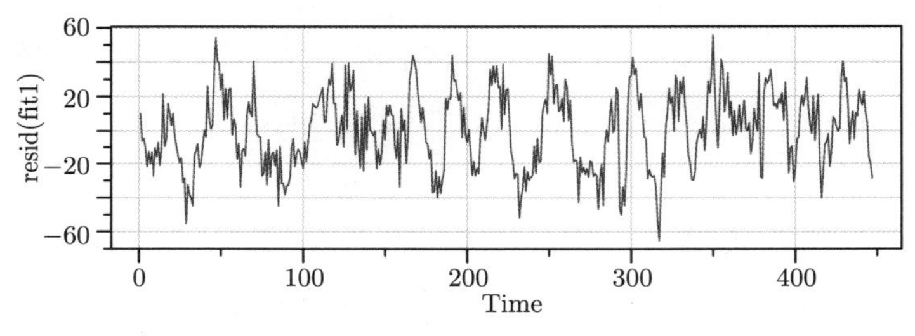

图 3.5　例3.6的回归残差图

在 R 中执行滞后回归有点困难，因为在运行回归之前必须对齐序列。最简单的方法是使用 ts.intersect 创建一个数据框（我们称之为 fish），它将对齐滞后序列。

```
fish = ts.intersect( rec, soiL6=lag(soi,-6) )
summary(fit1 <- lm(rec~ soiL6, data=fish, na.action=NULL))
  Coefficients:
               Estimate Std. Error t value Pr(>|t|)
  (Intercept)   65.790      1.088   60.47   <2e-16
  soiL6        -44.283      2.781  -15.92   <2e-16
  ---
  Residual standard error: 22.5 on 445 degrees of freedom
  Multiple R-squared: 0.3629, Adjusted R-squared: 0.3615
  F-statistic: 253.5 on 1 and 445 DF, p-value: < 2.2e-16
tsplot(resid(fit1), col=4)     # residual time plot
```

通过使用 R 的添加包 dynlm，可以避免对齐滞后序列的麻烦。设置更简单，结果是相同的。

```
library(dynlm)
summary(fit2 <- dynlm(rec~ L(soi,6)))
```

□

3.2　探索性数据分析

对于时间序列数据，重要的是测量序列值之间的依赖关系，至少必须能够精确地估计自相关。如果相关性在每个时间点都在变化，那么很难衡量这种相关性。因此，时间序列在至少一段合理的时间内满足定义 2.13 所述的平稳性条件是至关重要的。但是通常情况并非如此，在本节中我们将讨论一些将非平稳数据转换为平稳数据的方法。

我们的一些例子来自明显不平稳的序列。图 1.1 中的序列的平均值随时间呈指数增长，并且围绕该趋势的波动幅度的增加引起协方差函数的变化。例如，随着序列长度的增加，该过程的方差明显增加。此外，图 1.2 所示的全球温度序列包含一些随时间变化趋势的证据。

也许最简单的非平稳形式是*趋势平稳*模型，其中过程具有围绕趋势的平稳行为，我们可以将这种类型的模型写成

$$x_t = \mu_t + y_t \tag{3.20}$$

其中 x_t 是观测值，μ_t 表示趋势，y_t 是平稳过程。正如我们将在许多例子中看到的那样，强烈的趋势常常会模糊平稳过程 y_t 的行为。因此，消除趋势作为对这种时间序列进行探索性分析的第一步，有其优点。消除趋势所涉及的步骤首先是获得趋势分量的合理估计，即 $\widehat{\mu}_t$，然后对其残差建模：

$$\widehat{y}_t = x_t - \widehat{\mu}_t \tag{3.21}$$

考虑下面的例子。

例 3.7　去趋势的商品价格

令 x_t 代表例 3.1 中的三文鱼价格。这里我们假设模型为式 (3.20)：

$$x_t = \mu_t + y_t$$

其中，如我们在例 3.1 中所建议的，直线可能有助于消除数据的趋势，即

$$\mu_t = \beta_0 + \beta_1 t$$

其中时间项是 `time(salmon)` 中的取值。在那个例子中，我们使用普通最小二乘估计趋势并得到

$$\hat{\mu}_t = -503 + 0.25\,t$$

图 3.1（上）显示了与估计趋势线重叠的数据。我们只需要计算观测值 x_t 减去 $\hat{\mu}_t$，即可获得去趋势序列[⊖]

$$\hat{y}_t = x_t + 503 - 0.25\,t$$

图 3.6（上）显示了去趋势序列。图 3.7（顶部）显示了去趋势数据的 ACF。 □

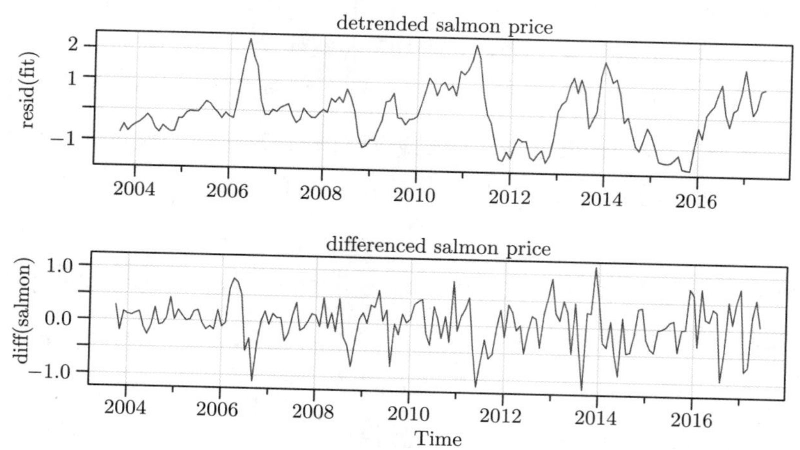

图 3.6 去趋势（上）和差分后（下）三文鱼价格序列，原始数据如图 3.1 所示

在例 1.10 中，我们看到随机游走模型也可能是一个很好的趋势模型。也就是说，我们不是将趋势固定来建模（如例 3.7 所示），而是使用带漂移项的随机游走模型把趋势建模为随机分量：

$$\mu_t = \delta + \mu_{t-1} + w_t \tag{3.22}$$

其中 w_t 是白噪声并且与 y_t 无关。如果适当的模型是式 (3.20)，则对数据 x_t 进行差分，产生一个平稳过程，即

⊖ 因为误差项 y_t 不是白噪声，读者可能会觉得在这种情况下需要使用加权最小二乘法。问题是，我们不知道 y_t 的行为，这正是我们在这个阶段要评估的内容。然而，Grenander 和 Rosenblatt （2008, Ch7）的一个值得注意的结论是，在 y_t 的较弱条件下，对于多项式回归或周期回归，普通最小二乘法在大样本方面的效率等价于加权最小二乘法。

$$\begin{aligned} x_t - x_{t-1} &= (\mu_t + y_t) - (\mu_{t-1} + y_{t-1}) \\ &= \delta + w_t + y_t - y_{t-1} \end{aligned} \tag{3.23}$$

通过性质 2.7 很容易证明 $z_t = y_t - y_{t-1}$ 是平稳的。也就是说，因为 y_t 是平稳的，所以

$$\begin{aligned} \gamma_z(h) &= \operatorname{cov}(z_{t+h}, z_t) = \operatorname{cov}(y_{t+h} - y_{t+h-1}, y_t - y_{t-1}) \\ &= 2\gamma_y(h) - \gamma_y(h+1) - \gamma_y(h-1) \end{aligned} \tag{3.24}$$

与时间无关。我们把证明式 (3.23)中的 $x_t - x_{t-1}$ 是平稳的留作练习（见习题 3.5）。

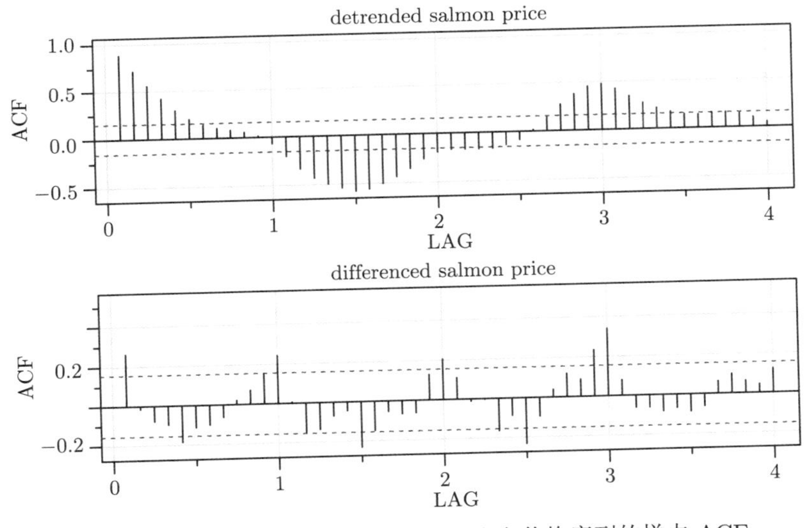

图 3.7 去趋势（上）和差分（上）三文鱼价格序列的样本 ACF

差分消除趋势的一个优点是在差分操作中不需要估计参数。然而，如式 (3.23)中所示，差分的一个缺点是它不能产生平稳过程 y_t 的估计。如果估计 y_t 是必要的，那么去趋势可能更合适。如果目标是把数据转换为平稳的，则差分可能更合适。例如，如果我们对商品的商业周期感兴趣，就会出现这种情况。三文鱼价格似乎有一个 3~4 年的商业周期，称为基钦周期（Kitchin，1923），在许多商品序列中都可以看到。

如果趋势是固定的，差分也是一个可行的工具。如例 3.7 所示。也就是说，如果模型 (3.20)中 $\mu_t = \beta_0 - \beta_1 t$，则对数据进行差分会产生平稳性（见习题 3.5）：

$$x_t - x_{t-1} = (\mu_t + y_t) - (\mu_{t-1} + y_{t-1}) = \beta_1 + y_t - y_{t-1}$$

因为差分在时间序列分析中起着核心作用，所以它有自己的符号。一阶差分表示为：

$$\nabla x_t = x_t - x_{t-1} \tag{3.25}$$

正如我们所看到的，一阶差分消除了线性趋势。二阶差分，即式 (3.25)的差分，可以消除二次趋势，以此类推。为了定义更高阶的差分，我们需要一个不同的记号。我们将在第 5 章中讨论经常使用的 ARIMA 模型。

定义 3.8

我们将**后移算子**定义为

$$Bx_t = x_{t-1}$$

并将其扩展到 $B^2x_t = B(Bx_t) = Bx_{t-1} = x_{t-2}$，以此类推，从而得到

$$B^k x_t = x_{t-k} \tag{3.26}$$

♡

如果我们要求 $B^{-1}B = 1$，则可以给出逆算子的概念：

$$x_t = B^{-1}Bx_t = B^{-1}x_{t-1}$$

也就是说，B^{-1} 是前移算子。此外，很明显我们可以将式 (3.25)重写为

$$\nabla x_t = (1 - B)x_t \tag{3.27}$$

我们可以进一步扩展这个概念。例如，根据算子的线性性质，二阶差分变为：

$$\nabla^2 x_t = (1 - B)^2 x_t = \left(1 - 2B + B^2\right) x_t = x_t - 2x_{t-1} + x_{t-2} \tag{3.28}$$

定义 3.9

d **阶差分**定义为

$$\nabla^d = (1 - B)^d \tag{3.29}$$

我们可以用代数方式扩展算子 $(1-B)^d$，来得到高阶 d 的结果。当 $d = 1$ 时，我们将其从符号中省略。

♡

一阶差分 (3.25)是用于消除趋势的线性滤波器的一个例子。通过对 x_t 附近的值求平均而形成的滤波器可以产生调整后的序列, 从而消除其他类型的不需要的波动，如第 6 章所述。差分技术也是第 5 章讨论的 ARIMA 模型的一个重要组成部分。

例 3.10 商品价格数据的差分

三文鱼价格序列的一阶差分如图 3.6 所示，与通过回归去除趋势产生了不同的结果。例如，我们在去趋势序列中观察到的基钦商业周期在差分序列中并不明显（它仍然存在，这可以通过第 7 章介绍的技术进行验证）。

图 3.7 也显示了差分序列的 ACF。在这种情况下，差分序列表现出强烈的年周期性，这在原始数据或去趋势数据中不明显。生成图 3.6 和图 3.7 的 R 代码如下：

```
fit = lm(salmon~time(salmon), na.action=NULL) # the regression
par(mfrow=c(2,1)) # plot transformed data
tsplot(resid(fit), main="detrended salmon price")
tsplot(diff(salmon), main="differenced salmon price")
par(mfrow=c(2,1)) # plot their ACFs
acf1(resid(fit), 48, main="detrended salmon price")
acf1(diff(salmon), 48, main="differenced salmon price")
```

□

例 3.11 全球温度数据的差分

图 1.2 所示的全球温度序列似乎更像是随机游走，而不像趋势平稳序列。因此，使用差分将其强制转换为平稳序列更合适，而不是消除数据的趋势。去趋势数据和相应的样本 ACF 一起显示在图 3.8 中。在这种情况下，差分过程在滞后 1 期表现出最小的自相关，这可能意味着全球温度序列几乎是带漂移项的随机游走。

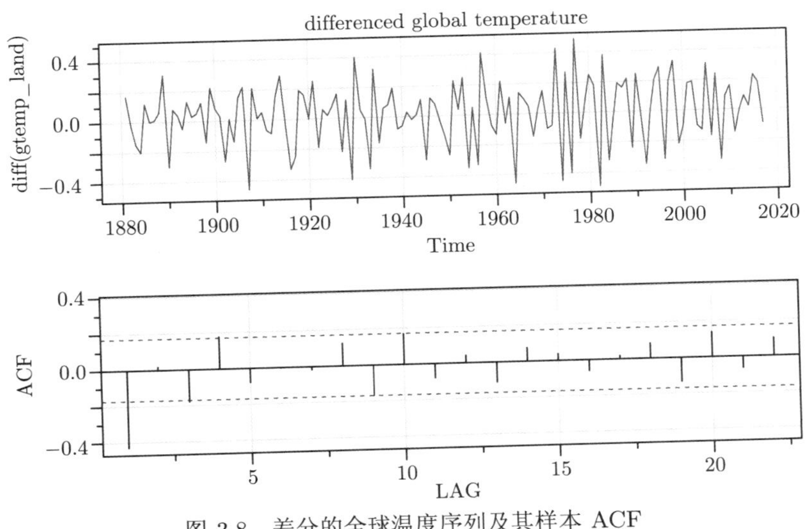

图 3.8 差分的全球温度序列及其样本 ACF

值得注意的是，如果该序列是带漂移项的随机游走，那么差分序列的平均值（即漂移的估计值）约为 0.014，或者说每 100 年增加大约 1.5 摄氏度。但是，如果我们把注意力限制在 1980 年以后的温度，那时全球气温上升的趋势是明显的（见 Hansen 和 Lebedeff，1987），漂移的估计值增加了两倍多。生成图 3.8 的 R 代码如下：

```
par(mfrow=c(2,1))
tsplot(diff(gtemp_land), col=4, main="differenced global temperature")
mean(diff(gtemp_land))     # drift since 1880
 [1] 0.0143
acf1(diff(gtemp_land))
mean(window(diff(gtemp_land), start=1980)) # drift since 1980
 [1] 0.0329
```

□

有时在时间序列数据中可以看到异方差。在这种情况下，一个特别有用的转换是

$$y_t = \log x_t \tag{3.30}$$

这倾向于抑制在数值较大的原始序列部分发生的较大波动。另一种是 Box-Cox 中的幂律变换：

$$y_t = \begin{cases} \left(x_t^{\lambda} - 1\right)/\lambda & \lambda \neq 0 \\ \log x_t & \lambda = 0 \end{cases} \tag{3.31}$$

有一些选择幂 λ 值的方法（见 Johnson 和 Wichern，2002，4.7 节），但我们这里不讨论它们。通常，变换也用于提高与正态的相似性，或者增强两个序列之间的线性关系。

例 3.12　古气候冰川纹层

在新英格兰地区，从大约 12 600 年前冰川开始消融到大约 6000 年前的时间段内，融化的冰川每年春季沉积一层沙子和淤泥。这种沉积物称为*纹层*（varve），可以用作古气候参数（例如温度）的代表。因为在温暖的一年中，更多的沙子和淤泥从后退的冰川中沉积下来。图 3.9（上）显示了从马萨诸塞州的一个地方收集的年度纹层的厚度，从 11 834 年前开始，时间跨度为 634 年。有关详细信息，请参阅 Shumway 和 Verosub（1992）。

因为厚度的变化与沉积量成比例增加，所以对数变换可以消除方差中可观察到的随时间变化的非平稳性。图 3.9 显示了原始的和变换后的纹层，很明显不平稳状态已经有所改进。我们还绘制了相应的正态 Q-Q 图。回想一下，这些图是数据的分位数与正态分布的

理论分位数的对比。服从正态分布的数据应大致落在所显示的相等线上。在这种情况下，我们可以认为对数变换提高了数据与正态的相似性。

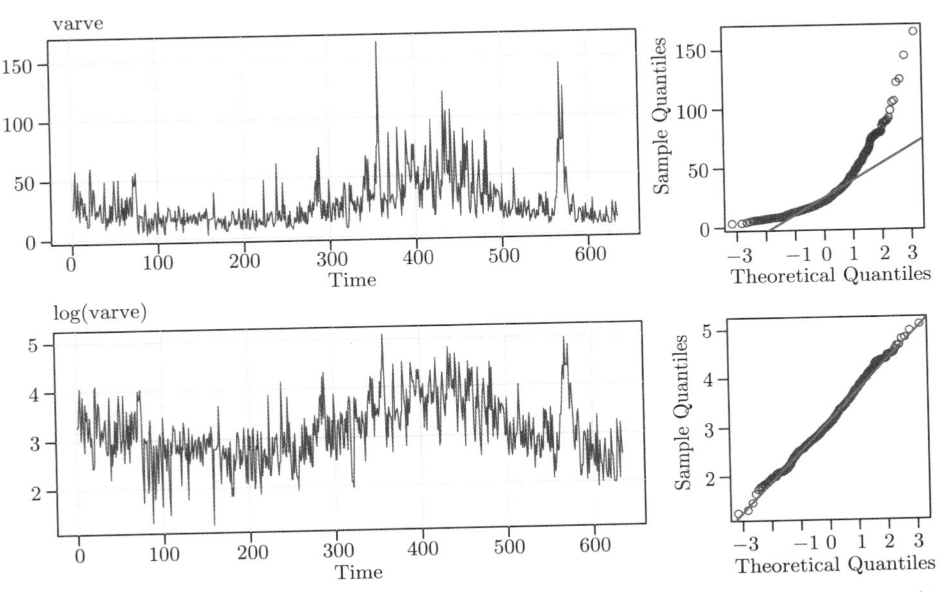

图 3.9 来自马萨诸塞州的冰川纹层厚度（上）与对数变换厚度（下）相比较，$n = 634$ 年。右边是相应的正态 Q-Q 图

使用如下代码在 R 中生成图 3.9。

```
layout(matrix(1:4,2), widths=c(2.5,1))
par(mgp=c(1.6,.6,0), mar=c(2,2,.5,0)+.5)
tsplot(varve, main="", ylab="", col=4, margin=0)
mtext("varve", side=3, line=.5, cex=1.2, font=2, adj=0)
tsplot(log(varve), main="", ylab="", col=4, margin=0)
mtext("log(varve)", side=3, line=.5, cex=1.2, font=2, adj=0)
qqnorm(varve, main="", col=4); qqline(varve, col=2, lwd=2)
qqnorm(log(varve), main="", col=4); qqline(log(varve), col=2, lwd=2)
```

□

接下来，我们考虑另一种初步的数据处理技术，即滞后图（lagplot），用于可视化不同滞后时间序列之间的关系。当使用 ACF 时，我们测量的是时间序列与其自身的滞后值之间的线性关系。然而，这种思想局限于线性可预测性，可能掩盖了未来值 x_{t+h} 和当前值 x_t 之间可能存在的非线性关系。这个想法延伸到两个序列，其中有人可能对检查 y_t 与

y_{t+h} 之间的滞后关系感兴趣。

例 3.13　滞后图：SOI 和新鱼数量

图 3.10 展示了 SOI 的滞后图，纵轴上显示 SOI 的值 S_t，横轴表示 S_{t-h}。样本自相关系数显示在右上角，叠加在散点图上的是局部加权的散点图平滑（locally weighted scatterplot smoothing，lowess）线，可用于帮助发现任何非线性，我们将在下一节讨论平滑，但是现在将 lowess 视为拟合局部回归的稳健方法。

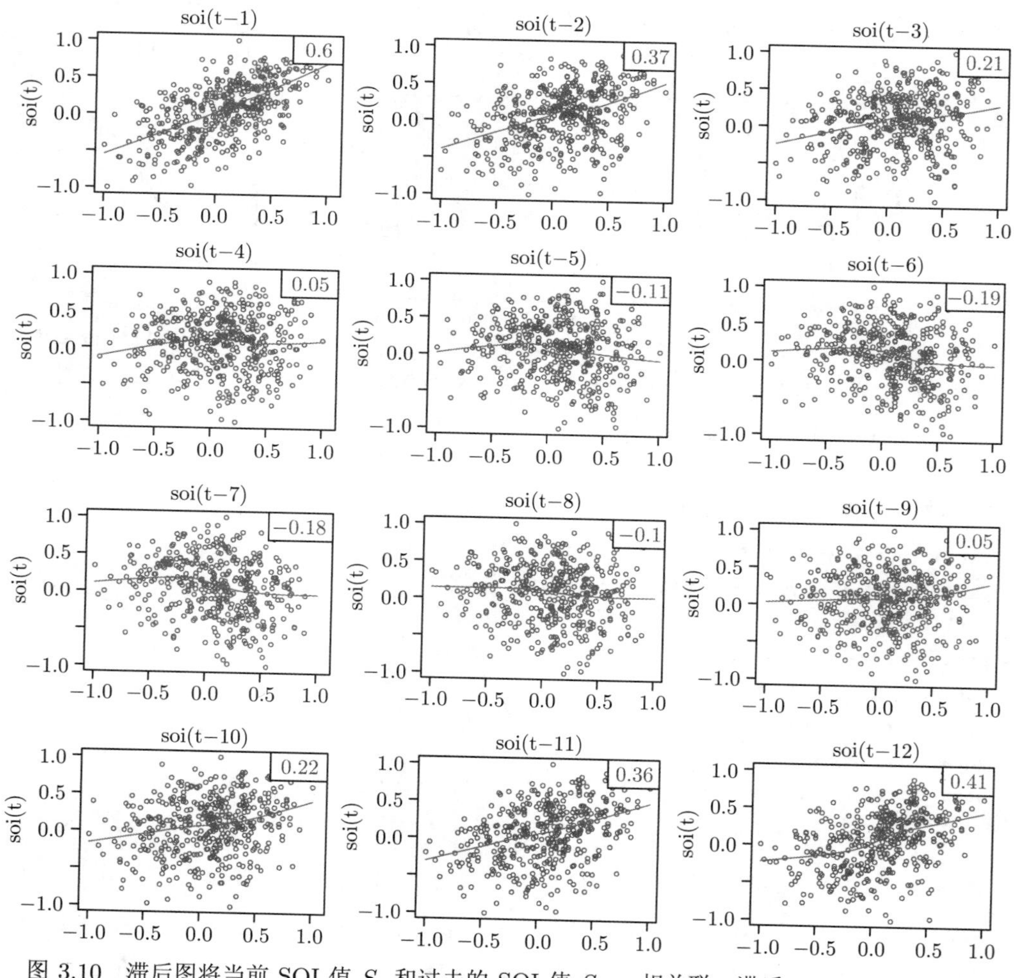

图 3.10　滞后图将当前 SOI 值 S_t 和过去的 SOI 值 S_{t-h} 相关联，滞后 $h = 1, 2, \cdots, 12$。右上角的值是样本自相关系数，折线是局部加权回归（lowess）拟合的结果

在图 3.10 中，我们注意到 lowess 拟合近似是线性的，因此样本自相关是有意义的。此外，我们在滞后 $h = 1, 2, 11, 12$ 处看到强正线性关系，即在 S_t 和 S_{t-1}、S_{t-2}、S_{t-11}、S_{t-12} 之间，以及滞后 $h = 6, 7$ 处呈现负线性关系。

类似地，我们可能想要看一个序列的值，比如新鱼数量序列 R_t，对不同滞后的另一个序列（即 SOI）S_{t-h} 绘制散点图，以寻找两个序列之间可能的非线性关系。例如，我们可能希望根据 SOI 序列的当前或过去值 S_{t-h} 来预测新鱼数量序列 R_t，其中 $h = 0, 1, 2, \cdots$。检查散点图矩阵是有必要的。图 3.11 显示了滞后散点图，纵轴为新鱼数量 R_t，横轴是 SOI 指数 S_{t-h}。此外，该图还显示了样本的交叉相关系数以及 lowess 拟合。

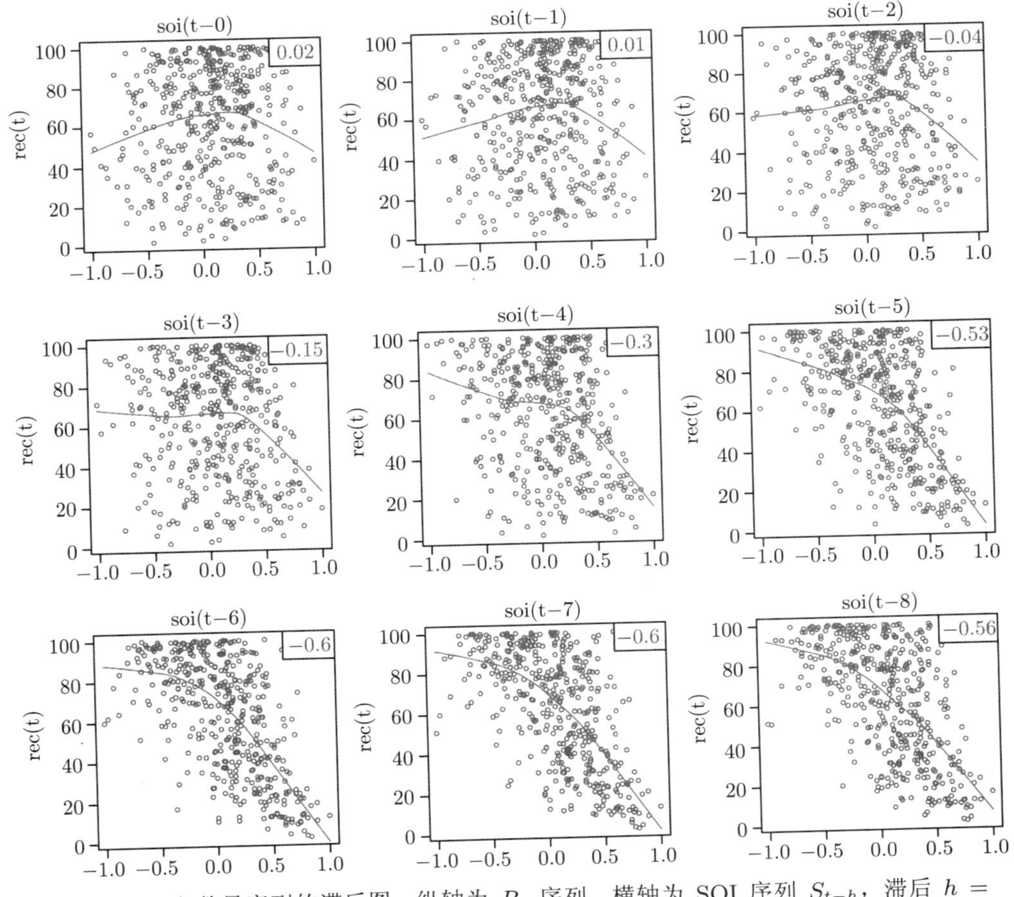

图 3.11　新鱼数量序列的滞后图，纵轴为 R_t 序列，横轴为 SOI 序列 S_{t-h}，滞后 $h = 0, 1, \cdots, 8$。右上角的值是样本交叉相关系数，折线是局部加权回归（lowess）拟合的结果

图 3.11 显示了新鱼数量序列 R_t 和 SOI 序列 S_{t-5}、S_{t-6}、S_{t-7}、S_{t-8} 之间相当强的非线性关系，表明 SOI 序列倾向于先行于新鱼数量序列，系数为负，意味着 SOI 增加导致新鱼数量减少。在散点图中观察到的非线性（借助于叠加的 lowess 拟合）表明，SOI 取正值和负值时，新鱼数量和 SOI 之间的行为有所不同。

本例的 R 代码如下：

```
lag1.plot(soi, 12, col="dodgerblue3")      # Figure 3.10
lag2.plot(soi, rec, 8, col="dodgerblue3") # Figure 3.11
```

□

例 3.14　使用滞后变量的回归（续）

在例 3.6 中，我们将新鱼数量序列对滞后 SOI 进行了回归：

$$R_t = \beta_0 + \beta_1 S_{t-6} + w_t$$

然而，在例 3.13 中，我们看到当 SOI 为正或负时，该关系是非线性的并且是不同的。在这种情况下，我们可以考虑添加一个哑变量来解释这种变化。因此，我们拟合模型

$$R_t = \beta_0 + \beta_1 S_{t-6} + \beta_2 D_{t-6} + \beta_3 D_{t-6} S_{t-6} + w_t$$

其中 D_t 是一个哑变量，如果 $S_t < 0$，则为 0，否则为 1。这意味着

$$R_t = \begin{cases} \beta_0 + \beta_1 S_{t-6} + w_t & S_{t-6} < 0 \\ (\beta_0 + \beta_2) + (\beta_1 + \beta_3) S_{t-6} + w_t & S_{t-6} \geqslant 0 \end{cases}$$

拟合的结果在下面的 R 代码中给出。我们已经加载了 zoo 添加包来简化处理滞后变量的过程。图 3.12 显示了 R_t 和 S_{t-6} 的比较，其中有回归的拟合值和叠加的 lowess 值。分段回归拟合类似于 loewss 拟合，但我们注意到残差不是白噪声。习题 5.16 讨论的是其后续步骤。

```
library(zoo)  # zoo allows easy use of the variable names
dummy = ifelse(soi<0, 0, 1)
fish = as.zoo(ts.intersect(rec, soiL6=lag(soi,-6), dL6=lag(dummy,-6)))
summary(fit <- lm(rec~ soiL6*dL6, data=fish, na.action=NULL))
 Coefficients:
              Estimate Std. Error t value Pr(>|t|)
(Intercept)    74.479      2.865   25.998 < 2e-16
soiL6         -15.358      7.401   -2.075  0.0386
```

```
dL6             -1.139      3.711  -0.307   0.7590
soiL6:dL6      -51.244      9.523  -5.381  1.2e-07
---
Residual standard error: 21.84 on 443 degrees of freedom
F-statistic: 99.43 on 3 and 443 DF, p-value: < 2.2e-16
plot(fish$soiL6, fish$rec, panel.first=Grid(), col="dodgerblue3")
points(fish$soiL6, fitted(fit), pch=3, col=6)
lines(lowess(fish$soiL6, fish$rec), col=4, lwd=2)
tsplot(resid(fit))        # not shown, but looks like Figure 3.5
acf1(resid(fit))          # and obviously not noise
```

□

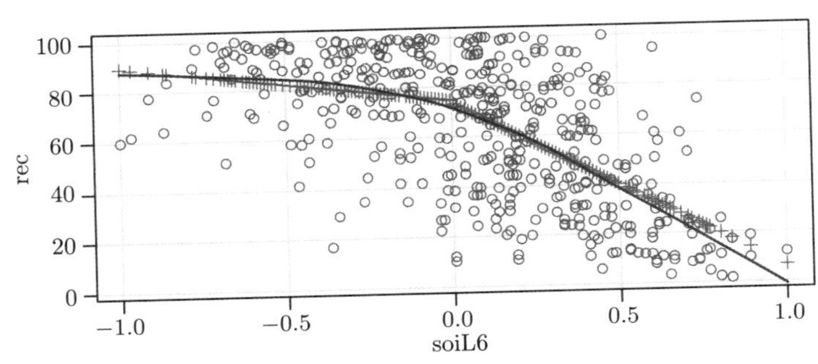

图 3.12　例 3.14 中的图形：新鱼数量（R_t）与滞后 6 个月的 SOI（S_{t-6}）的比较，回归的拟合值为点“+”，lowess 拟合值为折线“−”

作为最终的探索工具，我们讨论使用回归分析考察时间序列数据中的周期性行为。这些材料可以看作频谱分析的介绍，我们将在第 6 章详细讨论。在例 1.11 中，我们简要讨论了识别时间序列的循环或周期信号的问题。到目前为止，我们看到的一些时间序列表现出了周期性行为：图 3.2 中给出的污染研究的数据表现出强烈的年度周期；图 1.1 所示的数据每年循环一个周期（四个季度），并且总体呈现增长趋势；图 1.2 中的数据高度重复；图 1.7 中的月度 SOI 和新鱼数量序列显示了强烈的年度周期，这掩盖了较慢的厄尔尼诺循环。

例 3.15　使用回归发现噪声中的信号

在例 1.11 中，我们从以下模型中生成了 $n = 500$ 个观测值：

$$x_t = A\cos(2\pi\omega t + \phi) + w_t \tag{3.32}$$

其中 $\omega = 1/50$，$A = 2$，$\phi = 0.6\pi$，$\sigma_w = 5$，数据显示在图 1.11（下）中。此时我们假设

振荡频率 $\omega = 1/50$ 是已知的，但 A 和 ϕ 是未知参数。在这种情况下，参数以非线性方式出现在式 (3.32)中，因此我们使用三角恒等式（见 C.5 节）并写出

$$A\cos(2\pi\omega t + \phi) = \beta_1\cos(2\pi\omega t) + \beta_2\sin(2\pi\omega t)$$

其中 $\beta_1 = A\cos(\phi)$ 和 $\beta_2 = -A\sin(\phi)$。

现在模型 (3.32)可以用通常的线性回归形式写出（这里不需要截距项）：

$$x_t = \beta_1\cos(2\pi t/50) + \beta_2\sin(2\pi t/50) + w_t \tag{3.33}$$

使用线性回归，我们发现 $\widehat{\beta}_1 = -0.74_{(0.33)}$，$\widehat{\beta}_2 = -1.99_{(0.33)}$，$\widehat{\sigma}_w = 5.18$，括号中的值是标准误差。我们注意到该例子中系数的实际值是 $\beta_1 = 2\cos(0.6\pi) = -0.62$，$\beta_2 = -2\sin(0.6\pi) = -1.90$。很明显，即使信噪比很小，我们也可以使用回归检测噪声中的信号。图 3.13（上）是由式 (3.32)生成的数据。信号很难分辨，数据看起来像噪声。图 3.13（下）显示了相同的数据，但叠加了拟合线，这样就很容易透过噪声看到信号。

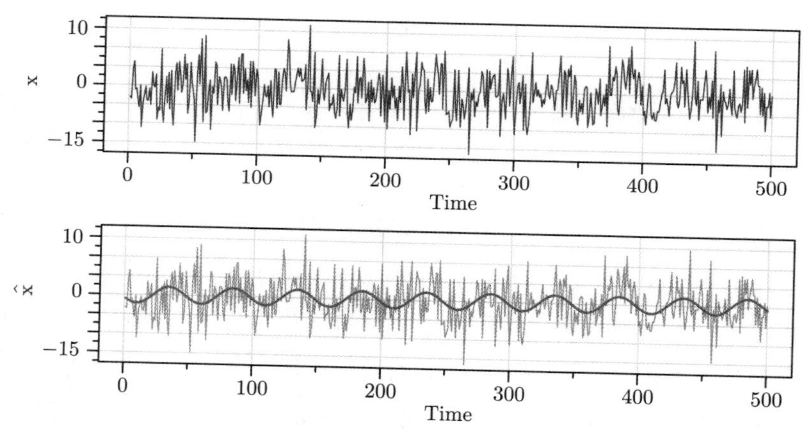

图 3.13　由式 (3.32)生成的数据（上）和叠加在数据上的拟合线（下）

使用以下 R 代码进行分析并生成图 3.13：

```
set.seed(90210)                # so you can reproduce these results
x = 2*cos(2*pi*1:500/50 + .6*pi) + rnorm(500,0,5)
z1 = cos(2*pi*1:500/50)
z2 = sin(2*pi*1:500/50)
summary(fit <- lm(x~ 0 + z1 + z2)) # zero to exclude the intercept
  Coefficients:
```

```
      Estimate Std. Error t value Pr(>|t|)
  z1  -0.7442      0.3274 -2.273   0.0235
  z2  -1.9949      0.3274 -6.093   2.23e-09
  Residual standard error: 5.177 on 498 degrees of freedom
par(mfrow=c(2,1))
tsplot(x, col=4)
tsplot(x, ylab=expression(hat(x)), col=rgb(0,0,1,.5))
lines(fitted(fit), col=2, lwd=2)
```

□

3.3 时间序列中的平滑

在例 1.8 中，我们通过移动平均介绍了平滑时间序列的概念。这种方法对于发现时间序列中的某些特征是有用的，比如长期趋势和季节成分 (详见 6.3 节)。特别地，如果 x_t 表示观测值，那么

$$m_t = \sum_{j=-k}^{k} a_j x_{t-j} \tag{3.34}$$

是数据的对称移动平均值，其中 $a_j = a_{-j} \geqslant 0$ 且 $\sum_{j=-k}^{k} a_j = 1$。

例 3.16 移动平均平滑器

图 3.14 显示了例 1.4 中讨论的每月 SOI 序列，其使用式 (3.34) 进行了平滑处理，其中 $k=6$，权重 $a_0 = a_{\pm 1} = \cdots = a_{\pm 5} = 1/12$，$a_{\pm 6} = 1/24$。这种特殊方法消除（滤除）了明显的年度温度循环，并有助于强调厄尔尼诺循环。在末尾使用一半权重的原因是，这样同一个月不会在平均值中被包括两次。例如，如果我们以 7 月为中心（$j=0$），那么当年 1 月（$j=-6$）和明年的 1 月（$j=6$）将被包括在内。因此，每个 1 月的权重减半，以此类推。

生成图 3.14 的 R 代码为:

```
w = c(.5, rep(1,11), .5)/12
soif = filter(soi, sides=2, filter=w)
tsplot(soi, col=rgb(.5, .6, .85, .9), ylim=c(-1, 1.15))
lines(soif, lwd=2, col=4)
# insert
par(fig = c(.65, 1, .75, 1), new = TRUE)
w1 = c(rep(0,20), w, rep(0,20))
```

```
plot(w1, type="l", ylim = c(-.02,.1), xaxt="n", yaxt="n", ann=FALSE)
```

□

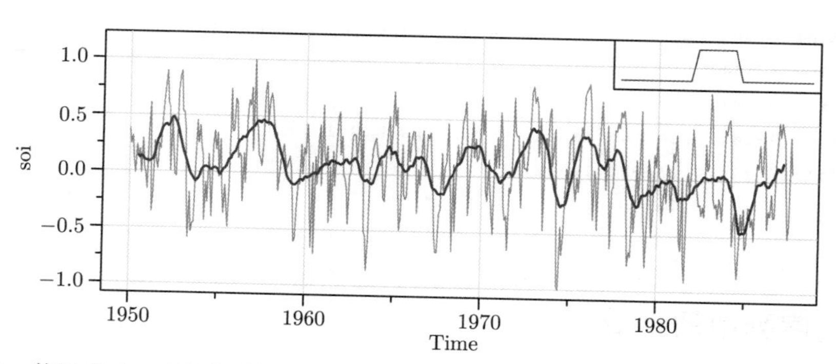

图 3.14　使用式 (3.34)平滑后的 SOI 序列，$k = 6$（两端有一半的权重）。右上插图显示了式 (3.36)中描述的移动平均（“boxcar”）核（未按比例绘制）的形状

尽管移动平均平滑器在突出厄尔尼诺效应方面做得很好，但可能会被认为不够平滑（过于波折）。我们可以使用正态分布的权重获得更平滑的拟合，而不是式 (3.34) 的 boxcar 类型的权重。

例 3.17　核平滑

核平滑是一种移动平均平滑器，它使用权重函数或核函数来平均观测值。图 3.15 显示了 SOI 序列的核平滑，其中 m_t 为

$$m_t = \sum_{i=1}^{n} w_i(t) x_{t_i} \tag{3.35}$$

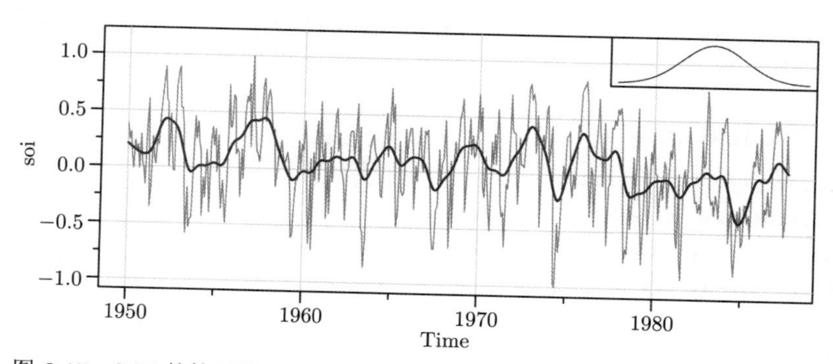

图 3.15　SOI 的核平滑器。右上插图显示了正态核的形状（未按比例绘制）

其中

$$w_i(t) = K\left(\frac{t-t_i}{b}\right) \Big/ \sum_{k=1}^{n} K\left(\frac{t-t_k}{b}\right) \tag{3.36}$$

是权重，$K(\cdot)$ 是核函数。在该示例中，通常是使用正态核 $K(z) = \exp(-z^2/2)$。

要在 R 中实现此功能，请使用可选择带宽的 `ksmooth` 函数。带宽 b 越宽，结果越平滑。在我们的例子中，随着时间的推移对 SOI 序列以 $t/12$ 的形式进行平滑。在图 3.15 中我们取 $b=1$，对应近似一年的平滑。本例的 R 代码如下：

```
tsplot(soi, col=rgb(0.5, 0.6, 0.85, .9), ylim=c(-1, 1.15))
lines(ksmooth(time(soi), soi, "normal", bandwidth=1), lwd=2, col=4)
# insert
par(fig = c(.65, 1, .75, 1), new = TRUE)
curve(dnorm(x), -3, 3, xaxt="n", yaxt="n", ann=FALSE, col=4)
```

我们注意到，如果 SOI 的时间单位是月，那么等效的平滑器将使用的带宽为 12:

```
SOI = ts(soi, freq=1)
tsplot(SOI)   # the time scale matters (not shown)
lines(ksmooth(time(SOI), SOI, "normal", bandwidth=12), lwd=2, col=4)
```

□

例 3.18　lowess

平滑的另一种方法是基于 k 最近邻回归，其中仅使用数据 $\{x_{t-k/2}, \cdots, x_t, \cdots, x_{t+k/2}\}$ 通过回归预测 x_t，然后设置 $m_t = \widehat{x}_t$。

lowess 是一种相当复杂的平滑方法，但基本思想接近最近邻回归。图 3.16 显示了使用 R 函数 `lowess` 平滑 SOI 的结果（见 Cleveland，1979）。首先，在加权方案中包括与 x_t 成一定比例的最近邻，值越接近 x_t，权重越大。然后，使用稳健加权回归来预测 x_t 并获得平滑值 m_t。包括的最近邻占的比例越大，拟合越平滑。在图 3.16 中，一个平滑器使用 5% 的数据来获得数据的厄尔尼诺循环的估计值。

此外，SOI 的（负）趋势将表明太平洋的长期变暖。为了研究这个问题，我们使用了函数 `loess`，其默认平滑范围为 `f=2/3` 的数据。函数 `loess` 和函数 `lowess` 类似。对我们来说，一个主要的区别是前者剥离了时间序列属性，而后者没有，但函数 `loess` 允许计算置信区间。生成图 3.16 的 R 代码如下所示。我们已经注释掉了使用函数 `lowess` 进行趋势估计的代码。

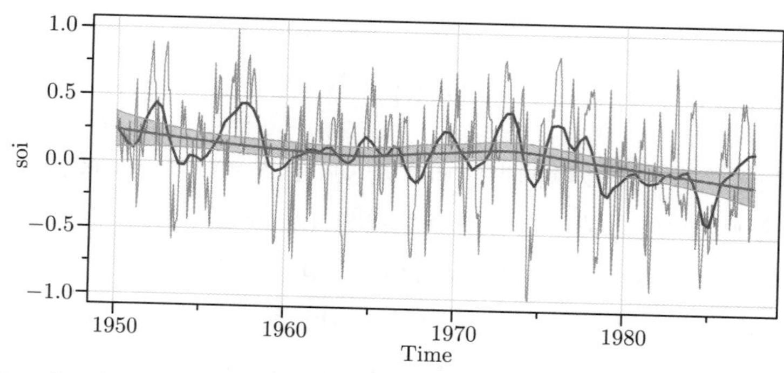

图 3.16 SOI 序列的局部加权散点图平滑器。用 lowess 方法估计厄尔尼诺循环，用 loess 方法估计厄尔尼诺趋势和置信区间

```
tsplot(soi, col=rgb(0.5, 0.6, 0.85, .9))
lines(lowess(soi, f=.05), lwd=2, col=4)   # El Niño cycle
# lines(lowess(soi), lty=2, lwd=2, col=2) # trend (with default span)
##-- trend with CIs using loess --##
lo = predict(loess(soi~ time(soi)), se=TRUE)
trnd = ts(lo$fit, start=1950, freq=12)    # put back ts attributes
lines(trnd, col=6, lwd=2)
 L = trnd - qt(0.975, lo$df)*lo$se
 U = trnd + qt(0.975, lo$df)*lo$se
 xx = c(time(soi), rev(time(soi)))
 yy = c(L, rev(U))
polygon(xx, yy, border=8, col=gray(.6, alpha=.4) )
```

□

例 3.19 平滑一个序列作为另一个序列的函数

平滑技术也可以把一个时间序列作为另一个时间序列的函数来进行平滑。在例 3.5 中，我们发现了死亡率和温度之间的非线性关系。图 3.17 显示了死亡率 M_t 和温度 T_t 的散点图，以及使用 lowess 平滑的作为 T_t 的函数的 M_t。注意，在极端温度下死亡率会增加。最低死亡率似乎发生在大约 83 华氏度（约 28.3 摄氏度）。图 3.17 可以使用如下 R 代码生成：

```
plot(tempr, cmort, xlab="Temperature", ylab="Mortality",
          col="dodgerblue3", panel.first=Grid())
lines(lowess(tempr,cmort), col=4, lwd=2)
```

□

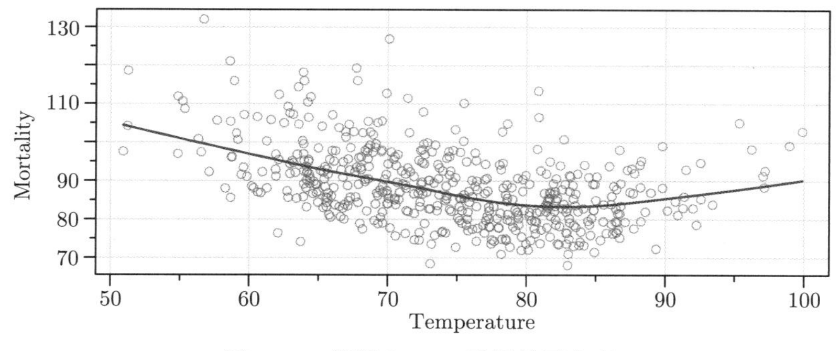

图 3.17　使用 lowess 平滑的死亡率

例 3.20　经典结构模型

时间序列分析的一种经典方法是将数据分解为趋势分量（T_t）、季节分量（S_t）、不规则分量或噪声分量（N_t）。如果我们令 x_t 表示数据，那么可以写为：

$$x_t = T_t + S_t + N_t$$

当然，并不是所有的时间序列数据都适合这种公式，分解的方法也可能不是唯一的。有时会在模型中添加一个额外的循环成分 C_t，比如一个商业周期。

图 3.18 为 2002~2016 年对夏威夷酒店季度入住率的 loess 分解结果。R 提供了一些进行分解的代码。函数 `decompose` 使用例 3.16 中的移动平均法，函数 `stl` 则用了类似于例 3.18 中使用的 loess 方法来获得分量。为了使用函数 `stl`，必须指定季节分量。也就是说，指定字符串`"periodic"` 或者用于季节提取的 loess 的宽度。宽度应该是奇数，并且至少是 7（没有默认值）。通过使用季节窗口，允许使用 $S_t \approx S_{t-4}$ 代替 $S_t = S_{t-4}$，通过指定周期性的季节分量来强制执行。

请注意，在图 3.18 中，季节分量在第一季度和第三季度经常显示 $2\% \sim 4\%$ 的增长，而在第二季度和第四季度显示 $2\% \sim 4\%$ 的损失。趋势分量可能更像一个商业周期，而不应该被认为是趋势。如前所述，各分量没有很好地定义，分解也不是唯一的；一个序列的趋势可能是另一个序列的商业周期。本例的 R 代码如下：

```
x = window(hor, start=2002)
plot(decompose(x))             # not shown
plot(stl(x, s.window="per"))  # seasons are periodic - not shown
plot(stl(x, s.window=15))
```

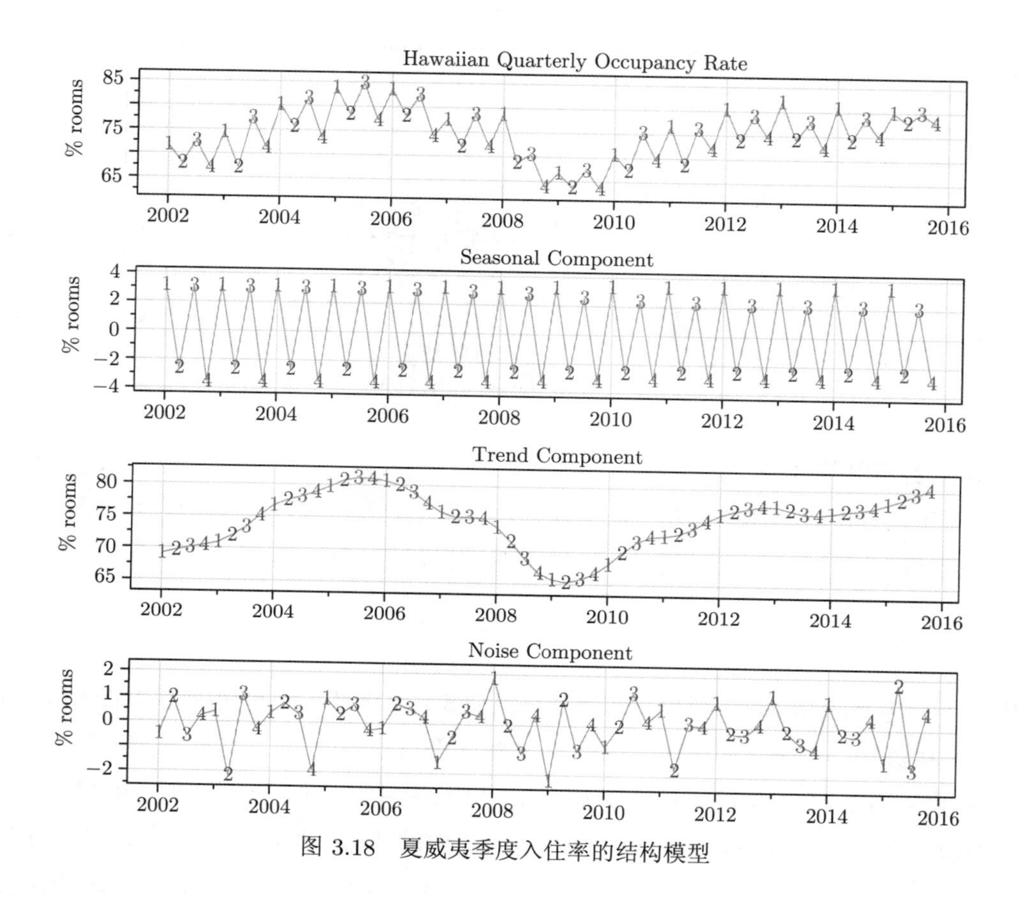

图 3.18　夏威夷季度入住率的结构模型

可以使用如下代码生成类似于图 3.18 的图形：

```
culer = c("cyan4", 4, 2, 6)
par(mfrow = c(4,1), cex.main=1)
x = window(hor, start=2002)
out = stl(x, s.window=15)$time.series
tsplot(x, main="Hawaiian Occupancy Rate", ylab="% rooms", col=gray(.7))
 text(x, labels=1:4, col=culer, cex=1.25)
tsplot(out[,1], main="Seasonal", ylab="% rooms",col=gray(.7))
 text(out[,1], labels=1:4, col=culer, cex=1.25)
tsplot(out[,2], main="Trend", ylab="% rooms", col=gray(.7))
 text(out[,2], labels=1:4, col=culer, cex=1.25)
tsplot(out[,3], main="Noise", ylab="% rooms", col=gray(.7))
 text(out[,3], labels=1:4, col=culer, cex=1.25)
```

□

习题

3.1（**结构回归模型**）　对于强生公司的数据 y_t（如图 1.1所示），令 $x_t = \log(y_t)$。在这个习题中，我们将拟合一种特殊类型的结构模型，即 $x_t = T_t + S_t + N_t$，其中 T_t 是趋势分量，S_t 是季节分量，N_t 是噪声。在我们的例子中，时间 t 是季度（或四分之一时间单位，$1960.00, 1960.25, \cdots$），所以一个单位时间是一年。

（a）拟合回归模型：

$$x_t = \underbrace{\beta t}_{\text{趋势分量}} + \underbrace{\alpha_1 Q_1(t) + \alpha_2 Q_2(t) + \alpha_3 Q_3(t) + \alpha_4 Q_4(t)}_{\text{季节分量}} + \underbrace{w_t}_{\text{噪声}}$$

其中如果时间 t 对应于 $i = 1, 2, 3, 4$，则 $Q_i(t) = 1$，否则为 0。$Q_i(t)$ 被称为指示变量。我们现在假设 w_t 是高斯白噪声序列。**提示**：详细代码在 A.5 节的末尾。

（b）如果模型正确，那么平均每股对数收益率的年增长的估计值是多少？

（c）如果模型正确，平均对数收益率从第三季度到第四季度会增加还是减少？增加或减少的百分比是多少？

（d）如果在（a）中的模型中包含截距项，会发生什么？解释为什么会出现问题。

（e）绘制数据 x_t 并在图表上叠加拟合值，即 $\hat{x}_t$。检查残差 $x_t - \hat{x}_t$，并陈述你的结论。模型是否拟合数据（残差是否是白噪声）？

3.2 对于例 3.5 中检验的死亡率数据：

（a）在式 (3.17) 中为回归添加另一个分量，该分量考虑了四周前的颗粒物数量。也就是说，将 P_{t-4} 添加到式 (3.17) 的回归中，陈述你的结论。

（b）使用 AIC 和 BIC，判断（a）中的模型是否是对例 3.5 中最终模型的改进。

3.3 在这个习题中，我们探讨了随机游走和趋势平稳过程之间的区别。

（a）生成四个带漂移项的随机游走序列（见式 (1.4)），长度 $n = 500$，$\delta = 0.01$，$\sigma_w = 1$，记为数据 x_t，$t = 1, \cdots, 500$。使用最小二乘拟合回归 $y_t = \beta t + w_t$。在同一图表上绘制数据、实际均值函数（$\mu_t = 0.01t$）和拟合线 $\hat{x}_t = \hat{\beta} t$。

（b）生成四个序列，长度 $n = 500$，它们是线性趋势加上噪声，即 $y_t = 0.01t + w_t$，其中 t 和 w_t 如（a）所示。使用最小二乘拟合回归 $y_t = \beta t + w_t$。在同一图表上绘制数据、实际均值函数（$\mu_t = 0.01t$）和拟合线 $\hat{y}_t = \hat{\beta} t$。

（c）讨论（a）和（b）结果的差异。

3.4 考虑一个由线性趋势组成的过程，其中噪声项为独立随机变量 w_t，具有零均值和方差 σ_w^2，即

$$x_t = \beta_0 + \beta_1 t + w_t$$

其中 β_0、β_1 是固定常数。

（a） 证明 x_t 是非平稳的。

（b） 通过找出其均值和自协方差函数证明一阶差分序列 $\nabla x_t = x_t - x_{t-1}$ 是平稳的。

（c） 如果用一般的平稳过程（即 y_t）代替 w_t，使用均值函数 μ_y 和自协方差函数 $\gamma_y(h)$ 重复（b）。

3.5 证明式 (3.23) 是平稳的。

3.6 图 3.9 中绘制的冰川纹层数据表现出一些非平稳性，可以通过转换为对数来改善，一些额外的非平稳性可以通过差分对数数据来校正。

（a） 证明冰川纹层序列 x_t，通过在数据的前半部分和后半部分计算样本方差来表现出异方差性。证明变换 $y_t = \log(x_t)$ 稳定了序列的方差。绘制 x_t 和 y_t 的直方图，以查看是否通过变换数据改善了对正态性的近似。

（b） 绘制序列 y_t，是否存在 100 年的时间间隔，人们可以观察到与图 1.2 中的全球温度记录中观察到的行为相当的行为？

（c） 检查 y_t 的样本 ACF 并讨论。

（d） 计算差分 $u_t = y_t - y_{t-1}$，检查其时序图以及样本 ACF，并且说明差分对数纹层数据会得到一个相当稳定的序列。你能想到对 u_t 的实际解释吗？

3.7 使用在例 3.16、例 3.17、例 3.18中描述的三种不同的平滑技术，估计图 1.2 所示的全球温度序列的趋势，并进行讨论。

3.8 在 3.3 节中，我们看到厄尔尼诺现象的周期约为 4 年。为了研究是否存在一个强的 4 年周期，将一个正弦曲线（每 4 年一个周期）与南方涛动指数的拟合与一个 lowess 拟合（如例 3.18 所示）进行比较。在正弦拟合中，要包括一个趋势项。对结果进行讨论。

3.9 如习题 3.1 所述，令 y_t 为图 1.1 中原始的强生公司数据序列，记 $x_t = \log(y_t)$。使用例 3.20 中提到的方法将滞后数据分解为 $x_t = T_t + S_t + N_t$ 并描述结果。如果你做了习题 3.1，比较一下这两个习题的结果。

第 4 章　ARMA 模型

4.1　介绍

传统的回归模型不能完全解释时间序列的所有动态变化。因此，在滞后的线性关系中讨论相关性的做法促进了自回归（AR）模型和移动平均（MA）模型的发展。这些模型通常会组合形成自回归移动平均（ARMA）模型。

自回归模型明显是线性回归模型的扩展形式。一个 p 阶的自回归模型可以简写为 AR(p)，公式如下：

$$x_t = \alpha + \phi_1 x_{t-1} + \phi_2 x_{t-2} + \cdots + \phi_p x_{t-p} + w_t \tag{4.1}$$

其中 x_t 为平稳序列，w_t 为白噪声。我们注意到式 (4.1)类似于 3.1 节中的回归模型，因此称为自回归模型。应用该模型会产生一些技术上的困难，因为回归自变量 $x_{t-1}, x_{t-2}, \cdots, x_{t-p}$ 都是随机成分，而在回归中，回归自变量被假定为固定的。因此，我们必须限制 AR 模型的参数，而与之相反，线性回归模型则没有参数限制。

例 4.1　AR(1) 模型和因果关系

考虑一阶零均值 AR(1) 模型

$$x_t = \phi x_{t-1} + w_t$$

由于 x_t 必须是平稳序列，因此我们只能排除 $\phi = 1$ 的情况，因为这会使得 x_t 变成随机游走序列，即非平稳序列。同理我们可以排除 $\phi = -1$。换句话说，以下两种模型：

$$x_t = x_{t-1} + w_t \quad 和 \quad x_t = -x_{t-1} + w_t$$

都不是 AR 模型，因为它们非平稳。

正如例 2.20 所示，如果 x_t 平稳，那么：

$$\operatorname{var}(x_t) = \phi^2 \operatorname{var}(x_{t-1}) + \operatorname{var}(w_t)$$

因为 $\mathrm{var}(x_{t-1})=\mathrm{var}(x_t)$，意味着：

$$\mathrm{var}\left(x_t\right)=\gamma(0)=\sigma_w^2\frac{1}{\left(1-\phi^2\right)}$$

因此，为确保该过程有一个正的（有限）方差，必须让 $|\phi|<1$。相似地，在例 2.20 中证明了 ϕ 实际上是 x_{t-1} 与 x_t 的相关系数。

确保 $|\phi|<1$ 之后，可以把 AR(1) 模型写成如下线性表达式：

$$x_t=\sum_{j=0}^{\infty}\phi^j w_{t-j} \tag{4.2}$$

表达式 (4.2) 称为模型的因果解（causal solution，详见 D.2 节）。“因果”一词指 x_t 不依赖序列的未来值。实际上，通过简单替换可得

$$\underbrace{\sum_{j=0}^{\infty}\phi^j w_{t-j}}_{x_t}=\phi\underbrace{\left(\sum_{k=0}^{\infty}\phi^k w_{t-1-k}\right)}_{x_{t-1}}+w_t$$

作为检查，等式右边为 $w_t+\phi w_{t-1}[k=0]+\phi^2 w_{t-2}[k=1]+\cdots$。

利用式 (4.2)，可以容易地发现 AR(1) 是平稳的且均值为：

$$E\left(x_t\right)=\sum_{j=0}^{\infty}\phi^j E\left(w_{t-j}\right)=0$$

对于 $h\geqslant 0$，自协方差为：

$$\begin{aligned}
\gamma(h)&=\mathrm{cov}\left(x_{t+h},x_t\right)=\mathrm{cov}\left(\sum_{j=0}^{\infty}\phi^j w_{t+h-j},\sum_{k=0}^{\infty}\phi^k w_{t-k}\right)\\
&=\mathrm{cov}\left[w_{t+h}+\cdots+\phi^h w_t+\phi^{h+1}w_{t-1}+\cdots,\phi^0 w_t+\phi w_{t-1}+\cdots\right]\\
&=\sigma_w^2\sum_{j=0}^{\infty}\phi^{h+j}\phi^j=\sigma_w^2\phi^h\sum_{j=0}^{\infty}\phi^{2j}=\frac{\sigma_w^2\phi^h}{1-\phi^2}
\end{aligned} \tag{4.3}$$

因为 $\gamma(h)=\gamma(-h)$，所以我们只展示 $h\geqslant 0$ 时的自协方差函数。从式 (4.3)可得，AR(1) 的 ACF 为：

$$\rho(h)=\frac{\gamma(h)}{\gamma(0)}=\phi^h,\quad h\geqslant 0 \tag{4.4}$$

此外，从因果表达式 (4.2)中可见，要求 x_{t-1} 和 w_t 如在例 2.20 中要求的那样，即它们是不相关的，因为 $x_{t-1}=\sum_{j=0}^{\infty}\phi^j w_{t-1-j}$ 是过去冲击（$w_{t-1},w_{t-2},\cdots$，和现在的冲击

w_t 不相关）的线性滤波器。同时，我们将模型的因果表达式中的 x_t 简单替换为 $x_t-\mu$，于是得到下式：

$$x_t=\mu+\sum_{j=0}^{\infty}\phi^j w_{t-j}$$

因此，均值函数变为 E（x_t）$=\mu$。 □

例 4.2 AR(1) 过程的序列图

图 4.1 显示了两个 AR(1) 过程的时间序列图，上图 $\phi=0.9$，下图 $\phi=-0.9$，在这两种情况下都满足 $\sigma_w^2=1$。在第一种情况下，对于 $h\geqslant 0$，$\rho(h)=0.9^h$，因此相邻的观测值彼此正相关。这个结果意味着序列在连续的时间点上趋于密切相关。图 4.1（上）显示序列 x_t 随着时间变化比较平滑。现在，将其与 $\phi=-0.9$ 的情况进行对比，那么对于 $h\geqslant 0$，$\rho(h)=(-0.9)^h$。该结果表明，相邻的观测值是负相关的，但相隔两个时间点的观测值是正相关的。可以从图 4.1 （下）看出，如果观测值 x_t 是正的, 下一个观测值 x_{t+1} 通常是负的, 而再下一个观测值 x_{t+2} 应该是正的。因此，在这种情况下，图形随时间的推移呈锯齿状。

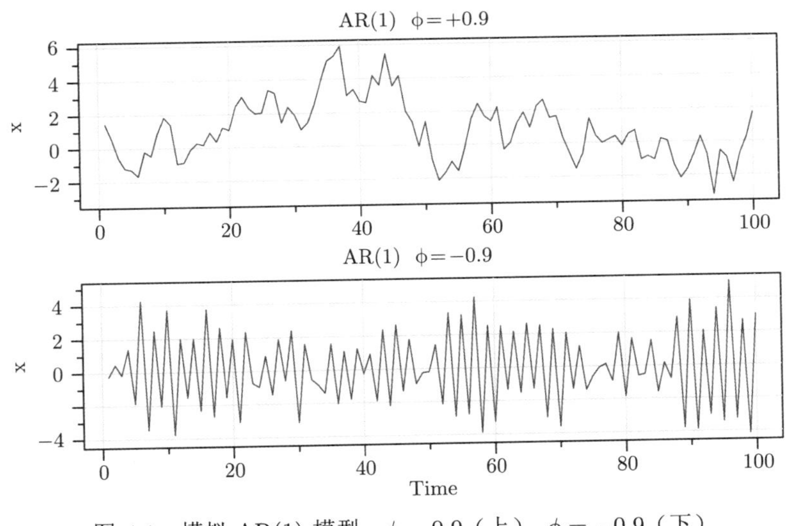

图 4.1 模拟 AR(1) 模型：$\phi=0.9$（上），$\phi=-0.9$（下）

可以用以下 R 代码绘制图 4.1：

```
par(mfrow=c(2,1))
tsplot(arima.sim(list(order=c(1,0,0), ar=.9), n=100), ylab="x", col=4, main=expression
    (AR(1)~~~phi==+.9))
```

```
tsplot(arima.sim(list(order=c(1,0,0),ar=-.9), n=100), ylab="x", col=4, main=expression
    (AR(1)~~~phi==-.9))
```

□

例 4.3 AR(p) 模型和因果关系

在例 4.1 中我们发现 AR(1) 有因果表达式，例如 AR(1) 模型可以写成 $x_t = 0.9x_{t-1} + w_t$，同样也可以写成 $x_t = \sum_{j=0}^{\infty} 0.9^j w_{t-j}$。在一般情况下，从一个形式转换到另一个形式会很困难。但是，可以使用 R 命令 **ARMAtoMA** 来显示一些模型的系数。

例如，下面的 AR(2) 模型

$$x_t = 1.5x_{t-1} - 0.75x_{t-2} + w_t$$

可以写成因果表达式，$x_t = \sum_{j=0}^{\infty} \psi_j w_{t-j}$，其中 $\psi_0 = 1$，且

$$\psi_j = 2\left(\frac{\sqrt{3}}{2}\right)^j \cos\left(\frac{2\pi(j-2)}{12}\right), \quad j = 1, 2, \cdots$$

ψ 权重可以利用差分方程理论求解（见 Shumway 和 Stoffer，2017，3.2 节）。注意，系数是周期性的，周期为 12（像月度数据），但它们以指数速度下降到零（因为 $\sqrt{3}/2 < 1$），意味着对过去有短暂的依赖。图 4.2 绘制了 $j = 1, \cdots, 50$ 时的 ψ_j，以及模型的模拟数据。两者都显示了这个特定模型的周期性行为。显然，与回归形式的模型相比，线性过程形式能够给出具有深刻洞察的模型。最后，我们注意到 AR(p) 模型也是一个 MA(∞) 模型。

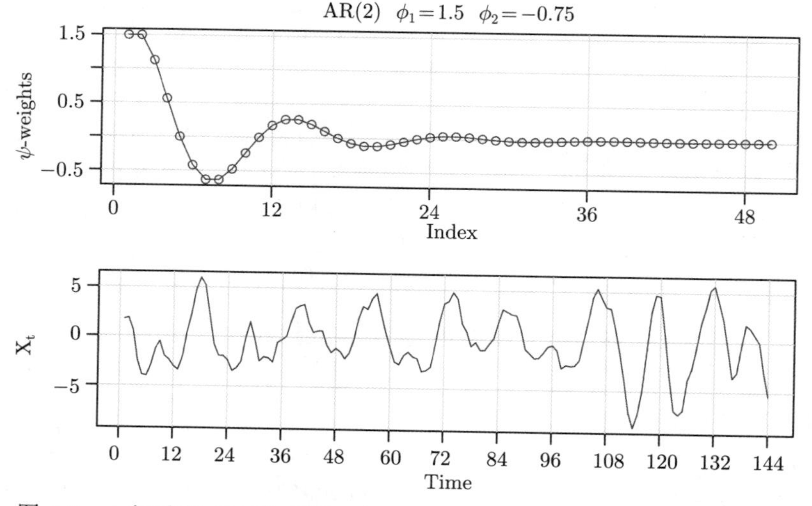

图 4.2 ψ 权重和 AR(2) 模型 $x_t = 1.5x_{t-1} - 0.75x_{t-2} + w_t$ 的模拟数据

可以使用以下 R 代码实现本例:

```
psi = ARMAtoMA(ar = c(1.5, -.75), ma = 0, 50)
par(mfrow=c(2,1), mar=c(2,2.5,1,0)+.5, mgp=c(1.5,.6,0), cex.main=1.1)
plot(psi, xaxp=c(0,144,12), type="n", col=4,
          ylab=expression(psi-weights),
          main=expression(AR(2)~~~phi[1]==1.5~~~phi[2]==-.75))
abline(v=seq(0,48,by=12), h=seq(-.5,1.5,.5), col=gray(.9))
lines(psi, type="o", col=4)
set.seed(8675309)
simulation = arima.sim(list(order=c(2,0,0), ar=c(1.5,-.75)), n=144)
plot(simulation, xaxp=c(0,144,12), type="n", ylab=expression(X[~t]))
abline(v=seq(0,144,by=12), h=c(-5,0,5), col=gray(.9))
lines(simulation, col=4)
```

□

我们现在正式地定义因果关系的概念。这个条件(因果关系)的重要性在于确保时间序列模型不依赖于未来。这使我们能够根据现在和过去预测时间序列的未来值。

定义 4.4

如果一个时间序列 x_t **存在因果关系**,那么可以写成

$$x_t = \mu + \sum_{j=0}^{\infty} \psi_j w_{t-j}$$

常数 ψ_j 满足 $\sum_{j=0}^{\infty} \psi_j^2 < \infty$。 ♡

注 如性质 2.21 所述,任何平稳(非确定性)时间序列都有因果表达式。

作为自回归的另一种表达形式,可以把 w_t 看作 t 时刻过程的“冲击”。可以想象,今天发生的事情可能与前几天的冲击有关。在这种情况下,我们有 q 阶的移动平均模型,表示为 MA(q)。q 阶移动平均模型定义为[㊀]:

$$x_t = w_t + \theta_1 w_{t-1} + \theta_2 w_{t-2} + \cdots + \theta_q w_{t-q} \tag{4.5}$$

其中 w_t 为白噪声,与自回归过程不同,移动平均过程对于任何参数值 $\theta_0, \cdots, \theta_q$ 都是平稳的。此外,对于 $j > q$,当 $\psi_j = \theta_j$ 且 $\theta_j = 0$ 时,MA(q) 已经满足定义 4.4 的形式。

㊀ 一些文档和软件包编写了具有负系数的 MA 模型,即 $x_t = w_t - \theta_1 w_{t-1} - \theta_2 w_{t-2} - \cdots - \theta_q w_{t-q}$。

例 4.5 MA(1) 过程

考虑 MA(1) 模型 $x_t = w_t + \theta w_{t-1}$。有 $E(x_t) = 0$，如果我们把 x_t 替换为 $x_t - \mu$，那么 $E(x_t) = \mu$。自协方差函数为

$$\gamma(h) = \begin{cases} (1+\theta^2)\,\sigma_w^2 & h = 0 \\ \theta\sigma_w^2 & |h| = 1 \\ 0 & |h| > 1 \end{cases}$$

ACF 为

$$\rho(h) = \begin{cases} \dfrac{\theta}{(1+\theta^2)} & |h| = 1 \\ 0 & |h| > 1 \end{cases}$$

注意，对所有 θ，满足 $|\rho(1)| \leqslant 1/2$（习题 4.1）。此外，x_t 和 x_{t-1} 相关，但与 $x_{t-2}, x_{t-3}, \cdots$ 无关。AR(1) 模型则与此相反，x_t 和 x_{t-k} 的相关性从不为零。当 $\theta = 0.9$ 时，x_t 和 x_{t-1} 正相关，且 $\rho(1) = 0.497$；当 $\theta = -0.9$ 时，x_t 和 x_{t-1} 负相关，且 $\rho(1) = -0.497$。图 4.3 显示了这两个过程的时序图，它们的方差都是 $\sigma_w^2 = 1$。$\theta = 0.9$ 的序列的时序图比 $\theta = -0.9$ 的序列的时序图更光滑。可以使用以下代码在 R 中创建图 4.3：

```
par(mfrow = c(2,1))
tsplot(arima.sim(list(order=c(0,0,1), ma=.9), n=100), col=4,
          ylab="x", main=expression(MA(1)~~~theta==+.5))
tsplot(arima.sim(list(order=c(0,0,1), ma=-.9), n=100), col=4,
          ylab="x", main=expression(MA(1)~~~theta==-.5))
```

□

例 4.6 MA 模型的非唯一性和可逆性

通过观察例 4.5，我们发现，对于 MA(1) 模型来说，$\sigma_w^2 = 1$ 且 $\theta = 5$ 会与 $\sigma_w^2 = 25$ 且 $\theta = 1/5$ 产生相同的自协方差函数，即：

$$\gamma(h) = \begin{cases} 26 & h = 0 \\ 5 & |h| = 1 \\ 0 & |h| > 1 \end{cases}$$

因此，下面的 MA(1) 过程

$$x_t = w_t + \frac{1}{5} w_{t-1}, \quad w_t \sim \text{iid } N(0, 25)$$

和

$$y_t = v_t + 5v_{t-1}, \quad v_t \sim \text{iid } N(0,1)$$

在随机性上是相同的。我们只能观察时间序列 x_t 和 y_t，而无法观察噪声 w_t 和 v_t，所以我们不能区分这些模型。因此，我们将不得不选择其中之一。为了方便起见，我们模仿 AR 模型的因果关系准则，从而选择可以写成无穷阶的自回归表达方式。这样的过程被称为一个可逆过程。

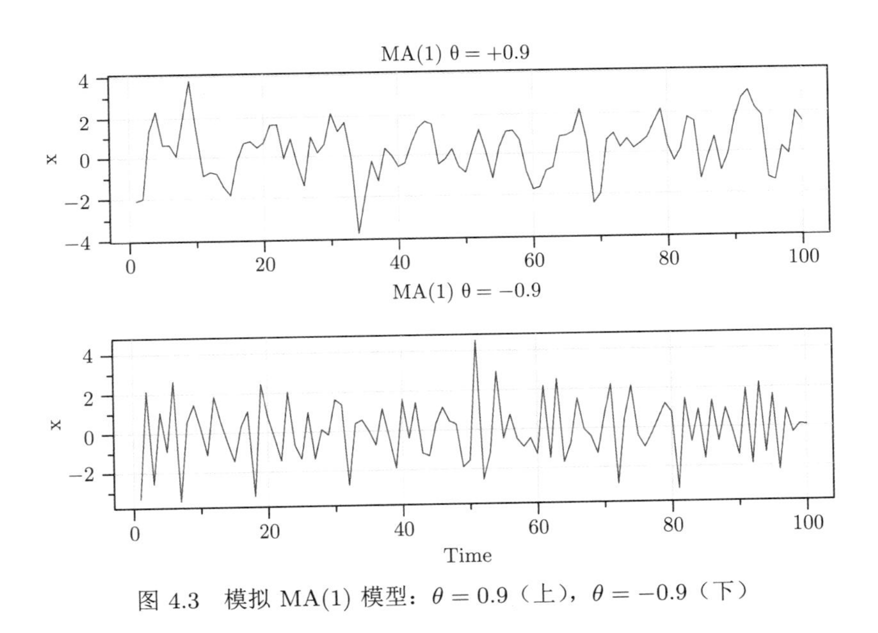

图 4.3 模拟 MA(1) 模型：$\theta = 0.9$（上），$\theta = -0.9$（下）

要发现哪个模型是可逆模型，我们可以互换 x_t 和 w_t 的角色（因为我们要模仿 AR 模型），将 MA(1) 模型写成

$$w_t = -\theta w_{t-1} + x_t$$

如式 (4.2) 中那样，如果 $|\theta| < 1$，那么 $w_t = \sum_{j=0}^{\infty}(-\theta)^j x_{t-j}$，这就是所期望的模型的无限项 AR 表达式。因此，在给定的选项中，我们将选择 $\sigma_w^2 = 25$ 且 $\theta = 1/5$ 这个模型，因为它是可逆的。 □

因此，为了具有唯一性，我们要求移动平均模型有一个可逆的表达式：

定义 4.7

一个时间序列 x_t 称为**可逆的**，如果它可以写成

$$w_t = \sum_{j=0}^{\infty} \pi_j x_{t-j}$$

常数 π_j 满足 $\sum_{j=0}^{\infty} \pi_j^2 < \infty$。

♡

注　除了唯一性问题，可逆性也很重要的，因为它对当前的冲击 w_t 给出了一个只依赖于现在和过去的数据的表达式。因此，现在的冲击并不取决于未来的数据。注意，一个 MA(q) 可表达为一个 AR(∞)。

现在，我们给出平稳时间序列的更通用的自回归和移动平均相结合的模型——ARMA 模型。

定义 4.8

一个时间序列 $\{x_t; t = 0, \pm 1, \pm 2, \cdots\}$ 是 ARMA(p, q) 模型，如果

$$x_t = \alpha + \phi_1 x_{t-1} + \cdots + \phi_p x_{t-p} + w_t + \theta_1 w_{t-1} + \cdots + \theta_q w_{t-q} \tag{4.6}$$

其中 $\phi_p \neq 0$，$\theta_q \neq 0$，$\sigma_w^2 > 0$ 并且这个模型是因果的且可逆的。从今以后，除非另有说明，w_t 均是具有零均值和方差 σ^2 的高斯白噪声序列。如果 $E(x_t) = \mu$，那么 $\alpha = \mu(1 - \phi_1 - \cdots - \phi_p)$。

♡

尽管称回归参数为 ϕ 而不是 β，ARMA 模型可以看作当前结果 x_t 基于过去值（$x_{t-1}, \cdots, x_{t-p}$）和相关误差的回归，即

$$x_t = \beta_0 + \beta_1 x_{t-1} + \cdots + \beta_p x_{t-p} + \varepsilon_t$$

其中 $\varepsilon_t = w_t + \theta_1 w_{t-1} + \cdots + \theta_q w_{t-q}$。与普通回归相反，为了满足因果关系，参数 ϕ 被限制在一定范围内。参数 θ 为了满足可逆性，也被限制在一定范围内。

当 $q = 0$ 时，该模型称为 p 阶自回归模型 AR(p)。当 $p = 0$ 时，该模型称为 q 阶移动平均模型 MA(q)。在进一步讨论之前，我们基于定义 3.8 中给出的后移算子 $B^k x_t = x_{t-k}$ 定义一些记号。使用后移算子，我们可以把 AR(p) 模型写成：

$$\left(1 - \phi_1 B - \phi_2 B^2 - \cdots - \phi_p B^p\right) x_t = w_t$$

因此，可以方便地定义**自回归算子**：

$$\phi(B)=1-\phi_1 B-\phi_2 B^2-\cdots-\phi_p B^p \tag{4.7}$$

所以 AR 模型就是 $\phi(B)x_t=w_t$。与 AR(p) 模型类似，MA(q) 模型可以写成：

$$x_t=\left(1+\theta_1 B+\theta_2 B^2+\cdots+\theta_q B^q\right) w_t$$

因此，可以定义**移动平均算子**：

$$\theta(B)=1+\theta_1 B+\theta_2 B^2+\cdots+\theta_q B^q \tag{4.8}$$

并将 MA(q) 模型写成 $x_t=\theta(B)w_t$。对应的 ARMA(p,q) 模型可以写成：

$$\phi(B)\left(x_t-\mu\right)=\theta(B)w_t \tag{4.9}$$

其中 $\phi(B)$ 和 $\theta(B)$ 的阶数分别是 p 和 q。

除了限制的 ϕ 和 θ 值之外，模型的自回归一侧还可以抵消模型的移动平均一侧。这称为过参数化或参数冗余。也就是说，给定一个 ARMA(p,q) 模型，我们可以将等式两边同时乘以另一个算子且不改变其动态特征，使得模型复杂化：

$$\eta(B)\phi(B)\left(x_t-\mu\right)=\eta(B)\theta(B)w_t$$

考虑以下的例子。

例 4.9 参数冗余

考虑一个白噪声过程 $x_t=w_t$。如果在等式两边同乘以 $(1-0.9B)$，那么模型会变为

$$x_t-0.9x_{t-1}=w_t-0.9w_{t-1}$$

或

$$x_t=0.9x_{t-1}-0.9w_{t-1}+w_t \tag{4.10}$$

这看起来很像 ARMA(1,1) 模型。当然，此时的 x_t 仍然是白噪声，这点并没有改变（$x_t=w_t$ 是式 (4.10)的解）。因为参数冗余或过拟合，我们隐藏了 x_t 是白噪声这个事实。 □

例 4.9 指出，我们对数据拟合 ARMA 模型时需要十分小心。不幸的是，很容易对数据拟合一个过度复杂的 ARMA 模型。例如，如果过程实际上是一个白噪声，它可能会拟合一个系数显著的 ARMA(k,k) 模型。考虑以下例子。

例 4.10　参数冗余和估计

虽然我们还没有讨论估计，但我们将进行以下演示。我们使用正态分布生成了 150 个独立同分布的数据，其中 $\mu = 5$ 且 $\sigma = 1$，然后用 ARMA(1,1) 模型进行拟合。注意参数 $\hat{\phi} = -0.96$ 和 $\hat{\theta} - 0.95$ 都是显著的。以下是 R 代码（注意 `intercept`（截距）实际上是平均值的估计）：

```
set.seed(8675309)          # Jenny, I got your number
x = rnorm(150, mean=5)     # generate iid N(5,1)s
arima(x, order=c(1,0,1)) # estimation
  Coefficients:
           ar1      ma1   intercept <= misnomer
        -0.96     0.95        5.05
  s.e.   0.17     0.17        0.07
```

当然，数据是独立的，但是估计的结果看起来暗示了一个不同的结论：数据是高度依赖的。

□

从现在开始，我们将要求将 ARMA 模型简化为最简单的形式。发现模型是否存在此问题的一种简单方法是，在编写模型时，将 AR 部分写在左侧，MA 部分写在右侧，然后对两侧进行比较。

例 4.11　检查参数冗余

在前面的示例中，很容易看到左侧和右侧几乎相同。对于更复杂的模型，我们可以使用 R 代码比较两侧。例如，考虑模型

$$x_t = 0.3x_{t-1} + 0.4x_{t-2} + w_t + 0.5w_{t-1}$$

这看起来像一个 ARMA(2,1) 模型。现在将模型写为

$$\left(1 - 0.3B - 0.4B^2\right) x_t = (1 + 0.5B)w_t$$

或

$$(1 + 0.5B)(1 - 0.8B)x_t = (1 + 0.5B)w_t$$

我们可以从等式两边消去 $(1 + 0.5B)$，则发现模型实际上是一个 AR(1)：

$$x_t = 0.8x_{t-1} + w_t$$

通过查看方程两侧关于 B 的多项式的根，可以轻松地在 R 中检查这些情况。如果根是接近的，则可能存在参数冗余：

```
AR = c(1, -.3, -.4) # original AR coefs on the left
polyroot(AR)
 [1]  1.25-0i -2.00+0i
MA = c(1, .5)        # original MA coefs on the right
polyroot(MA)
 [1] -2+0i
```

这表明存在一个公因子（根为 -2），因此该模型被过度参数化了，可以将其简化。 □

例 4.12　因果的和可逆的 ARMA

有时以因果关系或可逆形式编写 ARMA 模型可能会很有用。例如，考虑模型

$$x_t = 0.8x_{t-1} + w_t - 0.5w_{t-1}$$

使用以下 R 代码，我们可以列出该 ARMA(1, 1) 模型的因果系数和可逆系数：

```
round( ARMAtoMA(ar=.8, ma=-.5, 10), 2) # first 10 ψ-weights
  [1] 0.30 0.24 0.19 0.15 0.12 0.10 0.08 0.06 0.05 0.04
round( ARMAtoAR(ar=.8, ma=-.5, 10), 2) # first 10 π-weights
  [1] -0.30 -0.15 -0.08 -0.04 -0.02 -0.01 0.00 0.00 0.00 0.00
```

因此，模型的因果形式如下：

$$x_t = w_t + 0.3w_{t-1} + 0.24w_{t-2} + 0.19w_{t-3} + \cdots + 0.05w_{t-9} + 0.04w_{t-10} + \cdots$$

可逆形式如下：

$$w_t = x_t - 0.3x_{t-1} - 0.15x_{t-2} - 0.08x_{t-3} - 0.04x_{t-4} - 0.02x_{t-5} - 0.01x_{t-6} + \cdots$$

如果模型不是因果的或可逆的，则脚本仍然可以运行，但是结果中的系数将不会收敛至 0。例如，对于一个随机游走序列 $x_t = x_{t-1} + w_t$ 或 $x_t = \sum_{j=1}^{t} w_j$：

```
ARMAtoMA(ar=1, ma=0, 20)
 [1] 1 1 1 1 1 1 1 1 1 1 1 1 1 1 1 1 1 1 1 1
```

□

4.2 相关性函数

1. 自相关函数（Autocorrelation Function，ACF）

例 4.13　MA(q) 模型的 ACF

为简便起见，将模型写为 $x_t = \sum_{j=0}^{q} \theta_j w_{t-j}$，其中 $\theta_0 = 1$。因为 x_t 是一个白噪声的

有限线性组合，所以该过程是平稳的，具有以下自相关函数：

$$\gamma(h) = \operatorname{cov}(x_{t+h}, x_t) = \operatorname{cov}\left(\sum_{j=0}^{q} \theta_j w_{t+h-j}, \sum_{k=0}^{q} \theta_k w_{t-k}\right)$$

$$= \begin{cases} \sigma_w^2 \sum_{j=0}^{q-h} \theta_j \theta_{j+h} & 0 \leqslant h \leqslant q \\ 0 & h > q \end{cases} \tag{4.11}$$

它与式 (2.16) 中的计算相似。在滞后 q 期后的 $\gamma(h)$ 处截尾（cut off）是 MA(q) 模型的特征。将式 (4.11) 除以 $\gamma(0)$ 得到 MA(q) 的 ACF：

$$\rho(h) = \begin{cases} \dfrac{\sum_{j=0}^{q-h} \theta_j \theta_{j+h}}{1 + \theta_1^2 + \cdots + \theta_q^2} & 1 \leqslant h \leqslant q \\ 0 & h > q \end{cases} \tag{4.12}$$

另外，我们注意到，因为 $\theta_q \neq 0$，所以 $\rho(q) \neq 0$。 □

例 4.14　AR(p) 模型和 ARMA(p,q) 模型的 ACF

对于一个 AR(p) 模型或 ARMA(p,q) 模型，将其写为因果 MA(∞) 的形式：

$$x_t = \sum_{j=0}^{\infty} \psi_j w_{t-j} \tag{4.13}$$

从而，x_t 的自协方差函数可以写成

$$\gamma(h) = \operatorname{cov}(x_{t+h}, x_t) = \sigma_w^2 \sum_{j=0}^{\infty} \psi_{j+h} \psi_j, \quad h \geqslant 0 \tag{4.14}$$

它与式 (2.16) 中的计算相似。ACF 则由下式给出：

$$\rho(h) = \frac{\gamma(h)}{\gamma(0)} = \frac{\sum_{j=0}^{\infty} \psi_{j+h} \psi_j}{\sum_{j=0}^{\infty} \psi_j^2}, \quad h \geqslant 0 \tag{4.15}$$

与 MA(q) 模型不同，AR(p) 模型和 ARMA(p,q) 模型的 ACF 不在任何滞后期截尾，因此很难使用 ACF 识别 AR 模型或 ARMA 模型的阶数。 □

式 (4.15) 的结果并不吸引人，因为它几乎没有提供太多有关各种模型的 ACF 性质的信息。但是，我们可以看看某些特定模型会发生什么。

例 4.15 AR(2) 模型的 ACF

图 4.2 显示了由以下 AR(2) 模型生成的 $n = 144$ 个观测值：

$$x_t = 1.5x_{t-1} - 0.75x_{t-2} + w_t$$

其中 $\sigma_w^2 = 1$。我们在例 4.3 中探索了该模型，我们注意到该过程以每 12 个时间点为一个循环的速率显示出伪循环行为。由于 ψ 权重是循环的，因此模型的 ACF 也将以 12 为周期进行循环。以下 R 代码用于计算和显示该模型的 ACF（图 4.4 左侧）：

```
ACF = ARMAacf(ar=c(1.5,-.75), ma=0, 50)
plot(ACF, type="h", xlab="lag", panel.first=Grid())
abline(h=0)
```

□

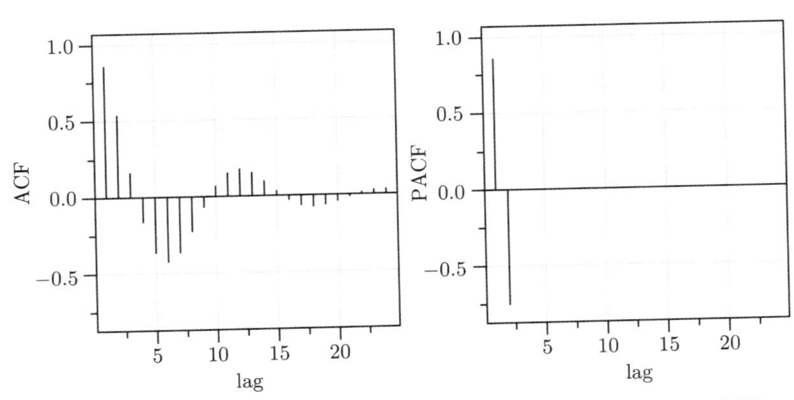

图 4.4 AR(2) 模型的 ACF 和 PACF，其中 $\phi_1 = 1.5$，$\phi_2 = -0.75$

AR(p) 或 ARMA(p, q) 的 ACF 的一般行为由 AR 部分控制，因为 MA 部分仅产生有限的影响。

例 4.16 ARMA(1, 1) 模型的 ACF

考虑 ARMA(1, 1) 过程 $x_t = \phi x_{t-1} + \theta w_{t-1} + w_t$。使用差分方程理论，我们可以证明，ACF 由下式给出：

$$\rho(h) = \frac{(1+\theta\phi)(\phi+\theta)}{\phi\,(1+2\theta\phi+\theta^2)}\phi^h, \quad h \geqslant 1 \tag{4.16}$$

注意，式 (4.16) 中 $\rho(h)$ 的一般模式与式 (4.4) 给出的 $\rho(h)=\phi^h$ 没什么不同。因此，我们不太可能仅仅基于从样本估计的 ACF 来给出 ARMA(1,1) 和 AR(1) 之间的差异。因此我们考虑使用偏自相关函数。 □

2. 偏自相关函数（Partial Autocorrelation Function，PACF）

在式 (4.12) 中，我们看到 MA(q) 的 ACF 值在滞后期数大于 q 时会变为 0。此外，因为 $\theta_q \neq 0$，所以 ACF 在滞后期数为 q 时不为 0。因此，当过程是移动平均过程时，ACF 会提供大量关于依赖性的阶数的信息。

然而，如果过程为 ARMA 或 AR 模型，则单靠 ACF 仅能提供很少关于依赖性的阶数的信息。因此，为了确定 AR 模型的阶数，我们需要找一个像 MA(q) 模型的 ACF 那样可以提供模型阶数信息的函数，这个函数可以为 AR 模型提供阶数信息，称为偏自相关函数。

回忆一下，如果 X、Y 和 Z 为随机变量，当给定 Z 时，X 和 Y 的偏相关的计算过程为：用 Z 回归 X 得到 $\hat{X}$，用 Z 回归 Y 得到 $\hat{Y}$，然后计算

$$\rho_{XY|Z}=\operatorname{corr}\{X-\hat{X},Y-\hat{Y}\}$$

它的想法是 $\rho_{XY|Z}$ 衡量移除（偏移出）变量 Z 的影响后 X 和 Y 的相关性。如果变量是多元正态分布，则该定义和给定 Z 的条件下 X 和 Y 的相关系数是一致的，即 $\rho_{XY|Z}=\operatorname{corr}(X,Y|Z)$。

要把上述想法应用到时间序列中，考虑一个因果的 AR(1) 模型 $x_t=\phi x_{t-1}+w_t$。然后有

$$\begin{aligned}\gamma_x(2)&=\operatorname{cov}(x_t,x_{t-2})=\operatorname{cov}(\phi x_{t-1}+w_t,x_{t-2})\\&=\operatorname{cov}(\phi x_{t-1},x_{t-2})=\phi\gamma_x(1)\end{aligned}$$

注意因果关系中 $\operatorname{cov}(w_t,x_{t-2})=0$，因为 x_{t-2} 含有 $\{w_{t-2},w_{t-3},\cdots\}$，这些与 w_t 不相关。与 MA(1) 一样，x_t 和 x_{t-2} 之间的相关性不为 0，因为 x_t 通过 x_{t-1} 与 x_{t-2} 依赖。假设我们通过移除（偏移出）x_{t-1} 来打破这个依赖链。也就是说，我们考虑 $x_t-\phi x_{t-1}$ 与 $x_{t-2}-\phi x_{t-1}$ 之间的相关性，因为这就是 x_t 和 x_{t-2} 移除了对 x_{t-1} 的依赖性后的相关性。用这样的方式，我们可以打破 x_t 和 x_{t-2} 之间的依赖链：

$$\operatorname{cov}(x_t-\phi x_{t-1},x_{t-2}-\phi x_{t-1})=\operatorname{cov}(w_t,x_{t-2}-\phi x_{t-1})=0$$

因此，我们所使用的工具就是偏自相关函数，就是任意 x_s 与 x_t 去除了二者“中间”的所有线性影响后的相关性。

定义 4.17

对于 $h=1,2,\cdots$，一个平稳过程 x_t 的**偏自相关函数（PACF）**用 ϕ_{hh} 表示为

$$\phi_{11}=\operatorname{corr}(x_1,x_0)=\rho(1) \tag{4.17}$$

和

$$\phi_{hh}=\operatorname{corr}(x_h-\hat{x}_h,x_0-\hat{x}_0),\quad h\geqslant 2 \tag{4.18}$$

其中 $\hat{x}_h$ 是 x_h 对 $\{x_1,x_2,\cdots,x_{h-1}\}$ 回归得到的结果，$\hat{x}_0$ 是 x_0 对 $\{x_1,x_2,\cdots,x_{h-1}\}$ 回归得到的结果。♡

因此，由于平稳性，PACF（ϕ_{hh}）是 x_{t+h} 和 x_t 除去了 $\{x_{t+1},\cdots,x_{t+h-1}\}$ 的线性影响后的相关性关系。

实际上，不必运行回归来计算 PACF。根据 Levinson（1947）和 Durbin（1960），可以采用 Durbin-Levinson 算法来递归地计算 PACF。

例 4.18 AR(p) 模型的 PACF

对于所有滞后值大于 p 的 AR(p) 模型，其 PACF 将为 0，滞后值为 p 期的 PACF 不为 0，因为可以证明 $\phi_{pp}=\phi_p$（模型中的最后一个参数）。

在例 4.15 中，我们研究了 AR(2) 模型

$$x_t=1.5x_{t-1}-0.75x_{t-2}+w_t$$

在这个例子中，$\phi_{11}=\rho(1)=\phi_1/(1-\phi_2)=1.5/1.75\approx 0.86$，$\phi_{22}=\phi_2=-0.75$，对于 $h>2$，$\phi_{hh}=0$。图 4.4 展示了该 AR(2) 模型的 ACF 和 PACF。要使用 R 生成图 4.4，使用以下代码：

```
ACF = ARMAacf(ar=c(1.5,-.75), ma=0, 24)[-1]
PACF = ARMAacf(ar=c(1.5,-.75), ma=0, 24, pacf=TRUE)
par(mfrow=1:2)
tsplot(ACF, type="h", xlab="lag", ylim=c(-.8,1))
abline(h=0)
tsplot(PACF, type="h", xlab="lag", ylim=c(-.8,1))
abline(h=0)
```

□

对于 PACF，我们还有以下大样本结果，可以将其与性质 2.28 中给出的 ACF 的类似结果进行比较。

性质 4.19（PACF 的大样本分布） 如果时间序列是 AR(p)，并且样本量 n 非常大，则对于 $h > p$，$\hat{\phi}_{hh}$ 近似为独立正态分布，均值为 0，标准差为 $1/\sqrt{n}$。对于 $p = 0$，该结果也成立，其中过程是白噪声。

例 4.20 MA(q) 模型的 PACF

对于可逆的 MA(q) 模型，具有一个 AR(∞) 表达式：

$$x_t = -\sum_{j=1}^{\infty} \pi_j x_{t-j} + w_t$$

此外，模型不存在项数有限的表达式。因此，从这个结果可以明显地看出，该序列的 PACF 不会像 AR(p) 模型一样截尾。对于一个 MA(1) 模型，$x_t = w_t + \theta w_{t-1}$，其中 $|\theta| < 1$，可以证明

$$\phi_{hh} = -\frac{(-\theta)^h (1-\theta^2)}{1-\theta^{2(h+1)}}, \quad h \geqslant 1$$ □

MA 模型的 PACF 的表现很像 AR 模型的 ACF 的表现。AR 模型的 PACF 的表现也和 MA 模型的 ACF 很相似。因为一个可逆的 ARMA 模型有无限阶的 AR 形式表达式，因此它的 PACF 不可能截尾。我们在表 4.1 中总结了这些结论。

表 4.1 ARMA 模型的 ACF 和 PACF 表现

	AR(p)	MA(q)	ARMA(p, q)
ACF	拖尾	在滞后 q 处截尾	拖尾
PACF	在滞后 p 处截尾	拖尾	拖尾

例 4.21 新鱼数量序列的初步分析

我们考虑图 1.5 中新鱼数量序列的建模问题。在 1950~1987 年间，观测的新鱼数量数据跨度为 453 个月。图 4.5 中给出的 ACF 和 PACF 与 AR(2) 过程一致。ACF 序列以 12 个月为一个周期，PACF 在 $h = 1, 2$ 处具有较大的值，然后对于高阶滞后而言基本为 0。根据表 4.1，结果表示二阶自回归模型（$p = 2$）可以提供较好的拟合。我们会在 4.3 节详细讨论模型估计。我们用数据的三元组 $\{(x; z_1, z_2) : (x_3; x_2, x_1), (x_4; x_3, x_2), \cdots, (x_{453}; x_{452}, x_{451})\}$

来拟合一个如下形式的回归模型：

$$x_t = \phi_0 + \phi_1 x_{t-1} + \phi_2 x_{t-2} + w_t$$

其中 $t = 3, 4, \cdots, 453$。参数估计值和标准误差（括号内）为 $\hat{\phi}_0 = 6.74_{(1.11)}$，$\hat{\phi}_1 = 1.35_{(0.04)}$，$\hat{\phi}_2 = -0.46_{(0.04)}$ 和 $\hat{\sigma}_w^2 = 89.72$。

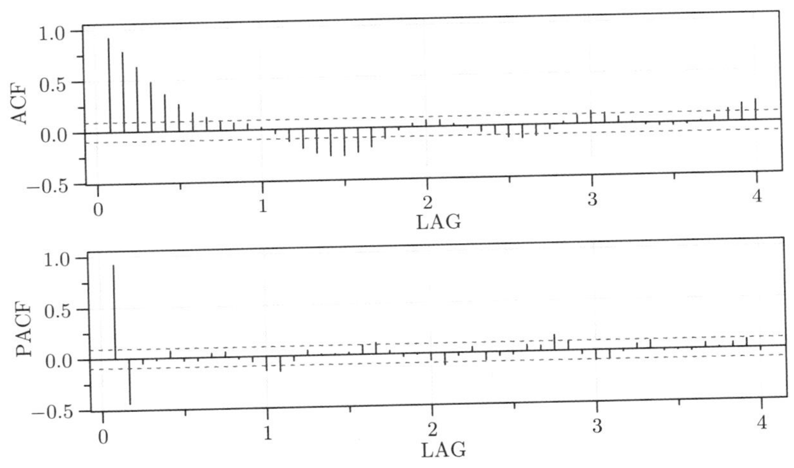

图 4.5 新鱼数量序列的 ACF 和 PACF。注意这里的水平轴上的滞后期以季节为单位（这里共 12 个月）

该分析可以用以下 R 代码实现，我们用 R 添加包 astsa 中的函数 acf2 来打印和绘制 PACF 和 ACF。

```
acf2(rec, 48)        # will produce values and a graphic
(regr = ar.ols(rec, order=2, demean=FALSE, intercept=TRUE))
   Coefficients:
        1        2
   1.3541  -0.4632
  Intercept: 6.737 (1.111)
  sigma^2 estimated as 89.72
regr$asy.se.coef # standard errors of the estimates
 $ar
   [1] 0.04178901 0.04187942
```

我们可以使用 lm() 来执行回归，然而对于纯 AR 模型来说，使用 ar.ols() 更简单。同时，参数 intercept 在这里得到了正确的使用。 □

4.3 模型估计

在本节中，假设我们从一个 ARMA(p,q) 过程中得到 n 个观测值 $x_1,\cdots,x_n$，并且模型的阶参数 p 和 q 是已知的。我们的目标就是估计参数 μ、$\phi_1,\cdots,\phi_p$、$\theta_1,\cdots,\theta_q$ 和 σ_w^2。

我们从矩估计开始。这些估计量背后的想法就是让样本矩（$\frac{1}{n}\sum_{t=1}^n x_t^k$，$k=1,2,\cdots$）等于总体矩（$E(x_t^k)$），然后根据样本矩来求解参数。我们会很快发现，如果 $E(x_t)=\mu$，那么 μ 的矩估计方法得到估计值为样本均值 $\bar{x}$ $(k=1)$。因此，在讨论矩方法时，我们假设 $\mu=0$。尽管矩估计方法可以产生好的估计量，但它们有时会导致次优的估计量。我们首先考虑该方法导致最优（有效）估计量的情况，即考虑如下的 AR(p) 模型：

$$x_t=\phi_1 x_{t-1}+\cdots+\phi_p x_{t-p}+w_t$$

对于 $h=0,1,\cdots,p$，如果将 AR 方程的每一边乘以 x_{t-h} 并取期望，则可获得以下结果。

定义 4.22

Yule-Walker 方程由下式给出：

$$\rho(h)=\phi_1\rho(h-1)+\cdots+\phi_p\rho(h-p),\quad h=1,2,\cdots,p \tag{4.19}$$

$$\sigma_w^2=\gamma(0)\left[1-\phi_1\rho(1)-\cdots-\phi_p\rho(p)\right] \tag{4.20}$$

♡

通过用估计值 $\widehat{\gamma}(0)$ 替换 $\gamma(0)$，用估计值 $\widehat{\rho}(h)$ 替换 $\rho(h)$，所获得的估计量称为 Yule-Walker 估计量。对于 AR(p) 模型，如果样本量很大，则 Yule-Walker 估计量为近似正态分布，且 $\widehat{\sigma}_w^2$ 接近于 σ_w^2 的真实值。此外，这些估计值接近例 4.21 中讨论的 OLS 估计值。

例 4.23　AR(1) 过程的 Yule-Walker 估计

对于一个 AR(1) 过程，$(x_t-\mu)=\phi(x_{t-1}-\mu)+w_t$，均值估计为 $\widehat{\mu}=\bar{x}$，式 (4.19)为

$$\rho(1)=\phi\rho(0)=\phi$$

因此期望为

$$\hat{\phi}=\hat{\rho}(1)=\frac{\sum\limits_{t=1}^{n-1}\left(x_{t+1}-\bar{x}\right)\left(x_t-\bar{x}\right)}{\sum\limits_{t=1}^{n}\left(x_t-\bar{x}\right)^2}$$

误差方差估计为

$$\hat{\sigma}_w^2=\hat{\gamma}(0)\left[1-\hat{\phi}^2\right]$$

从式 (4.3)可知，$\gamma(0)=\sigma_w^2/(1-\phi^2)$。 □

例 4.24 新鱼数量序列的 Yule-Walker 估计

在例 4.21 中，我们使用回归将新鱼数量序列拟合成 AR(2) 模型。以下是使用 Yule-Walker 估计来拟合同一模型的 R 代码和结果，它们与例 4.21 中得到的值几乎相同。

```
rec.yw = ar.yw(rec, order=2)
rec.yw$x.mean   # mean estimate
 [1] 62.26278
rec.yw$ar       # phi parameter estimates
 [1]  1.3315874 -0.4445447
sqrt(diag(rec.yw$asy.var.coef)) # their standard errors
 [1] 0.04222637 0.04222637
rec.yw$var.pred # error variance estimate
 [1] 94.79912
```

□

在 AR(p) 模型的情况下，Yule-Walker 估计是最优估计量，但对于 MA(q) 和 ARMA (p,q) 并不是如此。AR(p) 模型基本上是线性模型，Yule-Walker 估计量实质上是最小二乘估计量。MA 或 ARMA 模型是非线性模型，因此这一技术不能给出最优估计量。

例 4.25 MA(1) 的矩估计方法

考虑 MA(1) 模型 $x_t=w_t+\theta w_{t-1}$，其中 $|\theta|<1$。这个模型可以写成

$$x_t=-\sum_{j=1}^{\infty}(-\theta)^j x_{t-j}+w_t$$

对参数 θ，它是非线性的。前两个总体自协方差为 $\gamma(0)=\sigma_w^2(1+\theta^2)$ 和 $\gamma(1)=\sigma_w^2\theta$，因此 θ 的估计值可以通过求解下式得到：

$$\hat{\rho}(1)=\frac{\hat{\gamma}(1)}{\hat{\gamma}(0)}=\frac{\hat{\theta}}{1+\hat{\theta}^2}$$

虽然该式有两个解，但我们只选取可逆的。如果 $|\hat{\rho}(1)|\leqslant\dfrac{1}{2}$，则解是实数；否则，就不存在实数解。尽管对于可逆 MA(1) 模型，有 $|\rho(1)|<\dfrac{1}{2}$，但因为得到的是估计值，所以 $|\hat{\rho}(1)|\geqslant\dfrac{1}{2}$ 仍可能发生。例如，在下面的 R 代码中，模拟得到 $\hat{\rho}(1)=0.51$，但是其真实值为 $\rho(1)=0.9/(1+0.9^2)=0.497$。

```
set.seed(2)
ma1 = arima.sim(list(order = c(0,0,1), ma = 0.9), n = 50)
acf1(ma1, plot=FALSE)[1]
 [1] 0.51
```

□

估计的首选方法是最大似然估计（Maximum Likelihood Estimation，MLE），它将得到最有可能生成观测值的参数值。在 D.1 节中将详细讨论 AR(1) 的 MLE。对于正态模型，这与加权最小二乘相同。为简便起见，我们首先讨论条件最小二乘。

1. 条件最小二乘

回顾第 3 章，在简单线性回归 $x_t = \beta_0 + \beta_1 z_t + w_t$ 中，我们关于 β 最小化下式：

$$S(\beta) = \sum_{t=1}^{n} w_t^2(\beta) = \sum_{t=1}^{n} (x_t - [\beta_0 + \beta_1 z_t])^2$$

这是一个简单的问题，因为我们有所有的数据对 (z_t, x_t)，其中 $t = 1, \cdots, n$。对于 ARMA 模型，我们没有这种奢侈的条件。

考虑一个简单的 AR(1) 模型 $x_t = \phi x_{t-1} + w_t$。在这个例子中，误差平方和为

$$S(\phi) = \sum_{t=1}^{n} w_t^2(\phi) = \sum_{t=1}^{n} (x_t - \phi x_{t-1})^2$$

这里有个问题是，我们不能观测 x_0。为了简化起见，忘了这个问题，放弃第一项。也就是说，让我们使用（有条件的）平方和来进行最小二乘：

$$S_c(\phi) = \sum_{t=2}^{n} w_t^2(\phi) = \sum_{t=2}^{n} (x_t - \phi x_{t-1})^2$$

因为这很容易（只是 OLS），并且如果 n 很大，那就应该没有任何问题了。从回归中我们知道解是

$$\hat{\phi} = \frac{\sum_{t=2}^{n} x_t x_{t-1}}{\sum_{t=2}^{n} x_{t-1}^2}$$

这几乎接近例 4.23 中的 Yule-Walker 估计（如果均值不为零，则将 x_t 替换为 $x_t - \bar{x}$）。

现在，我们通过高斯-牛顿 （Gauss-Newton） 算法研究 ARMA(p, q) 模型的条件最小二乘法。将模型参数写为 $\beta = (\phi_1, \cdots, \phi_p, \theta_1, \cdots, \theta_q)$，为便于讨论，我们令 $\mu = 0$。将

ARMA 模型写为关于误差项的形式：

$$w_t(\beta) = x_t - \sum_{j=1}^{p} \phi_j x_{t-j} - \sum_{k=1}^{q} \theta_k w_{t-k}(\beta) \tag{4.21}$$

强调误差对参数的依赖性（回顾一下，根据可逆性，我们有 $w_t = \sum_{j=0}^{\infty} \pi_j x_{t_j}$，而 π_j 是 β 的复杂函数）。

同样，我们有一个问题：我们没有观察到 $t \leqslant 0$ 的 x_t，也没有观察到误差 w_t。对于条件最小二乘，我们将条件建立在 $x_1, \cdots, x_p$ 上（如果 $p > 0$）并令 $w_p = w_{p-1} = w_{p-2} = \cdots = w_{p+1-q} = 0$（如果 $q > 0$）。在这种情况下，给定 β，对于 $t = p+1, \cdots, n$，我们可以得到式 (4.21)。例如，对于 ARMA(1,1)，

$$x_t = \phi x_{t-1} + \theta w_{t-1} + w_t$$

我们从 $p+1=2$ 开始，并且令 $w_1 = 0$，由此可得

$$\begin{aligned} w_2 &= x_2 - \phi x_1 - \theta w_1 = x_2 - \phi x_1 \\ w_3 &= x_3 - \phi x_2 - \theta w_2 \\ &\vdots \\ w_n &= x_n - \phi x_{n-1} - \theta w_{n-1} \end{aligned}$$

给定数据，我们可以在任何参数值下计算这些误差，例如 $\phi = \theta = 0.5$。使用此条件参数，条件误差平方和为

$$S_c(\beta) = \sum_{t=p+1}^{n} w_t^2(\beta) \tag{4.22}$$

关于 β 最小化 $S_c(\beta)$ 会产生条件最小二乘估计。我们可以使用一个暴力方法，在该方法中，我们在可能的参数值网格上计算 $S_c(\beta)$，并选择具有最小误差平方和的值，但是如果有很多参数，该方法将变得难以实现。

如果 $q = 0$，则问题是线性回归问题，如我们在 AR(1) 的情况中所见。如果 $q > 0$，则问题变为非线性回归问题，我们将依靠数值优化。高斯–牛顿算法是一种求解最小化式 (4.22) 的问题的迭代方法。我们将演示对 MA(1) 应用该方法。

例 4.26　在 MA(1) 上应用高斯–牛顿算法

考虑一个 MA(1) 过程 $x_t = w_t + \theta w_{t-1}$。其误差写作

$$w_t(\theta) = x_t - \theta w_{t-1}(\theta), \quad t = 1, \cdots, n \tag{4.23}$$

我们加上 $w_0(\theta)=0$ 这个条件。我们的目标是找到能够最小化 $S_c(\theta)=\sum_{t=1}^{n}w_t^2(\theta)$ 的 θ，这是一个关于 θ 的非线性函数。

设 $\theta_{(0)}$ 为 θ 的一个初始估计，比如矩估计。现在，我们使用 $w_t(\theta)$ 在 $\theta_{(0)}$ 的一阶泰勒近似，得到

$$S_c(\theta)=\sum_{t=1}^{n}w_t^2(\theta)\approx\sum_{t=1}^{n}\left[w_t\left(\theta_{(0)}\right)-\left(\theta-\theta_{(0)}\right)z_t\left(\theta_{(0)}\right)\right]^2 \tag{4.24}$$

其中

$$z_t\left(\theta_{(0)}\right)=-\left.\frac{\partial w_t(\theta)}{\partial\theta}\right|_{\theta=\theta_{(0)}}$$

（把导数写为负的形式可简化后面的代数运算）。事实证明，导数具有简单的形式，使它们易于计算。对式 (4.23) 求导数，可得

$$\frac{\partial w_t(\theta)}{\partial\theta}=-w_{t-1}(\theta)-\theta\frac{\partial w_{t-1}(\theta)}{\partial\theta},\quad t=1,\cdots,n \tag{4.25}$$

其中，我们令 $\partial w_0(\theta)/\partial\theta=0$。我们也可以将式 (4.25) 写作

$$z_t(\theta)=w_{t-1}(\theta)-\theta z_{t-1}(\theta),\quad t=1,\cdots,n \tag{4.26}$$

其中 $z_0(\theta)=0$。这意味着导数序列是一个 AR 过程，在给定 θ 值的情况下，我们可以轻松地进行递归计算。

我们将式 (4.24) 的右边写作

$$Q(\theta)=\sum_{t=1}^{n}[\underbrace{w_t\left(\theta_{(0)}\right)}_{y_t}-\underbrace{\left(\theta-\theta_{(0)}\right)}_{\beta}\underbrace{z_t\left(\theta_{(0)}\right)}_{z_t}]^2 \tag{4.27}$$

这就是我们将要最小化的对象。现在问题变成了简单的线性回归 $y_t=\beta z_t+\varepsilon_t$，因此可得

$$\left(\widehat{\theta-\theta_{(0)}}\right)=\sum_{t=1}^{n}z_t\left(\theta_{(0)}\right)w_t\left(\theta_{(0)}\right)\Big/\sum_{t=1}^{n}z_t^2\left(\theta_{(0)}\right)$$

或

$$\hat{\theta}=\theta_{(0)}+\sum_{t=1}^{n}z_t\left(\theta_{(0)}\right)w_t\left(\theta_{(0)}\right)\Big/\sum_{t=1}^{n}z_t^2\left(\theta_{(0)}\right)$$

因此，本例中的高斯–牛顿过程为：在迭代的第 $j+1$ 步上，令

$$\theta_{(j+1)}=\theta_{(j)}+\frac{\sum\limits_{t=1}^{n}z_t\left(\theta_{(j)}\right)w_t\left(\theta_{(j)}\right)}{\sum\limits_{t=1}^{n}z_t^2\left(\theta_{(j)}\right)},\quad j=0,1,2,\cdots \tag{4.28}$$

其中式 (4.28) 中的值是使用式 (4.23) 和式 (4.26) 递归计算的。当 $|\theta_{(j+1)}-\theta_{(j)}|$ 或 $|Q(\theta_{j+1})-Q(\theta_j)|$ 小于某个预设量时，计算将停止。 □

例 4.27 拟合冰川纹层序列

考虑在例 3.12 和习题 3.6 中分析的冰川纹层序列（即 x_t），在该问题中，一阶移动平均模型可能适合对数差分后的冰川纹层序列，即

$$\nabla \log(x_t) = \log(x_t) - \log(x_{t-1})$$

转换后的序列以及其样本 ACF 和 PACF 如图 4.6 所示，基于表 4.1 确认 $\nabla \log(x_t)$ 具有表现为一阶移动平均值的迹象。以下代码用于生成图 4.6：

```
tsplot(diff(log(varve)), col=4, ylab=expression(nabla~log~X[~t]),
          main="Transformed Glacial Varves")
acf2(diff(log(varve)))
```

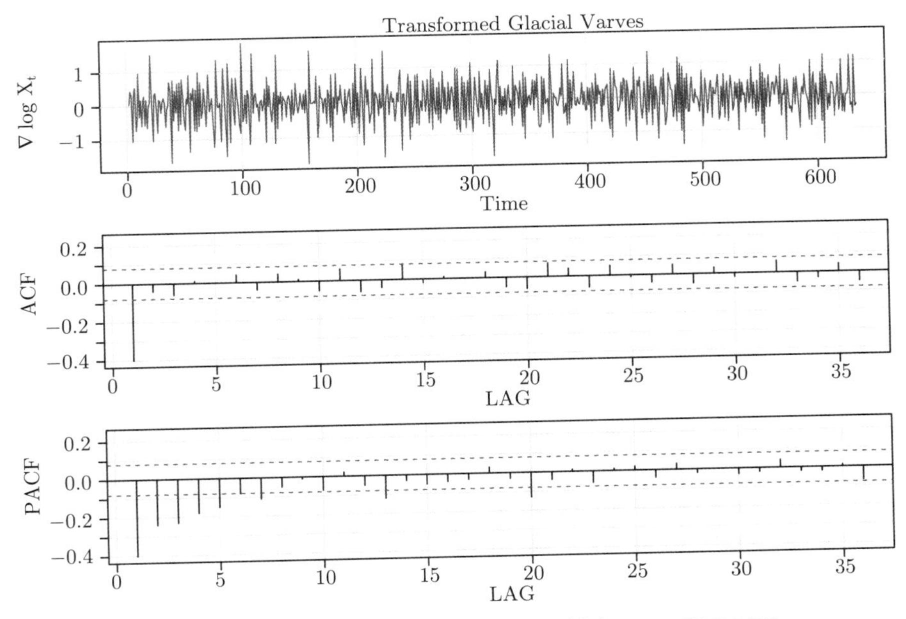

图 4.6 转换后的冰川纹层序列和相应的样本 ACF 和 PACF

我们看到 $\hat{\rho}(1) = -0.4$，并使用矩估计作为初始估计，基于例 4.25 和二次方程公式，得到：

$$\theta_{(0)} = \frac{1-\sqrt{1-4\hat{\rho}(1)^2}}{2\hat{\rho}(1)} = -0.5$$

运行高斯–牛顿算法的 R 代码和结果如下：

```
x = diff(log(varve))                                  # data
r = acf1(x, 1, plot=FALSE)                            # acf(1)
c(0) -> w -> z -> Sc -> Sz -> Szw -> para # initialize
num = length(x)                                       # = 633
## Estimation
para[1] = (1-sqrt(1-4*(r^2)))/(2*r)                   # MME
niter   = 12
for (j in 1:niter){
  for  (i in 2:num){ w[i] = x[i]   - para[j]*w[i-1]
                     z[i] = w[i-1] - para[j]*z[i-1]
  }
  Sc[j]     = sum(w^2)
  Sz[j]     = sum(z^2)
  Szw[j]    = sum(z*w)
  para[j+1] = para[j] + Szw[j]/Sz[j]
}
## Results
cbind(iteration=1:niter-1, thetahat=para[1:niter], Sc, Sz)
iteration   thetahat       Sc       Sz
        0 -0.5000000 158.4258 172.1110
        1 -0.6704205 150.6786 236.8917
        2 -0.7340825 149.2539 301.6214
        3 -0.7566814 149.0291 337.3468
        4 -0.7656857 148.9893 354.4164
        5 -0.7695230 148.9817 362.2777
        6 -0.7712091 148.9802 365.8518
        7 -0.7719602 148.9799 367.4683
        8 -0.7722968 148.9799 368.1978
        9 -0.7724482 148.9799 368.5266
       10 -0.7725162 148.9799 368.6748
       11 -0.7725469 148.9799 368.7416
```

估计结果为

$$\hat{\theta} = \theta_{(11)} = -0.773$$

得到收敛的条件平方和为

$$S_c(-0.773) = 148.98$$

误差方差的最终估计是

$$\hat{\sigma}_w^2 = \frac{148.98}{632} = 0.236$$

它具有 632 个自由度。收敛时的平方差之和的值为 $\sum_{t=1}^{n} z_t^2(\theta_{(11)}) = 368.74$，因此，估计的 θ 的标准误差为

$$\mathrm{SE}(\hat{\theta}) = \sqrt{0.236/368.74} = 0.025$$

使用标准回归结果作为近似值。这将得到 t 值为 $-0.773/0.025 = -30.92$，具有 632 个自由度。

图 4.7 显示了条件平方和 $S_c(\theta)$ 与 θ 的关系，并指出了高斯–牛顿算法每一步的值。请注意，开始时，高斯–牛顿过程朝着最小值方向的步长很大，然后在接近最小值时，步长很小。生成图 4.7 的代码如下：

```
## Plot conditional SS
c(0) -> w -> cSS
th = -seq(.3, .94, .01)
for (p in 1:length(th)){
  for (i in 2:num){ w[i] = x[i] - th[p]*w[i-1]
  }
  cSS[p] = sum(w^2)
}
tsplot(th, cSS, ylab=expression(S[c](theta)), xlab=expression(theta))
abline(v=para[1:12], lty=2, col=4)    # add previous results to plot
points(para[1:12], Sc[1:12], pch=16, col=4)
```

□

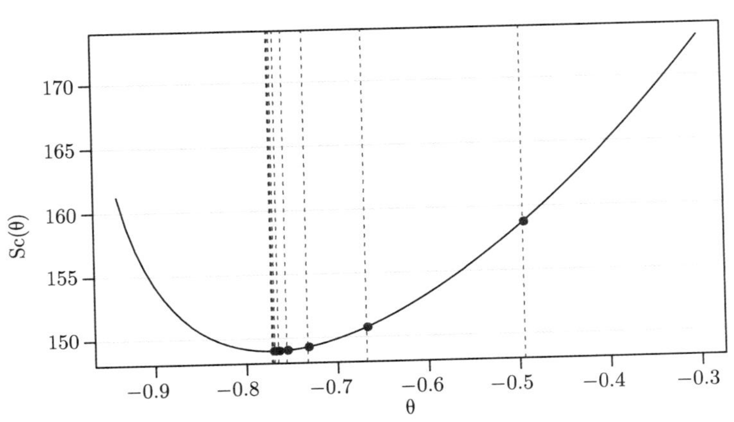

图 4.7 例 4.27 冰川纹层序列的条件平方和与移动平均参数值。垂直的线是通过高斯–牛顿算法得到的参数值

2. 无条件最小二乘和 MLE

ARMA 模型中参数的估计更像是加权最小二乘而不是普通最小二乘。考虑正态回归模型

$$x_t = \beta_0 + \beta_1 z_t + \varepsilon_t$$

现在，这些误差可能具有不同的方差：

$$\varepsilon_t \sim N\left(0, \sigma^2 h_t\right)$$

在这种情况下，我们使用加权最小二乘法最小化以下关于 β 的函数

$$S(\beta) = \sum_{t=1}^{n} \frac{\varepsilon_t^2(\beta)}{h_t} = \sum_{t=1}^{n} \frac{1}{h_t} \left(x_t - [\beta_0 + \beta_1 z_t]\right)^2$$

由于权重 $1/h_t$ 通常是未知的（$h_t = 1$ 是普通最小二乘的情况），因此问题变得更加困难。但是，对于 ARMA 模型，我们确实知道这些方差的结构。

为了简便起见，我们将重点介绍完整的 AR(1) 模型：

$$x_t = \mu + \phi\left(x_{t-1} - \mu\right) + w_t \tag{4.29}$$

其中 $|\phi| < 1$ 且 $w_t \sim \text{iid } N(0, \sigma_w^2)$。给定数据 $x_1, x_2, \cdots, x_n$，我们无法用 x_0 对 x_1 进行回归，因为 x_0 是未观测到的。但是，从例 4.1 中我们知道：

$$x_1 = \mu + \varepsilon_1 \quad \varepsilon_1 \sim N\left(0, \sigma_w^2 / \left(1 - \phi^2\right)\right)$$

在这种情况下，我们有 $h_1 = 1/(1-\phi^2)$。对于 $t = 2, \cdots, n$，模型为普通线性回归，其中 w_t 为回归误差，对于 $t \geqslant 2$，$h_t = 1$。因此，现在无条件平方和为

$$S(\mu, \phi) = \left(1 - \phi^2\right)\left(x_1 - \mu\right)^2 + \sum_{t=2}^{n}\left[\left(x_t - \mu\right) - \phi\left(x_{t-1} - \mu\right)\right]^2 \tag{4.30}$$

在条件最小二乘中，我们将涉及 x_1 的部分调整为更容易解决的问题。对于无条件最小二乘，即使对于简单的 AR(1) 情况，我们也需要使用数值优化。

对于 AR(p) 模型，此问题普遍存在，而对于 ARMA 模型，此问题并非如此。对我们来说，无条件最小二乘等效于最大似然估计（MLE）。MLE 是指在给定数据的情况下找到“最可能的”参数，这将在 D.1 节中进一步讨论。在因果关系和可逆 ARMA(p, q) 模型的

一般情况下，对于 AR 模型，MLE、（有条件和无条件）最小二乘估计和 Yule-Walker 估计均会得到针对大样本量的最优估计。

例 4.28 转换后的冰川纹层序列（续）

在例 4.27 中，我们使用高斯–牛顿算法通过条件最小二乘法将 MA(1) 模型拟合到转换后的冰河纹层序列。要使用无条件最小二乘（等效于 MLE），我们可以按如下方式使用 astsa 包中的 sarima 脚本。该脚本要求指定 AR 的阶数 p、MA 的阶数 q 和差分阶数 d。在本例中，我们已经对数据进行了差分，因此这里设置 $d=0$。我们将在下一章中进一步讨论。此外，转换后的数据似乎具有零均值函数，因此我们不对数据拟合均值。通过在调用中指定 no.constant = TRUE 可以完成此操作。

```
sarima(diff(log(varve)), p=0, d=0, q=1, no.constant=TRUE)
# partial output
 initial  value -0.551778
 iter   2 value -0.671626
 iter   3 value -0.705973
 iter   4 value -0.707314
 iter   5 value -0.722372
 iter   6 value -0.722738     # conditional SS
 iter   7 value -0.723187
 iter   8 value -0.723194
 iter   9 value -0.723195
 final  value -0.723195
 converged
 initial  value -0.722700
 iter   2 value -0.722702     # unconditional SS (MLE)
 iter   3 value -0.722702
 final  value -0.722702
 converged
 ---
 Coefficients:
           ma1
       -0.7705
 s.e.   0.0341
 sigma^2 estimated as 0.2353:  log likelihood = -440.72,  aic = 885.44
```

该脚本首先使用数据，选择在因果和可逆参数空间内的估计值的初始值。然后，该脚本使用条件最小二乘法，如例 4.27 所示。一旦该过程收敛，下一步就是使用条件估计来找到无条件最小二乘估计（或 MLE）。

输出仅显示迭代次数和平方和的值。查看数值优化的结果以确保收敛并且没有警告是一个好主意。如果收敛困难或出现警告，则通常意味着所提出的模型与实际不符。

最终估计为 $\hat{\theta} = -0.7705_{(0.034)}$ 和 $\hat{\sigma}_w^2 = 0.2353$。这些结果非常接近例 4.27 中获得的值 $\hat{\theta} = -0.771_{(0.025)}$ 和 $\hat{\sigma}_w^2 = 0.236$。

□

大多数软件包使用大样本理论来计算估计的标准误差（估计的标准差）。我们将在以下命题中给出几个例子。

性质 4.29 （一些特殊的大样本分布） 接下来，将 AN 视为"对于大样本量而言近似于正态分布"。

AR(1):

$$\hat{\phi}_1 \sim \mathrm{AN}\left[\phi_1, n^{-1}\left(1-\phi_1^2\right)\right] \tag{4.31}$$

因此，ϕ_1 的近似 $100(1-\alpha)\%$ 置信区间为

$$\hat{\phi}_1 \pm z_{\alpha/2}\sqrt{\frac{1-\hat{\phi}_1^2}{n}}$$

AR(2):

$$\hat{\phi}_1 \sim \mathrm{AN}\left[\phi_1, n^{-1}\left(1-\phi_2^2\right)\right] \quad \text{和} \quad \hat{\phi}_2 \sim \mathrm{AN}\left[\phi_2, n^{-1}\left(1-\phi_2^2\right)\right] \tag{4.32}$$

因此，ϕ_1 和 ϕ_2 的近似 $100(1-\alpha)\%$ 置信区间为

$$\hat{\phi}_1 \pm z_{\alpha/2}\sqrt{\frac{1-\hat{\phi}_2^2}{n}} \quad \text{和} \quad \hat{\phi}_2 \pm z_{\alpha/2}\sqrt{\frac{1-\hat{\phi}_2^2}{n}}$$

MA(1):

$$\hat{\theta}_1 \sim \mathrm{AN}\left[\theta_1, n^{-1}\left(1-\theta_1^2\right)\right] \tag{4.33}$$

MA 的置信区间类似于 AR。

MA(2):

$$\hat{\theta}_1 \sim \mathrm{AN}\left[\theta_1, n^{-1}\left(1-\theta_2^2\right)\right] \quad \text{和} \quad \hat{\theta}_2 \sim \mathrm{AN}\left[\theta, n^{-1}\left(1-\theta_2^2\right)\right] \tag{4.34}$$

例 4.30　过拟合警告

参数估计的大样本表现让我们更深入地了解数据拟合 ARMA 模型的问题。例如，假设时间序列遵循 AR(1) 过程，但我们决定用 AR(2) 模型拟合数据。这样做是否会产生额

外的问题？更一般地说，为什么不简单地拟合高阶 AR 模型以确保我们捕捉过程的动态？毕竟，如果过程确实是一个 AR(1)，其他自回归参数将不会很大。答案是，如果过拟合，我们会得到效率较低或参数估计不准确的情况。例如，我们将 AR(1) 拟合到 AR(1) 过程，当 n 很大时，$\text{var}(\hat{\phi}_1) \approx n^{-1}(1-\phi_1^2)$。但是，如果将 AR(2) 拟合到 AR(1) 过程，当 n 很大时，因为 $\phi_2 = 0$，所以 $\text{var}(\hat{\phi}_1) \approx n^{-1}(1-\phi_2^2) = n^{-1}$。因此，$\phi_1$ 的方差变大了，这会使得估计量的精确度有损失。

然而，我们这里想说的是，过拟合可以用作诊断工具。例如，如果我们用 AR(1) 拟合数据并且对模型满意，那么再添加一个参数并拟合 AR(2) 应该与拟合的 AR(1) 模型大致相同。我们将在 5.2 节详细讨论模型诊断。 □

4.4 模型预测

在预测中，目标是基于到现在为止收集到的数据（$x_1, \cdots, x_n$）去预测时间序列的未来值 x_{n+m}，$m = 1, 2, \cdots$。在本节中，我们将假设模型参数是已知的。当模型参数未知时，我们采用它们的估计值进行替代。

要了解如何预测 ARMA 过程，研究 AR(1) 的预测很有帮助：

$$x_t = \phi x_{t-1} + w_t$$

首先，考虑提前一步预测，即给定数据 $x_1, \cdots, x_n$，我们希望预测下一个时间点 x_{n+1} 的时间序列值。我们将这一过程称为预测 x_{n+1}^n。总的来说，符号 x_t^n 是指，给定数据 $x_1, \cdots, x_n$ 时预期的 x_t[㊀]。由于

$$x_{n+1} = \phi x_n + w_{n+1}$$

我们有

$$x_{n+1}^n = \phi x_n^n + w_{n+1}^n$$

但是由于我们知道 x_n（这是我们的观测值之一），因此 $x_n^n = x_n$，并且由于 w_{n+1} 是未来的误差，并且独立于 $x_1, \cdots, x_n$，所以我们有 $w_{n+1}^n = E(w_{n+1}) = 0$。因此，提前一步预测是

$$x_{n+1}^n = \phi x_n \tag{4.35}$$

㊀ $x_t^n = E(x_t | x_1, \cdots, x_n)$ 在形式上是条件期望，这将在 B.4 节中讨论。

提前一步均方预测误差（MSPE）由下式给出

$$P_{n+1}^n = E\left[x_{n+1} - x_{n+1}^n\right]^2 = E\left[x_{n+1} - \phi x_n\right]^2 = Ew_{n+1}^2 = \sigma_w^2$$

类似地，得到提前两步预测。由于模型是

$$x_{n+2} = \phi x_{n+1} + w_{n+2}$$

我们有

$$x_{n+2}^n = \phi x_{n+1}^n + w_{n+2}^n$$

同样，w_{n+2} 是未来的误差，因此 $w_{n+2}^n = 0$。此外，我们已经知道 $x_{n+1}^n = \phi x_n$，因此预测为

$$x_{n+2}^n = \phi x_{n+1}^n = \phi^2 x_n \tag{4.36}$$

提前两步的 MSPE 由下式给出：

$$\begin{aligned} P_{n+2}^n &= E\left[x_{n+2} - x_{n+2}^n\right]^2 = E\left[\phi x_{n+1} + w_{n+2} - \phi^2 x_n\right]^2 \\ &= E\left[w_{n+2} + \phi\left(x_{n+1} - \phi x_n\right)\right]^2 = E\left[w_{n+2} + \phi w_{n+1}\right]^2 = \sigma_w^2\left(1 + \phi^2\right) \end{aligned}$$

将这些结果推广，对于 $m = 1, 2, \cdots$，很容易得到提前 m 步预测：

$$x_{n+m}^n = \phi^m x_n \tag{4.37}$$

以及 MSPE：

$$P_{n+m}^n = E\left[x_{n+m} - x_{n+m}^n\right]^2 = \sigma_w^2\left(1 + \phi^2 + \cdots + \phi^{2(m-1)}\right) \tag{4.38}$$

注意，由于 $|\phi| < 1$，$\phi^m \to 0$ 的速度和 $m \to \infty$ 的速度一样快。因此，式 (4.37) 中的预测将很快变为零（或均值）并且变得毫无用处。另外，MSPE 将收敛到 $\sigma_w^2 \sum_{j=0}^{\infty} \phi^{2j} = \sigma_w^2/(1-\phi^2)$，即过程 x_t 的方差；回顾式 (4.3)。

假设大多数情况下，样本量 n 大于阶数 p，则预测 AR(p) 模型与预测 AR(1) 基本相同。由于根据可逆性，MA(q) 和 ARMA(p, q) 即为 AR(∞)，因此可以使用相同的基本技术。因为 ARMA 模型是可逆的，即 $w_t = x_t + \sum_{j=1}^{\infty} \pi_j x_{t-j}$，所以

$$x_{n+m} = -\sum_{j=1}^{\infty} \pi_j x_{n+m-j} + w_{n+m}$$

如果我们有无限可用的历史数据 $\{x_n, x_{n-1}, \cdots, x_1, x_0, x_{-1}, \cdots\}$，对于 $m = 1, 2, \cdots$，我们将通过下式预测 x_{n+m}：

$$x_{n+m}^n = -\sum_{j=1}^{\infty} \pi_j x_{n+m-j}^n$$

在这种情况下，对于 $t = n, n-1, \cdots$，有 $x_t^n = x_t$。虽然我们只有实际数据 $\{x_n, x_{n-1}, \cdots, x_1\}$ 可用，但实际的解决方案是将预测截断为

$$x_{n+m}^n = -\sum_{j=1}^{n+m-1} \pi_j x_{n+m-j}^n$$

其中对于 $1 \leqslant t \leqslant n$，有 $x_t^n = x_t$。对于 ARMA 模型，一般而言，只要 n 足够大，由于 π 权重将以指数化速度趋近于零，因此近似效果会很好。对于较大的 n，可以证明（请参阅习题 4.10）ARMA(p, q) 模型的均方预测误差约为（如果 $q = 0$，则是精确的）：

$$P_{n+m}^n = \sigma_w^2 \sum_{j=0}^{m-1} \psi_j^2 \tag{4.39}$$

我们可以在式 (4.38) 中看到 AR(1) 的这个结果，因为在这种情况下 $\psi_j^2 = \phi^{2j}$。

例 4.31 预测新鱼数量序列

在例 4.21 中，我们使用 OLS 将 AR(2) 模型拟合成新鱼数量序列。在这里，我们使用最大似然估计，类似于 ARMA 模型的无条件最小二乘法：

```
sarima(rec, p=2, d=0, q=0)    # fit the model
       Estimate     SE  t.value p.value
ar1      1.3512 0.0416  32.4933       0
ar2     -0.4612 0.0417 -11.0687       0
xmean   61.8585 4.0039  15.4494       0
```

该结果与使用 OLS 的结果几乎相同。使用参数估计值作为实际参数值，可以采用与本节介绍的方式相似的方式来计算预测值和 MSPE 的平方根。

图 4.8 显示了使用以下 R 代码获得的未来 24 个月（$m = 1, 2, \cdots, 24$）新鱼数量序列预测结果。

```
sarima.for(rec, n.ahead=24, p=2, d=0, q=0)
abline(h=61.8585, col=4)    # display estimated mean
```

请注意，预测如何迅速趋于均值，并且预测间隔又宽又恒定。也就是说，由于内存不足，因此预测值会稳定在估计的均值 61.86，并且 MSPE 的平方根变得非常大（最终为所有数据的标准差）。 □

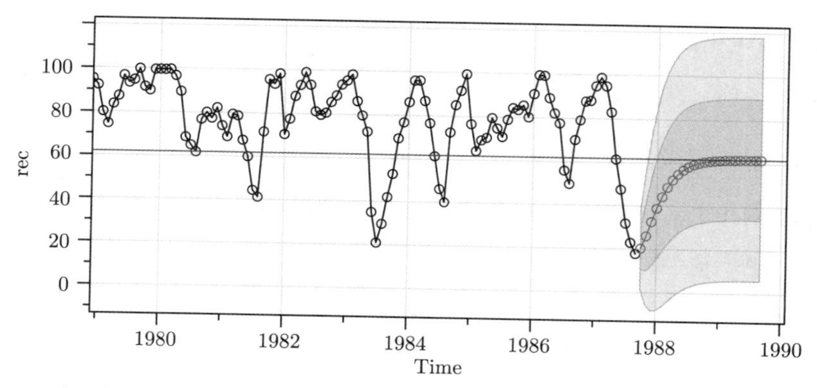

图 4.8 24 个月的新鱼数量序列预测。图中显示的是从 1980 年 1 月到 1987 年 9 月的实际数据，展示了预测值加上和减去一个标准误差。水平实线是估计的均值函数

习题

4.1 给定一个 MA(1) 模型，$x_t = w_t + \theta w_{t-1}$，对于任意 θ，证明 $|\rho_x(1)| \leqslant 1/2$。当 θ 取何值时，$\rho_x(1)$ 达到最大值和最小值？

4.2 设 $\{w_t; t = 0, 1, \cdots\}$ 为白噪声过程，其方差为 σ_w^2，且设 $|\phi| < 1$ 为常数。考虑随机过程 $x_0 = w_0$，以及

$$x_t = \phi x_{t-1} + w_t, \quad t = 1, 2, \cdots$$

我们可以先模拟白噪声，然后使用此模型和模拟的白噪声来模拟一个 AR(1) 过程。

(a) 对于任意 $t = 0, 1, \cdots$，证明 $x_t = \sum_{j=0}^{t} \phi^j w_{t-j}$。

(b) 求 $E(x_t)$。

(c) 证明：对于 $t = 0, 1, \cdots$，

$$\operatorname{var}(x_t) = \frac{\sigma_w^2}{1 - \phi^2}\left(1 - \phi^{2(t+1)}\right)$$

(d) 证明：对于 $h \geqslant 0$，

$$\operatorname{cov}(x_{t+h}, x_t) = \phi^h \operatorname{var}(x_t)$$

(e) x_t 平稳吗？

(f) 论述当 $t \to \infty$ 时，过程趋于平稳，所以在某种意义上，x_t 是“渐近平稳”过程。

（g） 讨论如何使用这些结论，根据 iid $N(0,1)$ 的模拟值来模拟一个平稳高斯 AR(1) 模型的 n 个观测值。

（h） 现在假设 $x_0 = w_0/\sqrt{1-\phi^2}$。这个过程是平稳的吗？提示：证明 $\text{var}(x_t)$ 是常量。

4.3 考虑以下两个模型：

（i）$x_t = 0.80x_{t-1} - 0.15x_{t-2} + w_t - 0.30w_{t-1}$

（ii）$x_t = x_{t-1} - 0.50x_{t-2} + w_t - w_{t-1}$

（a） 使用例 4.10 作为指导，检查模型的参数冗余。如果模型具有冗余，请找到模型的简化形式。

（b） 判断 ARMA 模型是否为因果模型的一种方法是检查 AR 项 $\phi(B)$ 的根，查看是否存在取值不小于 1 的根。同样，为了确定模型的可逆性，MA 项 $\theta(B)$ 的根的取值不得小于或等于 1。使用例 4.11 作为指导来确定简化后（如果适用）的模型（i）和（ii）是否为因果的和/或可逆的。

（c） 在例 4.3 和例 4.12 中，我们使用 `ARMAtoMA` 和 `ARMAtoAR` 展示了模型的因果 [MA(∞)] 和可逆 [AR(∞)] 表示形式的一些系数。如果模型实际上是因果或可逆的，则系数必须快速收敛到零。对于每个简化的模型（i）和（ii），找到前 50 个系数并注释。

4.4（a） 绘制 ARMA(1,1)、ARMA(1,0) 和 ARMA(0,1) 三个序列的 ACF 和 PACF，其中 $\phi = 0.6$，$\theta = 0.9$，比较三个序列的理论 ACF 和 PACF。评论 ACF 和 PACF 确定模型阶数的能力。提示：请参见例 4.18 的代码。

（b） 使用 `arima.sim` 从（a）中讨论的三个模型中的每一个生成 $n = 100$ 个观测值。计算每个模型的样本 ACF 和 PACF，并将其与理论值进行比较。与表 4.1 中给出的一般结果相比，结果如何？

（c） 重复（b），取 $n = 500$。对结果进行评论。

4.5 令 c_t 为例 3.5 中讨论的心血管死亡率序列（`cmort`），$x_t = \nabla c_t$ 为差分数据。

（a） 绘制 x_t 并将其与图 3.2 中绘制的实际数据进行比较。为什么在本例中进行差分似乎是合理的？

（b） 计算并绘制 x_t 的样本 ACF 和 PACF，并使用表 4.1 说明为什么 AR(1) 适用于 x_t。

(c) 如 4.3 节所述，使用最大似然（基本上是无条件最小二乘）将 AR(1) 拟合到 x_t。最简单的方法是使用 astsa 包的 sarima 函数。讨论模型的回归参数估计的显著性。白噪声方差的估计值是多少？

(d) 检查残差并讨论残差是否为白噪声。

(e) 假设拟合的模型是真实模型，对未来四个星期进行预测，x_{n+m}^n，$m=1,2,3,4$，并计算相应的 95% 预测间隔；在这里，$n=508$。最简单的方法是使用 astsa 包中的 sarima.for 函数。

(f) 说明如何计算在（e）部分获得的值。

(g) 心血管死亡率实际值的提前一步预测 c_{n+1}^n 等于多少？

4.6 对于一个 AR(1) 模型，确定提前 m 步预测 x_{n+m}^n 的一般形式，并证明

$$E\left[\left(x_{n+m}-x_{n+m}^n\right)^2\right]=\sigma_w^2\frac{1-\phi^{2m}}{1-\phi^2}$$

4.7 重复以下数值练习五次。生成 $n=100$ 个 iid $N(0,1)$ 观测值，对数据拟合 ARMA(1, 1) 模型。计算每个例子中的参数估计，并解释结果。

4.8 生成参数为 $\phi=0.9$，$\theta=0.5$ 和 $\sigma^2=1$ 的 ARMA(1, 1) 过程的 $n=200$ 个观测值，一共进行 10 次这样的模拟。在每种情况下找到 3 个参数的 MLE，并将估计值与真实值进行比较。

4.9 使用例 4.26 作为指南，给定数据 $x_1,\cdots,x_n$，确定高斯–牛顿算法过程，以用于估计 AR(1) 模型 $x_t=\phi x_{t-1}+w_t$ 中的自回归参数 ϕ。此算法过程是否产生无条件估计或条件估计？

4.10（**预测误差**） 在式 (4.39) 中，我们没有证明 ARMA(p,q) 模型的均方预测误差近似于（如果 $q=0$，则是精确的）$P_{n+m}^n=\sigma_w^2\sum_{j=0}^{m-1}\psi_j^2$。为了建立式 (4.39)，将一个未来的观测值写成因果形式 $x_{n+m}=\sum_{j=0}^{\infty}\psi_j w_{m+n-j}$。证明：如果有无限可用的历史观测值，$\{x_n,x_{n-1},\cdots,x_1,x_0,x_{-1},\cdots\}$，那么

$$x_{n+m}^n=\sum_{j=0}^{\infty}\psi_j w_{m+n-j}^n=\sum_{j=m}^{\infty}\psi_j w_{m+n-j}$$

现在，使用这个结果来证明

$$E\left[x_{n+m}-x_{n+m}^n\right]^2=E\left[\sum_{j=0}^{m-1}\psi_j w_{n+m-j}\right]^2=\sigma_w^2\sum_{j=0}^{m-1}\psi_j^2$$

第 5 章　ARIMA 模型

5.1　差分模型

Box 和 Jenkins（1970）引入了非平稳项，使自回归差分移动平均（Autoregressive Integrated Moving Average，ARIMA）模型得到了普及。季节性数据（如例 1.1 和例 1.4 中讨论的数据）会得到季节性自回归差分移动平均值（SARIMA）模型。

在前几章中，如果 x_t 是一个随机过程 $x_t = x_{t-1} + w_t$，那么通过对 x_t 进行差分，我们发现 $\nabla x_t = w_t$ 是平稳过程。在许多情况下，时间序列可以被认为是由两部分组成的，即非平稳趋势分量和零均值平稳分量。例如，在 3.1 节我们考虑了如下模型：

$$x_t = \mu_t + y_t \tag{5.1}$$

其中 $\mu_t = \beta_0 + \beta_1 t$，$y_t$ 是平稳的。对这样一个过程进行差分可以获得一个平稳序列：

$$\nabla x_t = x_t - x_{t-1} = \beta_1 + y_t - y_{t-1} = \beta_1 + \nabla y_t$$

另一个可以进行一阶差分的模型的情况是，式 (5.1) 中的 μ_t 是随机的并且按照一个随机游走模型缓慢变化，即

$$\mu_t = \mu_{t-1} + v_t$$

其中 v_t 是平稳的并且与 y_t 不相关。在这种情况下，

$$\nabla x_t = v_t + \nabla y_t$$

是平稳的。

在极少数情况下，差分后的数据可能仍然具有线性趋势或随机游走行为。在这种情况下，合适的做法可能是对数据进行再次差分，即 $\nabla(\nabla x_t) = \nabla^2 x_t$。例如，如果式 (5.1) 中的 u_t 是二次增长的，即 $\mu_t = \beta_0 + \beta_1 t + \beta_2 t^2$，则二次差分序列 $\nabla^2 x_t$ 是平稳的。

差分 ARMA（ARIMA）模型是包含差分过程的 ARMA 模型的扩展。该模型的基本思想是，如果对数据进行 d 阶差分将产生 ARMA 过程，则原始过程称为 ARIMA 过程。回想一下，定义 3.9 中定义的差分算子为 $\nabla^d=(1-B)^d$。

定义 5.1

一个 x_t 过程被称为 ARIMA(p,d,q)，如果

$$\nabla^d x_t=(1-B)^d x_t$$

是 ARMA(p,q)。一般情况下，我们把该模型写成

$$\phi(B)(1-B)^d x_t=\alpha+\theta(B)w_t \tag{5.2}$$

其中，$\alpha=\delta(1-\phi_1-\cdots-\phi_p)$ 且 $\delta=E(\nabla^d x_t)$。♡

ARIMA 模型的估计与 ARMA 模型的估计相似，不同之处在于需要先对数据进行差分。例如，如果 $d=1$，我们对 $\nabla x_t=x_t-x_{t-1}$ 而不是 x_t 拟合 ARMA 模型。

例 5.2　拟合全球冰川纹层序列（续）

在例 4.28 中，我们使用以下命令对差分的对数纹层序列拟合一个 MA(1) 模型：

```
sarima(diff(log(varve)), p=0, d=0, q=1, no.constant=TRUE)
```

同样，我们可以将 ARIMA$(0,1,1)$ 模型拟合到对数序列中：

```
sarima(log(varve), p=0, d=1, q=1, no.constant=TRUE)
 Coefficients:
           ma1
       -0.7705
 s.e.   0.0341
 sigma^2 estimated as 0.2353
```

结果与例 4.28 相同。唯一的区别出现我们进行预测时。在例 4.28 中，我们将获得 $\nabla\log x_t$ 的预测，在本例中，我们将获得 $\log x_t$ 的预测，其中 x_t 代表纹层序列。□

ARIMA 的预测也类似于 ARMA 的情况，但还需要一些其他考虑。因为 $y_t=\nabla^d x_t$ 是 ARMA 模型，我们可以使用 4.4 节的方法获取 y_t 的预测，从而通过它就可以对 x_t 进行预测。例如，如果 $d=1$，给定预测 y_{n+m}^n，$m=1,2,\cdots$，我们有 $y_{n+m}^n=x_{n+m}^n-y_{n+m-1}^n$，所以

$$x_{n+m}^n=y_{n+m}^n+x_{n+m-1}^n$$

其中初始值 $x_{n+1}^n = y_{n+1}^n + x_n$（注意 $x_n^n = x_n$）。

获得预测误差 P_{n+m}^n 会困难一些，但对于大样本 n，也可以使用式 (4.39) 中的近似公式。预测的均方误差（Mean-Squared Prediction Error，MSPE）可以近似为

$$P_{n+m}^n = \sigma_w^2 \sum_{j=0}^{m-1} \psi_j^2 \tag{5.3}$$

其中 ψ_j 是 $\psi(z) = \theta(z)/\phi(z)(1-z)^d$ 中 z^j 的系数。D.2 节中有更多关于如何确定 ψ 权重的细节介绍。

为了更好地理解差分模型，我们考察一些简单例子的性质。

例 5.3　带漂移项的随机游走

我们考虑在例 1.10 中的带漂移项的随机游走模型，即

$$x_t = \delta + x_{t-1} + w_t$$

其中 $t = 1, 2, \cdots$，以及 $x_0 = 0$。已知 $x_1, \cdots, x_n$，提前一步预测可以写成

$$x_{n+1}^n = \delta + x_n^n + w_{n+1}^n = \delta + x_n$$

提前两步预测可以写为 $x_{n+2}^n = \delta + x_{n+1}^n = 2\delta + x_n$。接下来，提前 m（$m = 1, 2, \cdots$）步预测为

$$x_{n+m}^n = m\delta + x_n \tag{5.4}$$

为了获得预测误差，可以方便地使用式 (1.4)，即 $x_n = n\delta + \sum_{j=1}^n w_j$。这时我们可以写为

$$x_{n+m} = (n+m)\delta + \sum_{j=1}^{n+m} w_j = m\delta + x_n + \sum_{j=n+1}^{n+m} w_j \tag{5.5}$$

将式 (5.5) 和式 (5.4) 相减，提前 m 步预测误差由下式给出：

$$P_{n+m}^n = E\left(x_{n+m} - x_{n+m}^n\right)^2 = E\left(\sum_{j=n+1}^{n+m} w_j\right)^2 = m\sigma_w^2 \tag{5.6}$$

与平稳情况不同，随着预测范围的增长，预测误差（式 (5.6)）会无界限地增长，预测结果沿着一条从 x_n 发出的斜率为 δ 的直线增长。

我们注意到式 (5.3) 正是这种情况，因为该模型的 ψ 权重都等于 1。因此，MSPE 为 $P_{n+m}^n = \sigma_w^2 \sum_{j=0}^{m-1} \psi_j^2 = m\sigma_w^2$。

```
ARMAtoMA(ar=1, ma=0, 20) # ψ-weights
 [1] 1 1 1 1 1 1 1 1 1 1 1 1 1 1 1 1 1 1 1 1
```

□

例 5.4 预测一个 ARIMA(1,1,0) 模型

为了更好地了解 ARIMA 模型的预测，我们从下面的 ARIMA(1,1,0) 模型中生成了 150 个观测值：

$$\nabla x_t = 0.9\nabla x_{t-1} + w_t$$

或者，模型可以表示为 $x_t - x_{t-1} = 0.9(x_{t-1} - x_{t-2}) + w_t$，或

$$x_t = 1.9x_{t-1} - 0.9x_{t-2} + w_t$$

尽管此形式看起来像 AR(2)，但该模型的 x_t 不是因果关系，因此也不是 AR(2)。作为检查，请注意 ψ 权重未收敛到零（实际上收敛到 10）。

```
round( ARMAtoMA(ar=c(1.9,-.9), ma=0, 60), 1 )
 [1]  1.9  2.7  3.4  4.1  4.7  5.2  5.7  6.1  6.5  6.9  7.2  7.5
[13]  7.7  7.9  8.1  8.3  8.5  8.6  8.8  8.9  9.0  9.1  9.2  9.3
[25]  9.4  9.4  9.5  9.5  9.6  9.6  9.7  9.7  9.7  9.7  9.8  9.8
[37]  9.8  9.8  9.9  9.9  9.9  9.9  9.9  9.9  9.9  9.9  9.9  9.9
[49]  9.9 10.0 10.0 10.0 10.0 10.0 10.0 10.0 10.0 10.0 10.0 10.0
```

我们使用了前 100 个（共 150 个）生成的观测值来估计模型，然后向前预测了 50 个时间单位的样本外观测。结果显示在图 5.1 中，其中实线代表所有数据，点代表预测结果，灰色区域代表 MSPE 平方根为 ±1 和 ±2。注意，与上一章对 ARMA 模型的预测不同，误差范围持续增加。

生成图 5.1 的 R 代码如下。注意，`sarima.for` 用于拟合 ARIMA 模型，然后对所选范围进行预测。在这种情况下，`x` 是 150 个样本点的完整时间序列，而 `y` 只是 `x` 的前 100 个值。

```
set.seed(1998)
x <- ts(arima.sim(list(order = c(1,1,0), ar=.9), n=150)[-1])
y <- window(x, start=1, end=100)
sarima.for(y, n.ahead = 50, p = 1, d = 1, q = 0, plot.all=TRUE)
text(85, 205, "PAST"); text(115, 205, "FUTURE")
abline(v=100, lty=2, col=4)
lines(x)
```

□

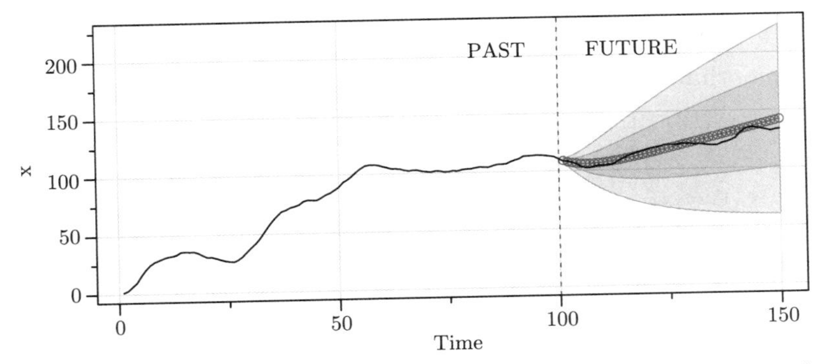

图 5.1 例 5.4 的输出：模拟的 ARIMA(1, 1, 0) 序列（实线），基于前 100 个观测值进行样本外预测（点）以及误差范围（灰色区域）

例 5.5 IMA(1, 1) 和 EWMA

很多经济时间序列可以成功地用 ARIMA(0, 1, 1) 或 IMA(1, 1) 建模。该模型衍生出一个经常被使用且过分使用的预测方法，称为指数加权移动平均（Exponentially Weighted Moving Average，EWMA）。我们将把该模型写成

$$x_t = x_{t-1} + w_t - \lambda w_{t-1} \tag{5.7}$$

其中 $|\lambda| < 1$。这样写会让公式处理起来更简单，这也引出了 EWMA 的标准表达式。

在这里，提前一步预测公式表示为：

$$x_{n+1}^n = (1-\lambda)x_n + \lambda x_n^{n-1} \tag{5.8}$$

即，预测公式是过程的当前观测值 x_n 与对当前的预测值 x_n^{n-1} 的线性组合。细节在习题 5.17 中给出。这种预测方法之所以流行是因为它易于使用。我们只需要保留先前的预测值和当前的观测值即可预测下一个时间段。EWMA 被广泛使用，例如在控制图（Shewhart，1931）和经济预测（Winters，1960）领域，无论其实际的动态过程是否为 IMA(1, 1)。

MSPE 由下式给出：

$$P_{n+m}^n \approx \sigma_w^2\left[1 + (m-1)(1-\lambda)^2\right] \tag{5.9}$$

在 EWMA 中，参数 $1-\lambda$ 通常被称为平滑参数，用 α 表示，并且被限制在 0 和 1 之间。λ 值越大（α 越小）会让预测越平滑。

接下来，我们展示如何生成 $\alpha = 1-\lambda = 0.2$ 的 IMA(1, 1) 模型的 100 个观测值，然后计算和显示应用 EWMA 模型拟合的数据。我们使用 R 中的 Holt-Winters 命令来完成

上述模型拟合（参见帮助文档 ?HoltWinters）。这一技术和相关技术通常称为指数平滑（exponential smoothing）；这些想法在 20 世纪 50 年代后期变得很流行，并一直沿用至今。要生成图 5.2，请使用以下代码：

```
set.seed(666)
x = arima.sim(list(order = c(0,1,1), ma = -0.8), n = 100)
(x.ima = HoltWinters(x, beta=FALSE, gamma=FALSE)) # α below is 1 − λ
 Smoothing parameter:   alpha:   0.1663072
plot(x.ima, main="EWMA")
```

□

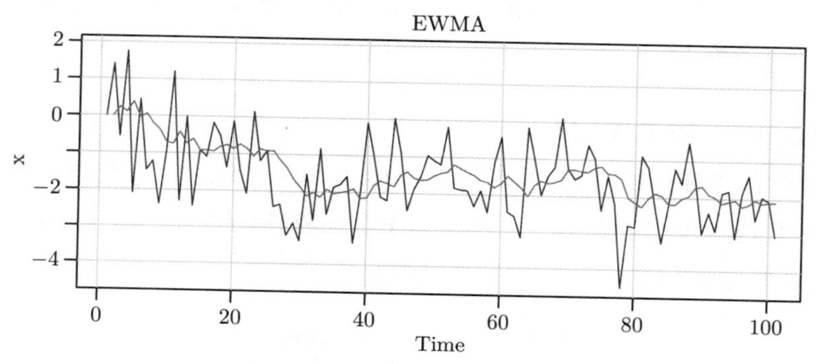

图 5.2　例 5.5 的输出：应用 EWMA 模型拟合的数据

5.2　建立 ARIMA 模型

拟合时间序列数据的 ARIMA 模型有几个基本步骤。这些步骤涉及：

- 绘制数据
- 转换数据（可能）
- 模型定阶
- 参数估计
- 模型诊断
- 模型选择

首先，与任何数据分析一样，我们应该构建数据的时序图，并检查时序图是否存在异常。可能需要进行数据转换，例如，数据表现为 $x_t = (1 + r_t)x_{t-1}$，其中 r_t 是一个较小的百分比变化，如果 r_t 是一个相对稳定的过程，则 $\nabla \log(x_t) \sim r_t$ 将相对稳定。例 4.27 中使用了这个常见的想法，我们将在例 5.6 中再次使用它。

在适当地转换数据后，下一步是确定自回归阶数 p 的初步值、差分阶数 d 和移动平均阶数 q。数据的时序图会告诉我们是否有差分的必要。如果需要差分，则对数据进行一阶差分，$d=1$，然后检查 ∇x_t 的时序图。如果需要额外的差分，则需要再次差分并检查 $\nabla^2 x_t$ 的时序图；很少会出现 d 大于 1 的情况。注意不要过度差分，因为这可能会引入不存在的依赖性。例如，$x_t = w_t$ 是序列不相关的，但是 $\nabla x_t = w_t - w_{t-1}$ 是不可逆的 MA(1) 过程。除了时序图，样本的 ACF 值也可以帮我们判断是否需要差分。ACF 的缓慢（线性）衰减表明可能需要差分。

当 d 的初值已经被选定时（包括不需要进行差分的情况，即 $d=0$），下一步是查看 $\nabla^d x_t$ 的样本 ACF 和 PACF。

运用表 4.1 作为指导来选择 p 和 q 的初值。请注意，不存在 ACF 和 PACF 都是截尾的情况。因为我们正在处理估计值时，很难清楚地确定样本的 ACF 或 PACF 值是拖尾还是截尾。此外，看起来不同的两个模型实际上可能非常相似。最好从较小的阶数开始并逐步增加阶数的大小。另外，请注意参数冗余，不要同时增加 p 和 q。此时，可以得到 p、d 和 q 的一部分初值，接下来我们可以开始估计参数。

例 5.6　分析 GNP 数据

在这个例子中，我们考虑从 1947 年第一季度到 2002 年第三季度对美国 GNP（国民生产总值）的季度分析，$n=223$。这些数据是 1996 年通胀调整后的经过季节调整的实际 GNP，单位是十亿美元。图 5.3 显示了数据 y_t 的序列图。因为强趋势往往会掩盖其他影响，因此很难看到数据中除了经济周期性大幅下跌以外的其他变化。当报告 GNP 和类似的经济指标时，通常给出的是增长率（百分比变化）而不是实际值。增长率 $x_t = \nabla \log(y_t)$ 如图 5.4 所示，它似乎是一个稳定的过程。

图 5.5 中绘制了季度增长率的样本 ACF 和 PACF。观察样本 ACF 和 PACF，我们可能会觉得 ACF 在滞后 2 期时截尾，PACF 拖尾。这表明 GNP 增长率遵循 MA(2) 过程，或者对数 GNP 遵循 ARIMA(0, 1, 2) 模型。

绘制图 5.3～图 5.5 的代码如下：

```
##-- Figure 5.3 --##
layout(1:2, heights=2:1)
tsplot(gnp, col=4)
acf1(gnp, main="")
##-- Figure 5.4 --##
tsplot(diff(log(gnp)), ylab="GNP Growth Rate", col=4)
```

```
abline(mean(diff(log(gnp))), col=6)
##-- Figure 5.5 --##
acf2(diff(log(gnp)), main="")
```

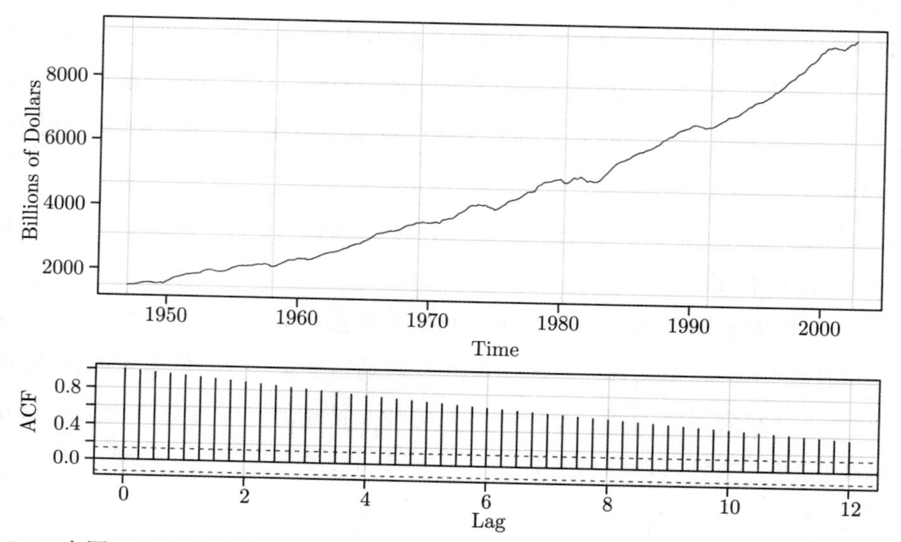

图 5.3　上图：从 1947 年第一季度到 2002 年第三季度美国的季度 GNP。下图：GNP 数据的样本 ACF。滞后以年为单位

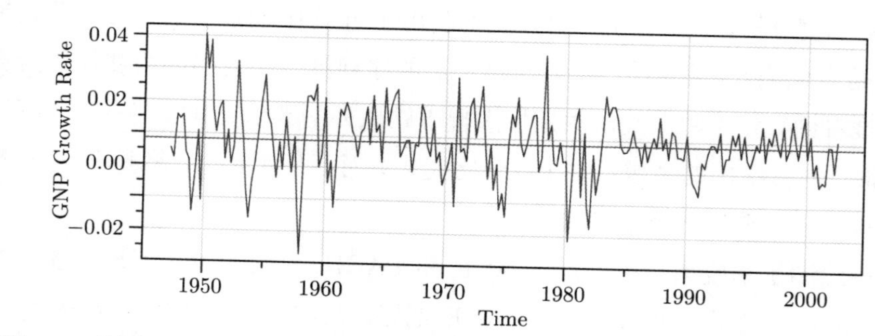

图 5.4　美国 GNP 季度增长率。水平线给出了时间序列的平均增长，该值接近 1%

对增长率 x_t 拟合 MA(2) 模型，估计的模型是

$$\hat{x}_t = 0.008_{(0.001)} + 0.303_{(0.065)}\hat{w}_{t-1} + 0.204_{(0.064)}\hat{w}_{t-2} + \hat{w}_t \tag{5.10}$$

其中 $\hat{\sigma}_w = 0.0094$，自由度是 219。

```
sarima(diff(log(gnp)), 0,0,2)      # MA(2) on growth rate
```

```
      Estimate     SE t.value p.value
ma1     0.3028 0.0654  4.6272  0.0000
ma2     0.2035 0.0644  3.1594  0.0018
xmean   0.0083 0.0010  8.7178  0.0000
sigma^2 estimated as 8.919e-05
```

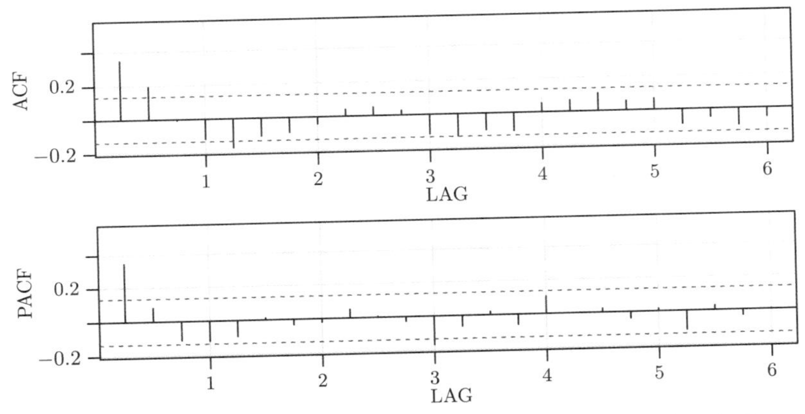

图 5.5 季度 GNP 增长率的样本 ACF 和 PACF。滞后以年为单位

我们注意到 sarima(log(gnp), p=0, d=1, q=2) 将产生相同的结果。

所有回归系数（包括常数）都是显著的。我们特别注意这一点，因为默认情况下，某些计算机程序包（包括 R 的 stats 添加包）不包含差分模型中的常量，它们毫无理由地假设没有漂移项。在这个例子中，不包括常数项会导致对美国经济性质的错误结论。不包括常数项意味着平均季度增长率为零，但从图 5.4 中可以很容易地看到美国 GNP 平均季度增长率约为 1%。

除了专注于一个模型，我们还可以认为 ACF 在滞后 1 期拖尾并且 PACF 在滞后 1 期截尾。这表明增长率适合 AR(1) 模型，或对数 GNP 适合 ARIMA(1, 1, 0) 模型。估计的 AR(1) 模型为

$$\hat{x}_t = 0.008_{(0.001)}(1 - 0.347) + 0.347_{(0.063)}x_{t-1} + \hat{w}_t \tag{5.11}$$

其中 $\hat{\sigma}_w = 0.0095$，自由度是 220。注意式 (5.11) 中的常数项是 $0.008(1-0.347) = 0.005$。

```
sarima(diff(log(gnp)), 1,0,0)     # AR(1) on growth rate
       Estimate     SE t.value p.value
 ar1     0.3467 0.0627  5.5255       0
```

```
xmean    0.0083 0.0010  8.5398        0
sigma^2 estimated as 9.03e-05
```

和之前一样，sarima(log(gnp)，p=1，d=1，q=0) 将产生相同的结果。

我们接下来将进行模型诊断，虽然假设这两个模型都拟合得很好，但我们如何理解式 (5.10) 和式 (5.11) 这两个模型的明显差异？事实上，这两个拟合模型几乎是一样的。为了更好地理解，我们把式 (5.11) 中的 AR(1) 模型变成没有常数项的形式：

$$x_t = 0.35x_{t-1} + w_t$$

并将它写成因果形式 $x_t = \sum_{j=0}^{\infty}\psi_j w_{t-j}$，其中 $\psi_j = 0.35^j$。因此 $\psi_0 = 1$，$\psi_1 = 0.350$，$\psi_2 = 0.123$，$\psi_3 = 0.043$，$\psi_4 = 0.015$，$\psi_5 = 0.005$，$\psi_6 = 0.002$，$\psi_7 = 0.001$，$\psi_8 = 0$，$\psi_9 = 0$，$\psi_{10} = 0$，以此类推。AR(1) 模型近似为 MA(2) 模型：

$$x_t \approx 0.35w_{t-1} + 0.12w_{t-2} + w_t$$

这与式 (5.10) 中拟合的 MA(2) 模型很相似。

```
round( ARMAtoMA(ar=.35, ma=0, 10), 3)  # print psi-weights
 [1] 0.350 0.122 0.043 0.015 0.005 0.002 0.001 0.000 0.000 0.000
```

□

模型拟合的下一步是模型诊断。第一步涉及*新息*（innovation）（或残差）$x_t - \hat{x}_t^{t-1}$ 或*标准化新息*

$$e_t = \left(x_t - \hat{x}_t^{t-1}\right) / \sqrt{\hat{P}_t^{t-1}} \tag{5.12}$$

的时序图的绘制，其中 $\hat{x}_t^{t-1}$ 是基于拟合模型对 x_t 的提前一步预测，$\hat{P}_t^{t-1}$ 是提前一步预测的误差方差。如果模型拟合良好，那么标准残差的表现应该像一个均值为 0 和方差为 1 的独立正态序列。需要检查时序图是否有任何明显偏离此假设的情况。通过查看正态 Q-Q 图可以研究边际正态性。

对于任何模式或较大值，我们还应该检查样本残差的自相关系数 $\hat{\rho}_e(h)$。除了绘制 $\hat{\rho}_e(h)$，我们还可以将 $\hat{\rho}_e(h)$ 的大小作为一组进行检验。Ljung-Box-Pierce 的 Q 统计量

$$Q = n(n+2)\sum_{h=1}^{H}\frac{\hat{\rho}_e^2(h)}{n-h} \tag{5.13}$$

可以用于执行这种检验。式 (5.13) 中的值 H 在某种程度上可以任意选择，但不会太大。对于大样本，在模型充分性（即模型正确）的原假设下，$Q \dot\sim \chi^2_{H-p-q}$。因此，如果 Q 的值超过 χ^2_{H-p-q} 分布的 $(1-\alpha)$ 分位数，我们将在显著性水平 α 下拒绝原假设。

例 5.7 GNP 增长率模型诊断示例

我们将重点关注例 5.6 中的 MA(2) 模型，AR(1) 残差的分析也是类似的。图 5.6 显示了标准化残差的图形、残差的 ACF、标准化残差的正态 Q-Q 图和式 (5.13) 中 Q 统计量的 p 值。生成残差分析图的代码如下：

```
sarima(diff(log(gnp)), 0, 0, 2)  # MA(2) fit with diagnostics
```

你可以在 sarima 的调用中添加 details=FALSE 来关闭诊断程序。

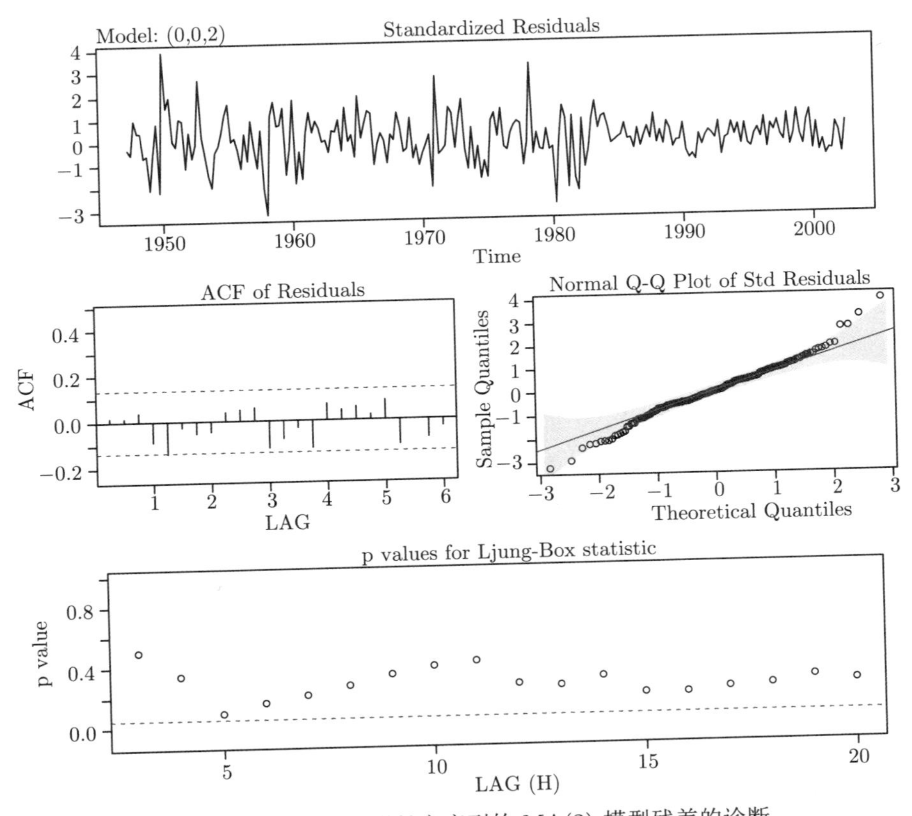

图 5.6 拟合 GNP 增长率序列的 MA(2) 模型残差的诊断

图 5.6 中标准化残差的时序图没有明显的模式。请注意，可能存在异常值，因为其中一些值超过 3 个标准差。但是并没有某个值显得过大。

残差的 ACF 没有显示明显偏离模型假设。残差的正态 Q-Q 图显示，除了可能存在一个较大的正异常值外，正态假设是合理的。

接下来，考虑 Q 统计量。该图显示了基于滞后 $H=3$ 期至 $H=20$ 期（具有相应的自由度 $H-2$）的检验的 p 值。图 5.6（下）中的水平虚线表示 0.05 水平线。查看该图形的方法不是执行 17 个高度相关的检验，而是查看残差的 ACF。特别是，Q 统计量关注累积自相关，而不是 ACF 中看到的各个滞后期的自相关。在此示例中，所有 p 值都超过 0.05，因此我们可以不拒绝残差为白噪声的零假设。

作为最后的检查，我们可能考虑对模型进行过拟合，以查看结果是否发生重大变化。例如，我们可以尝试以下方法：

```
sarima(diff(log(gnp)), 0, 0, 3)  # try an MA(2+1) fit (not shown)
sarima(diff(log(gnp)), 2, 0, 0)  # try an AR(1+1) fit (not shown)
```

并得出结论，额外的参数不会显著地改变结果。 □

例 5.8　冰川纹层序列的模型诊断

在例 5.2 中，为冰川纹层数据的对数形式拟合了 ARIMA(0,1,1) 模型，在残差中似乎存在少量自相关，并且 Q 检验都是显著的，见图 5.7。

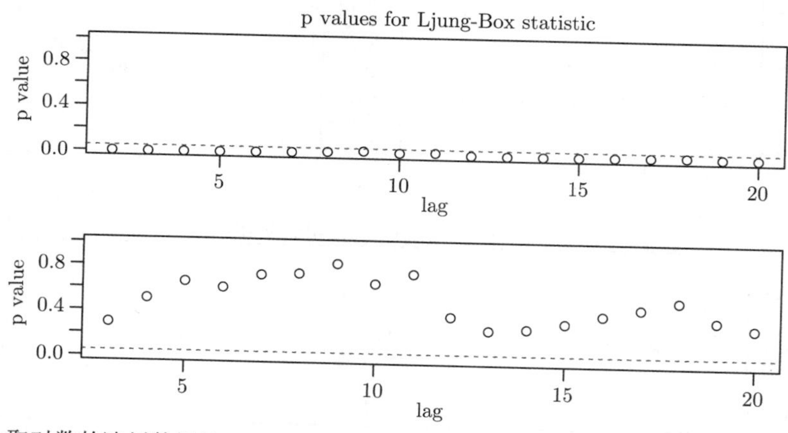

图 5.7　取对数的冰川数据的 ARIMA(0,1,1)（上）和 ARIMA(1,1,1)（下）的 Q 统计量的 p 值

为了调整模型剩余的少量自相关，我们在模型中添加了一个 AR 参数，并将 ARIMA (1,1,1) 拟合到对数纹层数据中。

```
sarima(log(varve), 0, 1, 1, no.constant=TRUE)  # ARIMA(0,1,1)
sarima(log(varve), 1, 1, 1, no.constant=TRUE)  # ARIMA(1,1,1)
     Estimate      SE   t.value p.value
```

```
ar1     0.2330  0.0518    4.4994       0
ma1    -0.8858  0.0292  -30.3861       0
sigma^2 estimated as    0.2284
```

因此，增加的 AR 项是显著的。该模型的 Q 统计量的 p 值也显示在图 5.7 中，看起来该模型能很好地拟合数据。

如前所述，模型诊断是 sarima 代码运行后的附带结果。我们注意到，因为该时间序列的差分、对数形式的数据没有明显的漂移项，所以我们在任意模型中都不包含常数。当命令的参数 no.constant=TRUE 被删除后，常数不显著，从而验证了上述事实。 □

在例 5.6 中，我们有两个竞争模型，即 GNP 增长率的 AR(1) 和 MA(2)，它们似乎都很好地拟合了数据。此外，我们可能还会考虑 AR(2) 或 MA(3) 可能更适合预测。也许将两种模型结合起来，即用 ARMA(1,2) 来拟合 GNP 增长率会是最好的。如前所述，我们必须关注模型是否过拟合，参数并不总是越多越好。过拟合会导致精确度下降，添加更多参数可能会更好地适应数据，但也可能导致预测变得糟糕。以下示例说明了此结果。

例 5.9 接近完美的拟合和糟糕的预测

图 5.8 显示了美国官方的人口普查数据，从 1900 年到 2010 年每十年一次。如果我们使用这些观测值来预测未来的人口，我们可以使高阶多项式，这样观测值的拟合结果是很好的。这里有 12 个观测值，所以我们可以用 8 阶多项式进行一个近似完美的拟合。在这种情况下的模型是

$$x_t = \beta_0 + \beta_1 t + \beta_2 t^2 + \cdots + \beta_8 t^8 + w_t$$

图 5.8 中还绘制了拟合的线段，该模型几乎通过了所有观测值（$R^2 = 99.97\%$）。该模型预测 2025 年美国人口将接近于 0！这可能是正确的，也可能是不正确的。

生成这些结果的 R 代码如下。我们注意到，数据不在 astsa 中，并且有一个不同的 R 数据集，称为 uspop。

```
uspop = c(75.995, 91.972, 105.711, 123.203, 131.669,150.697,
          179.323, 203.212, 226.505, 249.633, 281.422, 308.745)
uspop = ts(uspop, start=1900, freq=.1)
t = time(uspop) - 1955
reg = lm( uspop~ t+I(t^2)+I(t^3)+I(t^4)+I(t^5)+I(t^6)+I(t^7)+I(t^8) )
  Multiple R-squared: 0.9997
b = as.vector(reg$coef)
g = function(t){ b[1] + b[2]*(t-1955) + b[3]*(t-1955)^2 +
           b[4]*(t-1955)^3 + b[5]*(t-1955)^4 + b[6]*(t-1955)^5 +
```

```
            b[7]*(t-1955)^6 + b[8]*(t-1955)^7 + b[9]*(t-1955)^8
}
par(mar=c(2,2.5,.5,0)+.5, mgp=c(1.6,.6,0))
curve(g, 1900, 2024, ylab="Population", xlab="Year", main="U.S.
            Population by Official Census", panel.first=Grid(),
            cex.main=1, font.main=1, col=4)
abline(v=seq(1910,2020,by=20), lty=1, col=gray(.9))
points(time(uspop), uspop, pch=21, bg=rainbow(12), cex=1.25)
mtext(expression(""%*% 10^6), side=2, line=1.5, adj=.95)
axis(1, seq(1910,2020,by=20), labels=TRUE)
```

□

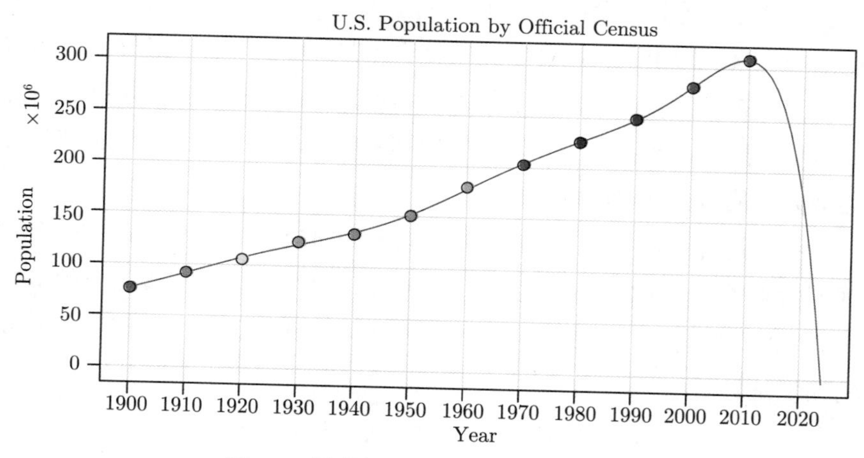

图 5.8　拟合得非常好但预测十分糟糕

模型拟合的最后一步是模型选择。也就是说，我们必须决定将保留哪一个模型用于预测。最常用的方法是 AIC、AICc 和 BIC，这些在 3.1 节回归模型的内容中有过讨论。

例 5.10　美国 GNP 序列的模型选择

回到例 5.7，回忆 AR(1) 和 MA(2) 两个模型，它们都很好地拟合了 GNP 增长率。另外，回想一下，我们已经证明了这两个模型几乎相同，并且没有矛盾。要选择最终模型，我们比较两种模型的 AIC、AICc 和 BIC。这些值是 `sarima` 代码运行的附带结果。

```
sarima(diff(log(gnp)), 1, 0, 0)  # AR(1)
  $AIC: -6.456   $AICc: -6.456   $BIC: -6.425
sarima(diff(log(gnp)), 0, 0, 2)  # MA(2)
  $AIC: -6.459   $AICc: -6.459   $BIC: -6.413
```

AIC 和 AICc 都更倾向于 MA(2)，而 BIC 倾向于更简单的 AR(1) 模型。这些方法通常会达成共识，但如果没有，则 BIC 会选择比 AIC 或 AICc 阶数小的模型，因为其惩罚力度要大得多。在任何一种情况下，保留 AR(1) 似乎是合理的，因为纯自回归模型更易于使用。 □

5.3 季节性 ARIMA 模型

在本节中，我们介绍对 ARIMA 模型进行的若干变换，以说明季节性行为。通常情况下，对过去的依赖在某些潜在季节性滞后 s 的倍数上表现得最为强烈。例如，根据月度经济数据，由于所有活动与年份的紧密联系，当滞后时间是 $s=12$ 的倍数时会有很强的年度关系。按季度采集的数据将会以 $s=4$ 为周期重复。温度等自然现象也具有与季节相关的很强的成分。因此，许多物理、生物和经济过程的自然变化趋向于与季节性波动相匹配。因此，引入识别季节性滞后的自回归和移动平均多项式是合适的。由此产生的**纯季节性自回归移动平均**（pure seasonal autoregressive moving average）模型记为 $\operatorname{ARMA}(P, Q)_S$，表达形式如下：

$$\Phi_P\left(B^s\right) x_t=\Theta_Q\left(B^s\right) w_t \tag{5.14}$$

其中算子

$$\Phi_P\left(B^s\right)=1-\Phi_1 B^s-\Phi_2 B^{2 s}-\cdots-\Phi_P B^{P_s} \tag{5.15}$$

和

$$\Theta_Q\left(B^s\right)=1+\Theta_1 B^s+\Theta_2 B^{2 s}+\cdots+\Theta_Q B^{Q s} \tag{5.16}$$

分别是阶数为 P 的季节自回归算子和阶数为 Q 的季节移动平均算子，季节周期均为 s。

例 5.11 一个季节性 AR 序列

一个可能以月为单位的一阶季节性自回归序列记为 $\operatorname{SAR}(1)_{12}$，可以写成

$$\left(1-\Phi B^{12}\right) x_t=w_t$$

或

$$x_t=\Phi x_{t-12}+w_t$$

该模型展现了序列 x_t 的以年为周期的季节性，季节周期为 $s=12$ 个月。从上述形式可以清楚地看出，对这种过程的估计和预测仅需要直接修改以前处理的滞后的单位。特别是，因果过程需要条件 $|\phi|<1$。

我们模拟了 $\phi = 0.9$ 的上述模型的 3 年数据，并在图 5.9 中展示了模型的理论 ACF 和 PACF，代码如下：

```
set.seed(666)
phi = c(rep(0,11),.9)
sAR = ts(arima.sim(list(order=c(12,0,0), ar=phi), n=37), freq=12) + 50
layout(matrix(c(1,2, 1,3), nc=2), heights=c(1.5,1))
par(mar=c(2.5,2.5,2,1), mgp=c(1.6,.6,0))
plot(sAR, xaxt="n", col=gray(.6), main="seasonal AR(1)", xlab="YEAR",
          type="c", ylim=c(45,54))
abline(v=1:4, lty=2, col=gray(.6))
axis(1,1:4); box()
abline(h=seq(46,54,by=2), col=gray(.9))
Months = c("J","F","M","A","M","J","J","A","S","O","N","D")
points(sAR, pch=Months, cex=1.35, font=4, col=1:4)
ACF = ARMAacf(ar=phi, ma=0, 100)[-1]
PACF = ARMAacf(ar=phi, ma=0, 100, pacf=TRUE)
LAG = 1:100/12
plot(LAG, ACF, type="h", xlab="LAG", ylim=c(-.1,1), axes=FALSE)
segments(0,0,0,1)
axis(1, seq(0,8,by=1));  axis(2);  box();  abline(h=0)
plot(LAG, PACF, type="h", xlab="LAG", ylim=c(-.1,1), axes=FALSE)
axis(1, seq(0,8,by=1));  axis(2);  box();  abline(h=0)
```

□

对于一阶季节性 MA 模型（$s = 12$），$x_t = w_t + \Theta w_{t-12}$，很容易验证

$$\gamma(0) = \left(1 + \Theta^2\right)\sigma^2$$
$$\gamma(\pm 12) = \Theta\sigma^2$$
$$\gamma(h) = 0, \quad h \text{ 取其他值}$$

因此，除了在滞后 0 期处，唯一的非零相关是

$$\rho(\pm 12) = \Theta / \left(1 + \Theta^2\right)$$

对于一阶季节性 AR 模型（$s = 12$），使用非季节性 AR(1) 的方法，我们有

$$\gamma(0) = \sigma^2 / \left(1 - \Phi^2\right)$$
$$\gamma(\pm 12k) = \sigma^2 \Phi^k / \left(1 - \Phi^2\right), \quad k = 1, 2, \cdots$$

$$\gamma(h)=0, \quad h \text{ 取其他值}$$

在这种情况下，唯一的非零相关是

$$\rho(\pm 12k)=\Phi^{k}, \quad k=0,1,2,\cdots$$

这些结论可以通过以下计算来证明：

$$\gamma(h)=\Phi\gamma(h-12), \quad h \geqslant 1$$

例如，当 $h=1$ 时，$\gamma(1)=\Phi\gamma(11)$，但是当 $h=11$ 时，我们有 $\gamma(11)=\Phi\gamma(1)$，这意味着 $\gamma(1)=\gamma(11)=0$。除了这些结果，PACF 具有从非季节性模型到季节性模型的类似扩展。这些结果如图 5.9 所示。

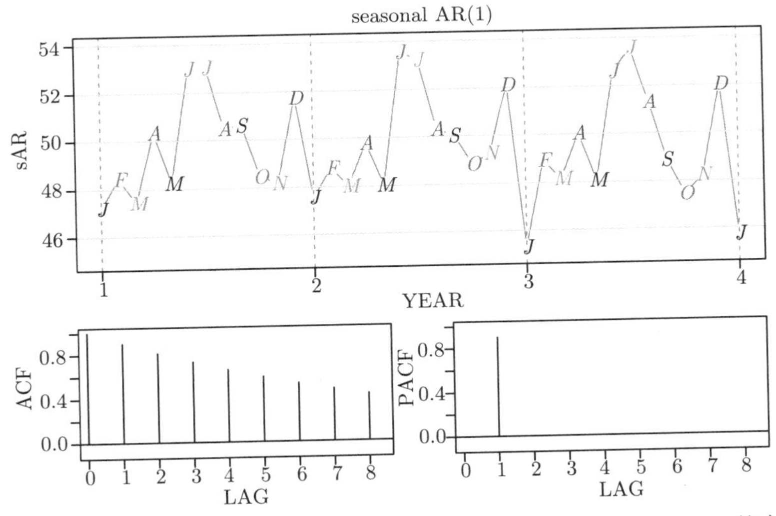

图 5.9 从 $\text{SAR}(1)_{12}$ 生成的数据，以及模型 $(x_t-50)=0.9(x_{t-12}-50)+w_t$ 的真实 ACF 和 PACF。滞后以季节为单位

作为初始诊断标准，我们可以使用表 5.1 中列出的纯季节性自回归和移动平均值序列的性质。这些性质可以视为表 4.1 中列出的非季节性模型的属性的推广。

一般来说，我们可以将季节性和非季节性算子组合成**乘法季节性自回归移动平均模型**（multiplicative seasonal autoregressive moving average model），用 $\text{ARMA}(p,q)\times(P,Q)_s$ 表示，并把整体模型写成

$$\Phi_P\left(B^s\right)\phi(B)x_t=\Theta_Q\left(B^s\right)\theta(B)w_t \tag{5.17}$$

尽管表 5.1 中的诊断性质对于整体混合模型并不严格正确，但 ACF 和 PACF 的表现大致显示了模型的模式。事实上，对于混合模型，我们倾向于看到表 4.1 和表 5.1 中列出的事实的混合。

表 5.1　纯 SARMA 模型的 ACF 和 PACF 表现

	$\text{AR}(P)_s$	$\text{MA}(Q)_s$	$\text{ARMA}(P,Q)_s$
ACF①	在滞后 k 处拖尾，$k=1,2,\cdots$	在滞后 Q 处截尾	在滞后 k 处拖尾
PACF①	在滞后 P 处截尾	在滞后 k 处拖尾，$k=1,2,\cdots$	在滞后 k 处拖尾

①对于 $k=1,2,\cdots$，非季节性滞后 $h\neq k$ 处的值为 0。

例 5.12　混合季节性模型

考虑 $\text{ARMA}(p=0,q=1)\times(P=1,Q=0)_{s=12}$ 模型

$$x_t=\Phi x_{t-12}+w_t+\theta w_{t-1}$$

其中 $|\Phi|<1$ 且 $|\theta|<1$。然后，因为 x_{t-12}、w_t 和 w_{t-1} 是不相关的，并且 x_t 是平稳的，所以 $\gamma(0)=\Phi^2\gamma(0)+\sigma_w^2+\theta^2\sigma_w^2$，或者

$$\gamma(0)=\frac{1+\theta^2}{1-\Phi^2}\sigma_w^2$$

将模型乘以 x_{t-h}，$h>0$，并取期望。对于 $h\geqslant 2$，我们得到 $\gamma(1)=\Phi\gamma(11)+\theta\sigma_w^2$ 和 $\gamma(h)=\Phi\gamma(h-12)$。因此，这个模型的 ACF 是

$$\begin{aligned}\rho(12h)&=\Phi^h,\quad h=1,2,\cdots\\ \rho(12h-1)=\rho(12h+1)&=\frac{\theta}{1+\theta^2}\Phi^h,\quad h=0,1,2,\cdots\\ \rho(h)&=0,\quad h\text{ 取其他值}\end{aligned}$$

令 $\Phi=0.8$ 和 $\theta=-0.5$，该模型的 ACF 和 PACF 如图 5.10 所示。这类相关关系虽然在这里是理想化的，但对于季节性数据一般是常见的。

为了将这些结果与实际数据进行比较，请考虑季节性序列 `birth`，即“婴儿潮”前后美国每月婴儿出生数量，以千名计数。数据绘制在图 5.11 中。图 5.11 中还显示了婴儿出生率的样本 ACF 和 PACF。我们强调了某些值，以便可以将其与图 5.10 中的理想情况进行比较。

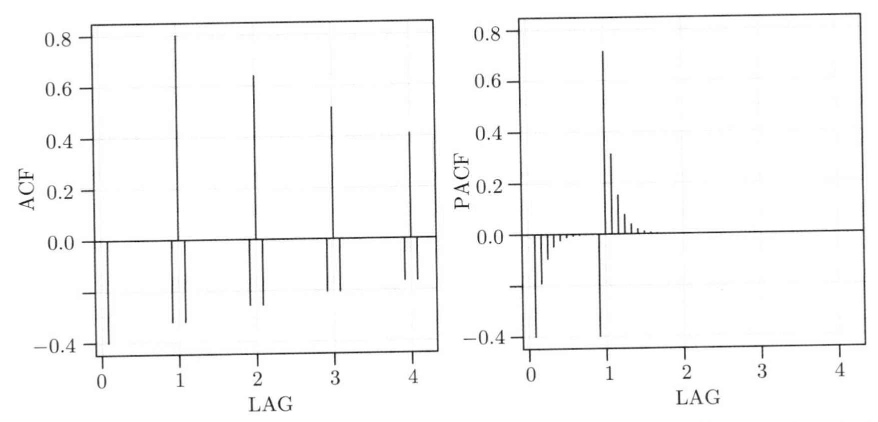

图 5.10 混合季节性 ARMA 模型 $x_t = 0.8x_{t-12} + w_t - 0.5w_{t-1}$ 的 ACF 和 PACF

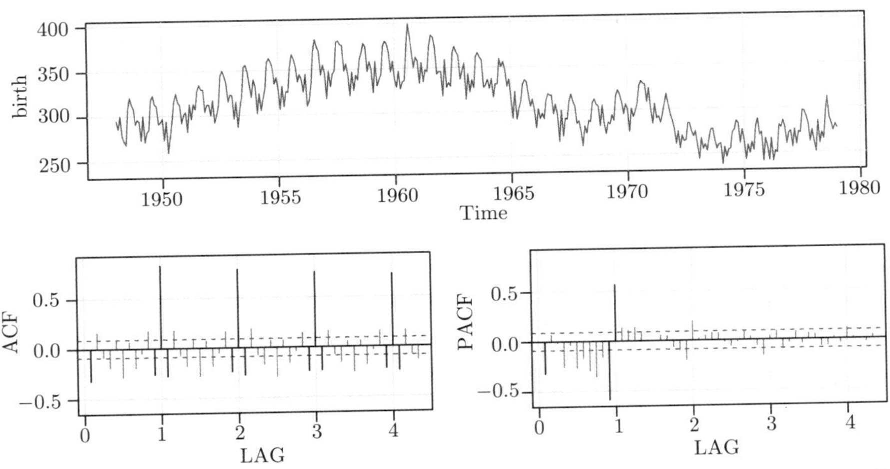

图 5.11 在 1948 年至 1979 年的“婴儿潮”期间，美国每月有数千名婴儿出生。数据的样本 ACF 和 PACF 在某些滞后期上加粗

```
##-- Figure 5.10 --##
phi = c(rep(0,11),.8)
ACF = ARMAacf(ar=phi, ma=-.5, 50)[-1]
PACF = ARMAacf(ar=phi, ma=-.5, 50, pacf=TRUE)
LAG = 1:50/12
par(mfrow=c(1,2))
plot(LAG, ACF,  type="h", ylim=c(-.4,.8), panel.first=Grid())
abline(h=0)
plot(LAG, PACF, type="h", ylim=c(-.4,.8), panel.first=Grid())
```

```
abline(h=0)
##-- birth series --##
tsplot(birth)           # monthly number of births in US
acf2( diff(birth) )     # P/ACF of the differenced birth rate
```

□

当序列在季节上近似具有周期性时，季节分量就会存在。例如，考虑图 5.12 中所示的夏威夷酒店的季度入住率。数据下方显示了结构模型拟合的季节分量；回想一下例 3.20。请注意，第一和第三季度的入住率始终上升 2% ~ 4%，而第二和第四季度的入住率始终下降 2% ~ 4%。在这种情况下，我们可能认为季节分量（例如 S_t）满足 $S_t \approx S_{t-4}$，或者

$$S_t = S_{t-4} + v_t$$

其中 v_t 是白噪声。

```
x = window(hor, start=2002)
par(mfrow = c(2,1))
tsplot(x, main="Hawaiian Quarterly Occupancy Rate", ylab=" % rooms",
          ylim=c(62,86), col=gray(.7))
text(x, labels=1:4, col=c(3,4,2,6), cex=.8)
Qx = stl(x,15)$time.series[,1]
tsplot(Qx, main="Seasonal Component", ylab=" % rooms",
          ylim=c(-4.7,4.7), col=gray(.7))
text(Qx, labels=1:4, col=c(3,4,2,6), cex=.8)
```

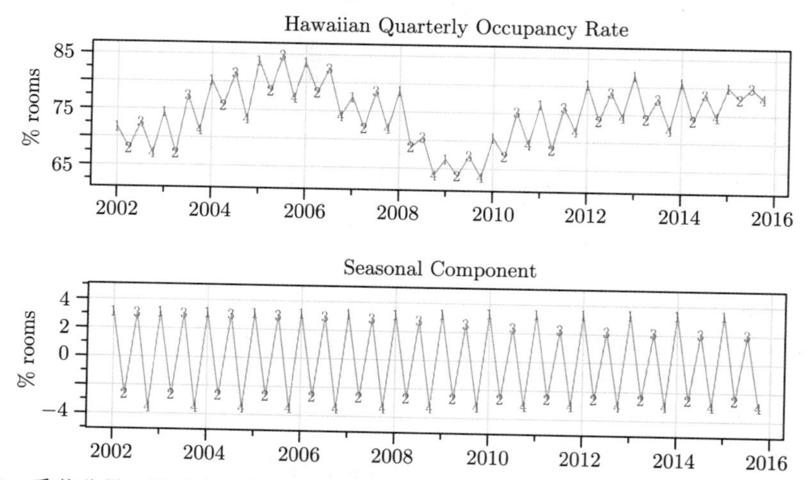

图 5.12　季节分量：夏威夷酒店的季节入住率，以及提取的季节分量，即 $S_t \approx S_{t-4}$，t 代表每个季度

服从这类模型的数据中的模式通常在样本 ACF 中显示出来，样本 ACF 在滞后 $h=sk$（$k=1,2,\cdots$）时较大，并缓慢地衰减。在入住率示例中，假设 x_t 是去除趋势分量的入住率，则一个合理的模型可能是

$$x_t=S_t+w_t$$

其中 w_t 是白噪声。如果减去下一个连续周期中的这种影响，就会发现，对于 $s=4$，

$$\begin{aligned}(1-B^s)\,x_t&=x_t-x_{t-4}=S_t+w_t-(S_{t-4}+w_{t-4})\\&=(S_t-S_{t-4})+w_t-w_{t-4}=v_t+w_t-w_{t-4}\end{aligned}$$

是平稳的，它的 ACF 只有在滞后 $s=4$ 处才有一个峰值。

一般来说，当 ACF 在某个季节 s 的倍数下缓慢衰减，意味着可以进行季节差分。所以，一个 D 阶的季节差分的定义如下：

$$\nabla_s^D x_t=(1-B^s)^D\,x_t \tag{5.18}$$

其中 $D=1,2,\cdots$，取正整数。通常情况下，在 $D=1$ 时就足以得到一个季节平稳序列。把这些想法放入一般的模型，得到如下定义。

定义 5.13

乘法季节性自回归差分移动平均（SARIMA）模型由下式定义：

$$\Phi_P(B^s)\,\phi(B)\nabla_s^D\nabla^d x_t=\alpha+\Theta_Q(B^s)\,\theta(B)w_t \tag{5.19}$$

其中 w_t 是通常的高斯白噪声过程。一般模型表示为 $\text{ARIMA}(p,d,q)\times(P,D,Q)_s$。非季节因素的自回归和移动平均部分分别用 p 阶多项式 $\phi(B)$ 和 q 阶多项式 $\theta(B)$ 表示；季节因素的自回归和移动平均部分则分别是阶数为 P 的多项式 $\Phi_P(B^s)$ 和阶数为 Q 的多项式 $\Theta_Q(B^s)$。普通差分和季节差分部分分别表示为 $\nabla^d=(1-B)^d$ 和 $\nabla_s^D=(1-B^s)^D$。 ♡

例 5.14 一个 SARIMA 模型

下列模型通常能合理地表示具有季节性的非平稳经济时间序列。我们给出了模型的方程，用上面给出的定义 $\text{ARIMA}(0,1,1)\times(0,1,1)_{12}$ 表示，其中季节波动每 12 个月出现一次。然后，当 $\alpha=0$ 时，模型 (5.19)变为：

$$\nabla_{12}\nabla x_t=\Theta\left(B^{12}\right)\theta(B)w_t$$

或

$$\left(1-B^{12}\right)(1-B)x_t=\left(1+\Theta B^{12}\right)(1+\theta B)w_t \tag{5.20}$$

展开式 (5.20)两边，得到以下表示：

$$\left(1-B-B^{12}+B^{13}\right)x_t=\left(1+\theta B+\Theta B^{12}+\Theta\theta B^{13}\right)w_t$$

或者表示为差分方程的形式：

$$x_t=x_{t-1}+x_{t-12}-x_{t-13}+w_t+\theta w_{t-1}+\Theta w_{t-12}+\Theta\theta w_{t-13}$$

注意，该模型的乘法性质意味着 w_{t-13} 的系数不是自由参数，而是 w_{t-1} 和 w_{t-12} 的系数的乘积。乘法模型的假设适用于许多季节时间序列数据集，它同时减少了需要估计的参数的数量。

□

为给定的数据集选择适当的模型是一个简单的逐步过程。首先，考虑明显的差分转换，以消除趋势（d）并消除季节性成分（D）（如果存在）。然后查看差分数据的 ACF 和 PACF。通过查看季节滞后并根据表 5.1 来考虑季节分量（P 和 Q）。然后考虑前几个滞后值，并根据表 4.1，确定季节分量内的阶数（p 和 q）值。

例 5.15　二氧化碳和全球变暖

大气中的二氧化碳浓度上升是全球变暖的主要原因，现已达到前所未有的水平。2015 年 3 月，全球所有测量站点的平均值显示出百万分之 400（ppm）以上的浓度。这是继 2012 年阿拉斯加巴罗（Barrow）观测站和 2013 年夏威夷莫纳罗阿（Mauna Loa）观测站的最高观测点 400 ppm 之后第三次出现这种浓度。自 2015 年底以来，莫纳罗阿观测站的观测值一直稳定地保持在 400 ppm 以上。科学家建议联合国应采取行动将二氧化碳浓度保持在 $400\sim450$ ppm 以下，以防止气候变化带来更大的不可逆转的灾难性影响。

图 5.13 中的数据是 1958 年 3 月至 2018 年 11 月莫纳罗阿观测站的二氧化碳浓度，该观测站是最古老的二氧化碳连续监测站。图 5.13 中显示了趋势和季节性成分，因此还显示了趋势和季节差分数据 $\nabla\nabla_{12}x_t$。数据保存在 cardox 中[⊖]。

```
par(mfrow=c(2,1))
tsplot(cardox, col=4, ylab=expression(CO[2]))
title("Monthly Carbon Dioxide Readings - Mauna Loa Observatory",
```

⊖ R 数据集添加包已经包含名称为 co2 的数据集，仅包含到 1997 年为止的数据，而名为 CO2 的数据集与此示例无关。

```
         cex.main=1)
tsplot(diff(diff(cardox,12)), col=4,
         ylab=expression(nabla~nabla[12]~CO[2]))
```

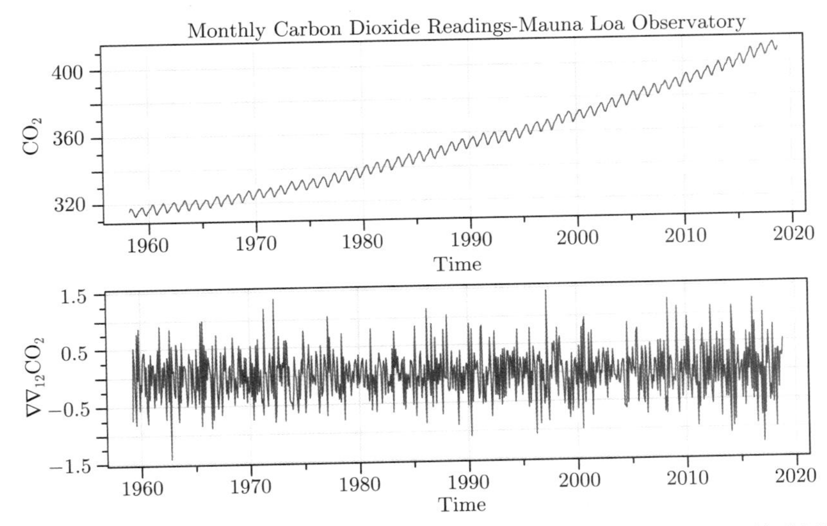

图 5.13 在夏威夷莫纳罗阿观测站获取每月的二氧化碳浓度（ppm）（上），并进行数据差分处理以消除趋势和季节性成分（下）

差分数据的样本 ACF 和 PACF 显示在图 5.14 中。

```
acf2(diff(diff(cardox,12)))
```

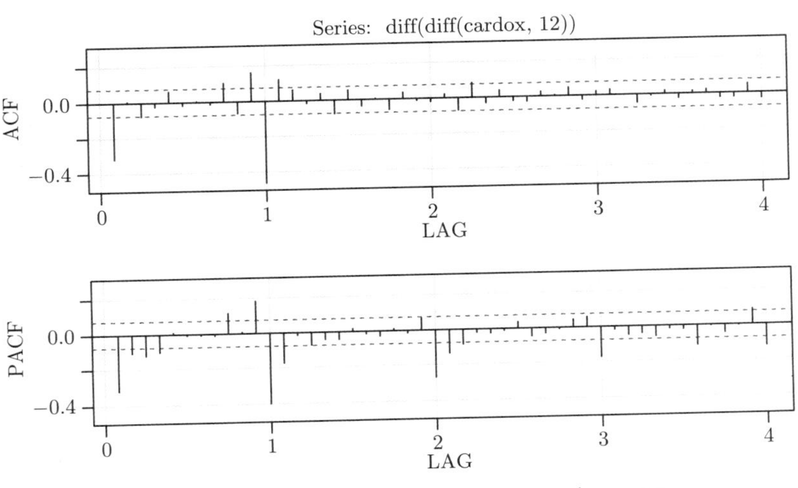

图 5.14 二氧化碳差分数据的样本 ACF 和 PACF

季节性成分：看起来 ACF 在 $1s$（$s = 12$）处截尾，而 PACF 在滞后 $1s$、$2s$、$3s$、$4s$ 处拖尾。这些结果意味着，在季节分量中可以考虑 SMA(1)，$P = 0$，$Q = 1$。

非季节性成分：检查较小的滞后值对应的样本 ACF 和 PACF，看起来 ACF 在滞后 1 期截尾，而 PACF 拖尾。这表明存在季节分量中可以考虑 MA(1)，$p = 0$，$q = 1$。

因此，我们首先在二氧化碳数据上尝试 $\text{ARIMA}(0,1,1) \times (0,1,1)_{12}$：

```
sarima(cardox, p=0,d=1,q=1, P=0,D=1,Q=1,S=12)
      Estimate      SE   t.value  p.value
 ma1   -0.3875  0.0390   -9.9277        0
 sma1  -0.8641  0.0192  -45.1205        0
 --
 sigma^2 estimated as 0.09634
 $AIC: 0.5174486  $AICc: 0.5174712  $BIC: 0.5300457
```

残差分析如图 5.15 所示，结果看起来不错，但是残差中仍可能残留少量的自相关性。

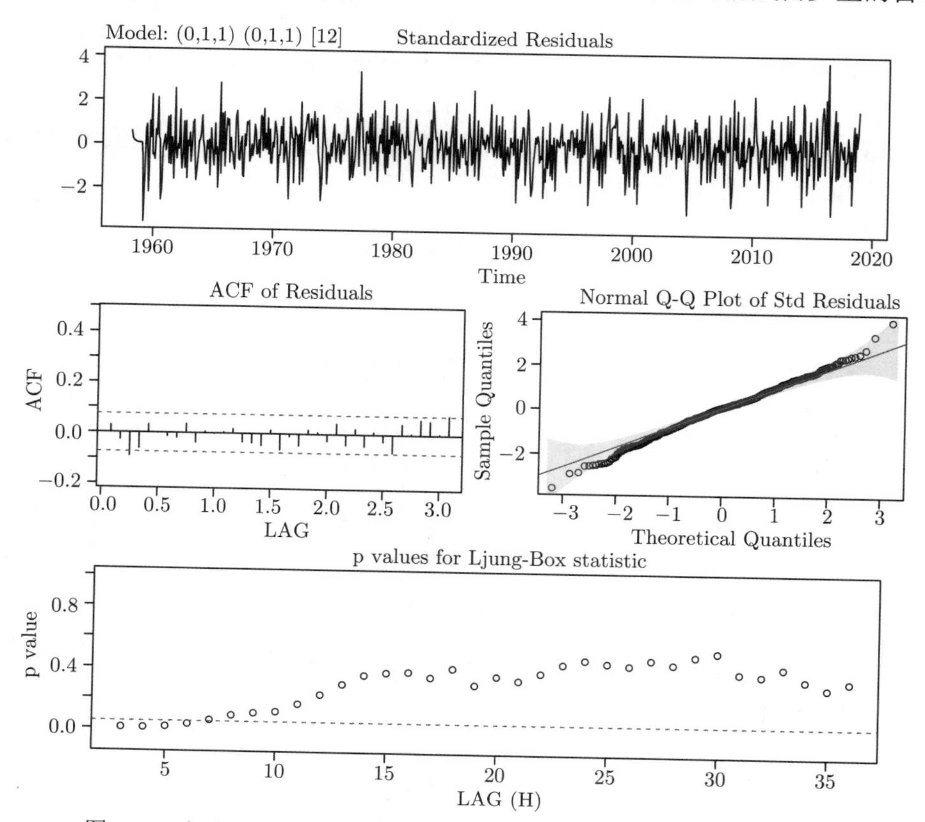

图 5.15　拟合二氧化碳数据集 $\text{ARIMA}(0,1,1) \times (0,1,1)_{12}$ 的残差分析

下一步是向季节分量中添加参数。在这种情况下，添加另一个 MA 参数（$q=2$）得出的结果并不显著。但是，添加 AR 参数确实会产生显著的结果。

```
sarima(cardox, 1,1,1, 0,1,1,12)
      Estimate      SE   t.value  p.value
 ar1    0.1941  0.0953    2.0374    0.042
 ma1   -0.5578  0.0813   -6.8634    0.000
 sma1  -0.8648  0.0189  -45.7161    0.000
 --
 sigma^2 estimated as 0.09585
 $AIC: 0.5152905  $AICc: 0.5153359  $BIC: 0.5341862
```

残差分析（未显示）表明拟合度有所提高。我们确实注意到，尽管 AIC 和 AICc 倾向于第二种模型，但 BIC 倾向于第一种模型。此外，MA(1) 参数估计及其标准误差也存在很大差异。在最后的分析中，这两个模型的预测很接近，因此我们将使用第二个模型进行预测。

对未来五年的预测如图 5.16 所示。

```
sarima.for(cardox, 60, 1,1,1, 0,1,1,12)
abline(v=2018.9, lty=6)
##-- for comparison, try the first model --##
sarima.for(cardox, 60, 0,1,1, 0,1,1,12)  # not shown
```

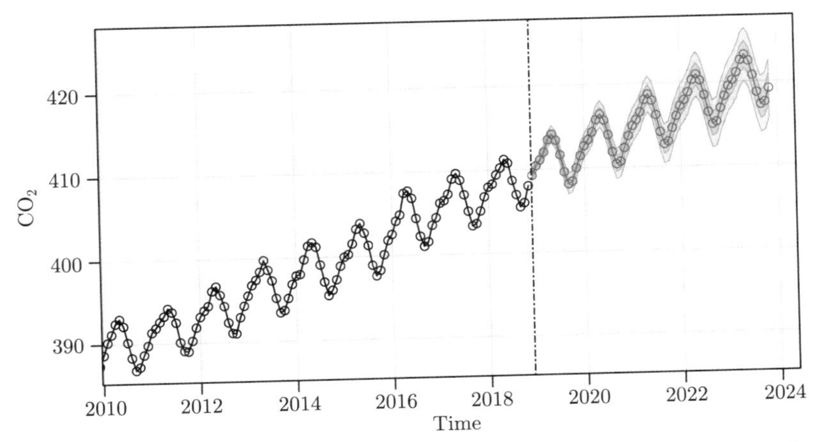

图 5.16 在莫纳洛阿观测站观测的二氧化碳浓度数据上使用 $\text{ARIMA}(1,1,1)\times(0,1,1)_{12}$ 模型进行向前五年预测

显然，如果没有进行干预，大气中的二氧化碳浓度将继续增长到危险水平。不幸的是，我们释放的二氧化碳将在大气中保留数千年。几千年之后，它才会返回到岩石中，例如，

通过形成碳酸钙。一旦释放，二氧化碳将永远存在于我们的环境中。除非我们自己消除它，否则它不会消失。

□

5.4 具有自相关误差的回归 *

在 3.1 节中，我们讨论了误差 w_t 不相关的经典回归模型。在本节中，我们将讨论误差相关时可能会导致的改变。也就是说，考虑回归模型

$$y_t = \beta_1 z_{t1} + \cdots + \beta_r z_{tr} + x_t = \sum_{j=1}^{r} \beta_j z_{tj} + x_t \tag{5.21}$$

其中 x_t 是具有某自协方差函数 $\gamma_x(s,t)$ 的过程。在普通最小二乘法中，假设 x_t 是高斯白噪声，在这种情况下，对于 $s \neq t$，$\gamma_x(s,t) = 0$，并且 $\gamma_x(t,t) = \sigma^2$ 与 t 无关。如果不是这种情况，则应使用加权最小二乘法。

在时间序列的情况下，通常假设相应线性过程的误差过程 x_t 具有一个平稳协方差结构，并尝试找到 x_t 的 ARMA 表示。例如，如果我们有一个纯 AR(p) 误差，那么

$$\phi(B)x_t = w_t$$

并且 $\phi(B) = 1 - \phi_1 B - \cdots - \phi_p B^p$ 是线性变换，当应用于误差过程时，产生白噪声 w_t。将回归方程乘以变换 $\phi(B)$ 得到

$$\underbrace{\phi(B)y_t}_{y_t^*} = \beta_1 \underbrace{\phi(B)z_{t1}}_{z_{t1}^*} + \cdots + \beta_r \underbrace{\phi(B)z_{tr}}_{z_{tr}^*} + \underbrace{\phi(B)x_t}_{w_t}$$

我们还是得到一个线性回归模型，其变量值为原来观测值的线性变换，所以 $y_t^* = \phi(B)y_t$ 是因变量；对于 $j = 1, \cdots, r$，$z_{tj}^* = \phi(B)z_{tj}$ 是自变量，但 β 与原始模型中相同。例如，假如我们有回归模型

$$y_t = \alpha + \beta z_t + x_t$$

其中 $x_t = \phi x_{t-1} + w_t$ 是 AR(1)。然后转换数据 $y_t^* = y_t - \phi y_{t-1}$ 和 $z_t^* = z_t - \phi z_{t-1}$，那么新模型为

$$\underbrace{y_t - \phi y_{t-1}}_{y_t^*} = \underbrace{(1-\phi)\alpha}_{\alpha^*} + \underbrace{\beta(z_t - \phi z_{t-1})}_{\beta z_t^*} + \underbrace{(x_t - \phi x_{t-1})}_{w_t}$$

在 AR 的情况下，我们可以将最小二乘问题转化为关于所有参数 $\phi=\{\phi_1,\cdots,\phi_p\}$ 和 $\beta=\{\beta_1,\cdots,\beta_r\}$ 来最小化误差平方和

$$S(\phi,\beta)=\sum_{t=1}^{n} w_t^2=\sum_{t=1}^{n}\left[\phi(B)y_t-\sum_{j=1}^{r}\beta_j\phi(B)z_{tj}\right]^2$$

当然，这一步使用数值方法完成。

如果误差过程是 ARMA(p,q)，即 $\phi(B)x_t=\theta(B)w_t$，那么在上面的讨论中，我们进行 $\pi(B)x_t=w_t$ 变换（π 权重是 ϕ 和 θ 的函数，见 D.2 节）。在这种情况下，误差平方和也依赖于 $\theta=\{\theta_1,\cdots,\theta_q\}$：

$$S(\phi,\theta,\beta)=\sum_{t=1}^{n} w_t^2=\sum_{t=1}^{n}\left[\pi(B)y_t-\sum_{j=1}^{r}\beta_j\pi(B)z_{tj}\right]^2$$

此时，主要问题是我们通常不会在分析之前了解噪声 x_t。解决这个问题的一个简单方法最先由 Cochrane 和 Orcutt（1949）提出，随着计算机算力的提升进行了改进：

1） 首先，在 $z_{t1},\cdots,z_{tr}$ 上运行 y_t 的普通回归（就像误差不相关一样）。保留残差 $\hat{x}_t=y_t-\sum_{j=1}^{r}\hat{\beta}_j z_{tj}$。

2） 确定残差 $\hat{x}_t$ 的 ARMA 模型。可能会有多个可选模型。

3） 对步骤 2 中给出的特定自相关误差结构的回归模型，运行加权最小二乘（或 MLE）。

4） 检查残差 $\hat{w}_t$ 是否为白噪声，并在必要时调整模型。

例 5.16　死亡率、温度和污染

我们考虑例 3.5 中给出的分析，将均值调整后温度 T_t 和颗粒物水平 P_t 与心血管死亡率 M_t 相关联。考虑回归模型

$$M_t=\beta_0+\beta_1 t+\beta_2 T_t+\beta_3 T_t^2+\beta_4 P_t+x_t \tag{5.22}$$

现在，我们假设 x_t 是白噪声。式 (5.22) 的普通最小二乘拟合的残差的样本 ACF 和 PACF 显示在图 5.17 中，并且结果表明残差适用 AR(2) 模型。下一步是拟合式 (5.22)，其中 x_t 是 AR(2)，即 $x_t=\phi_1 x_{t-1}+\phi x_{t-2}+w_t$，$w_t$ 是白噪声。可以使用 sarima 函数拟合模型，如下所示。

```
trend = time(cmort); temp = tempr - mean(tempr); temp2 = temp^2
```

```
fit = lm(cmort~trend + temp + temp2 + part, na.action=NULL)
acf2(resid(fit), 52)    # implies AR2
sarima(cmort, 2,0,0, xreg=cbind(trend, temp, temp2, part) )
              Estimate       SE t.value p.value
   ar1          0.3848   0.0436  8.8329  0.0000
   ar2          0.4326   0.0400 10.8062  0.0000
   intercept 3075.1482 834.7157  3.6841  0.0003
   trend       -1.5165   0.4226 -3.5882  0.0004
   temp        -0.0190   0.0495 -0.3837  0.7014
   temp2        0.0154   0.0020  7.6117  0.0000
   part         0.1545   0.0272  5.6803  0.0000
   sigma^2 estimated as 26.01
```

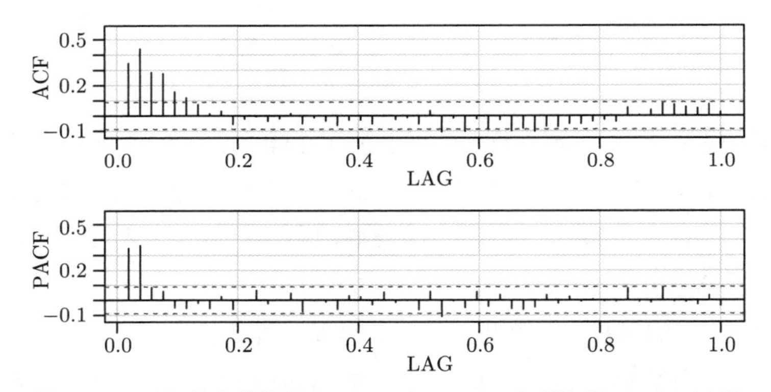

图 5.17　死亡率残差的样本 ACF 和 PACF 表明这是 AR(2) 过程

图 5.18 中来自 sarima 的残差分析显示残差与白噪声没有明显差异。此外，请注意，temp，即 T_t 并不显著，但已被中心化，$T_t = {}^\circ F_t -{}^\circ \bar{F}$ 其中 ${}^\circ F_t$ 是以华氏度为单位的实际温度。因此，temp2 为 $T_t^2 = ({}^\circ F_t -{}^\circ \bar{F})^2$，模型中温度的线性项是二次项，并且 ${}^\circ \bar{F}$ 是任意选择的。通常，最好在回归中保留低阶项，以使模型具有更大的灵活性。 □

例 5.17　具有滞后变量的回归：猞猁和白靴兔种群

在例 1.5 中，我们讨论了猞猁和白靴兔种群之间的捕食者与猎物之间的关系。回想一下，尽管其他食物来源可能很丰富，但猞猁数量随白靴兔数量的变化而变化。在此示例中，我们认为白靴兔种群是猞猁种群的先行指标，即

$$L_t = \beta_0 + \beta_1 H_{t-1} + x_t \tag{5.23}$$

其中 L_t 是第 t 年的猞猁种群数量，H_t 是第 t 年的白靴兔种群数量。我们预计 x_t 将是自

相关的误差。

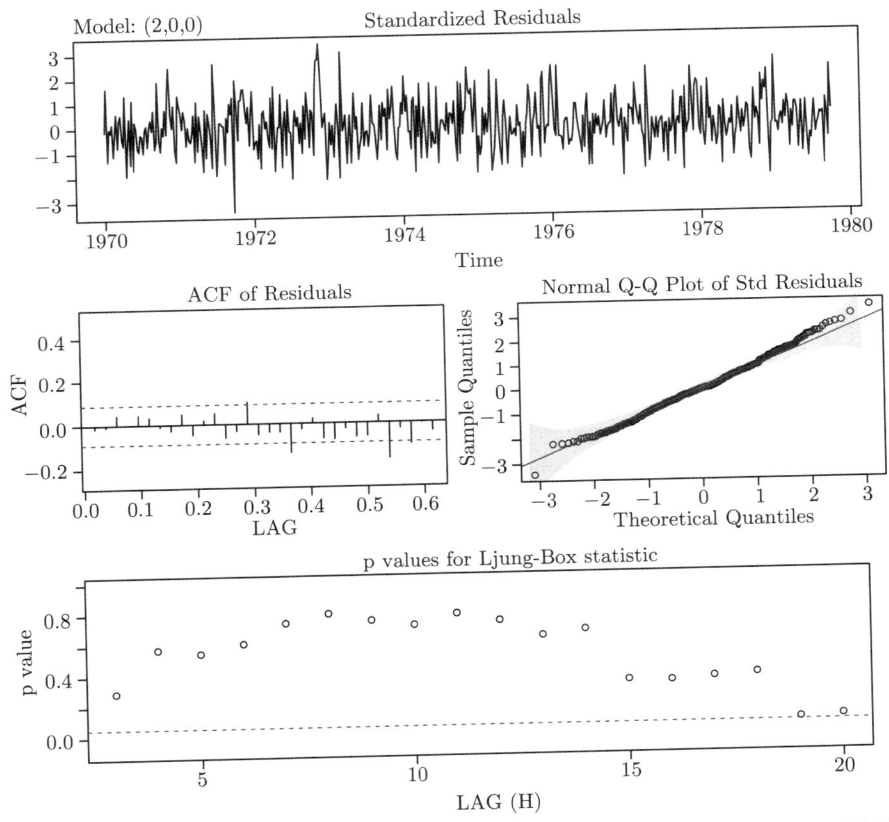

图 5.18 例 5.16 中，死亡率对温度和颗粒物污染进行带有误差自相关的回归分析的诊断程序

首次拟合 OLS 之后，我们绘制了残差的样本 ACF 和 PACF，如图 5.19（下）所示。图中表明了残差适合 AR(2) 过程，然后使用 sarima 拟合。残差分析（未显示）看起来不错，因此我们有了最终模型。然后，使用最终模型来获得猞猁种群数量 $\hat{L}_t^{t-1}$ 的提前一年预测，该预测和观测结果一同显示在图 5.19（上）中。我们注意到，该模型在提前一年预测猞猁种群数量方面做得很好。此示例的 R 代码以及一些输出如下：

```
library(zoo)
lag2.plot(Hare, Lynx, 5)      # lead-lag relationship
pp = as.zoo(ts.intersect(Lynx, HareL1 = lag(Hare,-1)))
summary(reg <- lm(pp$Lynx~ pp$HareL1)) # results not displayed
```

```
acf2(resid(reg))                         # in Figure 5.19
( reg2 = sarima(pp$Lynx, 2,0,0, xreg=pp$HareL1 ))
            Estimate      SE t.value p.value
  ar1         1.3258  0.0732 18.1184  0.0000
  ar2        -0.7143  0.0731 -9.7689  0.0000
  intercept  25.1319  2.5469  9.8676  0.0000
  xreg        0.0692  0.0318  2.1727  0.0326
  sigma^2 estimated as 59.57
prd = Lynx - resid(reg2$fit)       # prediction (resid = obs - pred)
prde = sqrt(reg2$fit$sigma2)       # prediction error
tsplot(prd, lwd=2, col=rgb(0,0,.9,.5), ylim=c(-20,90), ylab="Lynx")
points(Lynx, pch=16, col=rgb(.8,.3,0))
    x = time(Lynx)[-1]
   xx = c(x, rev(x))
   yy = c(prd - 2*prde, rev(prd + 2*prde))
polygon(xx, yy, border=8, col=rgb(.4, .5, .6, .15))
mtext(expression(""%*% 10^3), side=2, line=1.5, adj=.975)
legend("topright", legend=c("Predicted", "Observed"), lty=c(1,NA),
          lwd=2, pch=c(NA,16), col=c(4,rgb(.8,.3,0)), cex=.9)
```

□

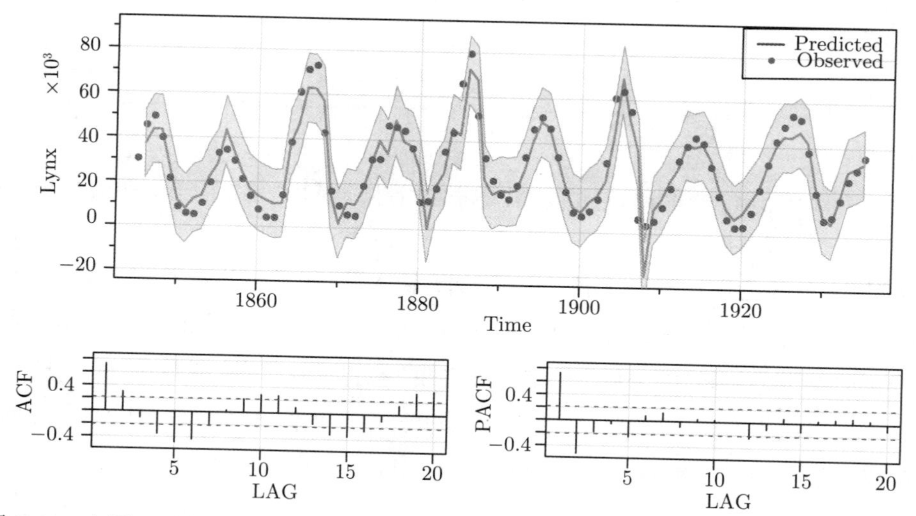

图 5.19　上图：观测的猞猁种群数量（点）和提前一年预测（线），MSPE 平方根为 ±2（灰色带）。下图：来自式 (5.23) 的残差的 ACF 和 PACF

习题

5.1 对于冰川纹层序列的对数数据 x_t（如例 4.27 所示），使用开始的 100 个观测值，并设 $\lambda = 0.25$、0.50 和 0.75，根据例 5.5 计算 EWMA，即 x_{n+1}^n，$n = 1, \cdots, 100$，并在同一图形上绘制 EWMA 和时间序列数据。对结果进行讨论。

5.2 在例 5.6 中，我们对季度 GNP 序列拟合了 ARIMA 模型。对 `gdp` 中的美国 GDP 序列重复这一分析。讨论 5.2 节开头所指定的模型拟合的各个方面，即从绘制数据到诊断和模型选择。

5.3 数据集 `oil` 中包含每桶原油以美元计价的价格。执行所有必要的诊断，使用 ARIMA(p, d, q) 模型拟合增长率数据。对结果进行讨论。

5.4 使用 ARIMA(p, d, q) 模型拟合全球陆地温度数据 `gtemp_land`，执行所有必要的诊断，包括模型选择分析。在确定合适的模型后，对未来 10 年进行预测（同时给出预测值范围）。对结果进行讨论。

5.5 使用海洋温度数据 `gtemp_ocean` 重复习题 5.4 的分析。

5.6 例 3.5 中描述的与颗粒物、温度和死亡率一起收集的序列之一是二氧化硫序列 `so2`。使用 ARIMA(p, d, q) 模型拟合到数据，并执行所有必要的诊断。在确定合适的模型后，对未来四个时间段（大约一个月）进行预测，并计算四个预测的 95% 预测区间。对结果进行讨论。

5.7 将季节性 ARIMA 模型拟合到 R 数据集 `AirPassengers`，这是 Box 和 Jenkins（1970）给出的每月国际航班的乘客总数。

5.8 绘制季节性 ARIMA$(0,1) \times (1,0)_{12}$ 模型的 ACF，滞后为 50，其中 $\Phi = 0.8$，$\theta = 0.5$。

5.9 使用你选择的季节性 ARIMA 模型拟合数据集 `chicken` 中的鸡肉价格数据。使用估计的模型预测未来 12 个月的值。

5.10 使用你选择的季节性 ARIMA 模型拟合数据集 `UnempRate` 中的失业数据。使用估计的模型预测未来 12 个月的值。

5.11 使用你选择的季节 ARIMA 模型拟合数据集 `birth` 中的美国出生数据。使用估计的模型预测未来 12 个月的值。

5.12 使用适当的季节性 ARIMA 模型拟合例 1.1 中经过对数变换后的强生公司收益率序列（`jj`）。使用估计的模型预测未来四个季度的数值。

5.13* 设 S_t 代表数据集 `sales` 中的月度销售数据（$n = 150$），设 L_t 作为数据集 `lead` 中

的领先指标。

(a) 使用 ARIMA 模型拟合月度销售数据 S_t。逐步讨论你的模型拟合过程，展示（A）数据的初始检查，（B）数据的变换（如有必要的话），（C）模型的初始阶数和差分阶数的识别，（D）参数估计，（E）残差诊断和模型选择。

(b) 在 ∇S_t 和 ∇L_t 之间使用 CCF 图形和滞后曲线来证明用 ∇L_{t-3} 对 ∇S_t 回归是合理的（注意：在 `lag2.plot()` 中，第一个命名序列是滞后的序列）。

(c) 拟合回归模型 $\nabla S_t = \beta_0 + \beta_1 \nabla L_{t-3} + x_t$，其中 x_t 是 ARMA 过程（解释你如何确定模型中的 x_t）。对结果进行讨论。

5.14* 计算机行业中一项显著的技术发展是能够将信息密集地存储在硬盘上。此外，存储成本稳步下降，导致数据过多而产生大数据问题。本习题的数据集是 `cpg`，其中包括从 1980 年到 2008 年的硬盘制造商样本中得到的数据，即每 GB 硬盘驱动器的年度零售价格中位数，记为 c_t。

(a) 绘制 c_t，并对其时序图进行描述。

(b) 通过拟合 $\log c_t$ 对 t 的线性回归，论证 c_t 与 t 间的曲线关系类似于 $c_t \approx \alpha e^{\beta t}$，然后绘制拟合曲线，并将拟合曲线与对数时间序列数据进行比较。对结果进行讨论。

(c) 检查线性回归模型拟合的残差，并对结果进行讨论。

(d) 使用误差自相关的事实，再次拟合回归模型。对结果进行讨论。

5.15* 重新完成习题 3.2，不再假设误差项是白噪声。

5.16* 在例 3.14 中，我们拟合模型

$$R_t = \beta_0 + \beta_1 S_{t-6} + \beta_2 D_{t-6} + \beta_3 D_{t-6} S_{t-6} + w_t$$

其中 R_t 是新鱼数量，S_t 是 SOI，D_t 是一个哑变量，如果 $S_t < 0$，则 D_t 为 0，否则 D_t 为 1。然而，残差分析表明残差不是白噪声。

(a) 绘制残差的 ACF 和 PACF 并讨论为什么 AR(2) 模型可能合适。

(b) 假设噪声是自相关的噪声，拟合哑变量回归模型，并将你的结果与例 3.14 的结果进行比较（比较估计的参数和相应的标准误差）。

(c) 为（b）中的噪声拟合季节性模型。

5.17* 在这个习题中，我们展示如何使用式 (5.7) 中的 IMA(1, 1) 模型推导出式 (5.8) 中所示的 EWMA 预测。这里给出了大多数细节，目标是验证下面的式 (5.24) 和式 (5.25)。

记 $y_t = x_t - x_{t-1}$，使 $y_t = w_t - w_{t-1}$。因为 $|\lambda| < 1$，可逆表示为

$$w_t = \sum_{j=0}^{\infty} \lambda^j y_{t-j}$$

假设我们有无限的滞后项可用，用 $x_t - x_{t-1}$ 替换 y_t 并简化得到

$$x_t = \sum_{j=1}^{\infty} (1-\lambda)\lambda^{j-1} x_{t-j} + w_t \tag{5.24}$$

使用式 (5.24)，可得

$$x_n^{n-1} = \sum_{j=1}^{\infty} (1-\lambda)\lambda^{j-1} x_{n-j}$$

因为 $w_n^{n-1} = 0$。因此，

$$x_{n+1}^n = \sum_{j=1}^{\infty} (1-\lambda)\lambda^{j-1} x_{n+1-j} = (1-\lambda)x_n + \lambda x_n^{n-1} \tag{5.25}$$

注意，对于 $|z| < 1$，$\psi(z) = (1-\lambda z)/(1-z) = 1 + (1-\lambda)\sum_{j=1}^{\infty} z^j$，可以使用式 (5.3) 近似均方根预测误差。因此，对于较大的 n，由式 (5.3) 可得式 (5.9)。

第 6 章　频谱分析与滤波

6.1　周期性和循环性行为

数据的循环性行为是本章和下一章的重点。例如，图 1.5 所示的月度 SOI 序列中，振荡的主频率是每年 1 个循环或每 12 个月 1 个循环，$\omega = 1/12$ 循环每观测值。这显然是夏季热，冬季冷的循环。在 3.3 节的初步分析中看到的厄尔尼诺循环约为每 4 年（48 个月）1 次，或 $\omega = 1/48$ 循环每观测值。一个时间序列的*周期*（period）定义为一个循环内含有的点数，即 $1/\omega$。因此，SOI 序列的主要周期是 12 个月或 1 年，厄尔尼诺现象的主要周期约为 48 个月或 4 年。

通过引入一些术语可以使周期性的一般概念更加精确。为了定义一个序列振荡的速率，我们首先将一个*循环*（cycle）定义为在单位时间区间内正弦或余弦函数的一个完整周期。如式 (1.5) 所述，对于 $t = 0, \pm 1, \pm 2, \cdots$，我们考虑周期性过程

$$x_t = A\cos(2\pi\omega t + \varphi) \tag{6.1}$$

其中 ω 是*频率*指数（frequency index），定义为每单位时间内的循环次数；A 为函数的高度或*振幅*（amplitude）；φ 称为*相位*（phase），确定余弦函数的起点。回想一下，图 1.11 绘制了模型 (6.1) 中的数据，其中 $A = 2$，$\varphi = 0.6\pi$。

我们可以通过允许振幅 A 和相位 φ 变化，进而在这个时间序列中引入随机变量。如例 3.15 所述，为了进行数据分析，使用三角函数等式 (C.10) 将式 (6.1) 写作

$$x_t = U_1\cos(2\pi\omega t) + U_2\sin(2\pi\omega t) \tag{6.2}$$

其中 $U_1 = A\cos(\varphi)$，$U_2 = -A\sin(\varphi)$，U_1 和 U_2 通常被认为是正态分布的独立的随机变量。

如果我们假设 U_1 和 U_2 是均值为 0 且方差为 σ^2 的不相关随机变量，则式 (6.2)中的 x_t 是平稳的，因为 $E(x_t) = 0$ 且 $\lambda = 2\pi\omega$，

$$
\begin{aligned}
\gamma(t, s) &= \operatorname{cov}\left(x_t, x_s\right) \\
&= \operatorname{cov}\left[U_1 \cos(\lambda t)+U_2 \sin(\lambda t), U_1 \cos(\lambda s)+U_2 \sin(\lambda s)\right] \\
&= \operatorname{cov}\left[U_1 \cos(\lambda t), U_1 \cos(\lambda s)\right]+\operatorname{cov}\left[U_1 \cos(\lambda t), U_2 \sin(\lambda s)\right] \\
&\quad +\operatorname{cov}\left[U_2 \sin(\lambda t), U_1 \cos\left(\lambda_s\right)\right]+\operatorname{cov}\left[U_2 \sin(\lambda t), U_2 \sin(\lambda s)\right] \\
&= \sigma^2 \cos(\lambda t) \cos(\lambda s)+0+0+\sigma^2 \sin(\lambda t) \sin(\lambda s) \\
&= \sigma^2[\cos(\lambda t) \cos(\lambda s)+\sin(\lambda t) \sin(\lambda s)] \\
&= \sigma^2 \cos(\lambda(t-s))
\end{aligned} \tag{6.3}
$$

式 (6.3) 的结果仅取决于时间差，用到了三角函数求和等式 (C.10) 和 $\operatorname{cov}(U_1, U_2)=0$。

式 (6.2) 中的随机过程是其频率 ω 的函数。通常考虑离散时间点上的数据时，至少需要两个时间点来确定一个循环。这意味着最高频率是每个点 1/2 个循环。这种频率称为折叠频率（folding frequency），是离散采样中可以看到的最高频率。以这种方式采样的较高频率会出现在较低频率处，这种现象称为混叠（aliase），比如在电影中摄像机采样移动中的汽车的车轮旋转的方式，其中轮子看起来以较慢的速率旋转。大多数电影以每秒 24 帧录制，如果相机正在拍摄以每秒 24 圈的速度（24 赫兹）旋转的轮子，那么看上去轮子是静止不动的。

要了解混叠的工作原理，请考虑观察每 2 小时为一个循环的过程，采样时间间隔为 2.5 小时。在这种采样方式下，每 10 个小时仅观察到一个循环，看起来该过程要慢得多，见图 6.1。请注意，以这种采样率可以看到的最快速度是每 2 个点（即 5 小时）1 个周期。

```
t = seq(0, 24, by=.01)
X = cos(2*pi*t*1/2)              # 1 cycle every 2 hours
tsplot(t, X, xlab="Hours")
T = seq(1, length(t), by=250) # observed every 2.5 hrs
points(t[T], X[T], pch=19, col=4)
lines(t, cos(2*pi*t/10), col=4)
axis(1, at=t[T], labels=FALSE, lwd.ticks=2, col.ticks=2)
abline(v=t[T], col=rgb(1,0,0,.2), lty=2)
```

考虑式 (6.2) 的推广，它允许多个具有不同频率和振幅的周期序列的混合，

$$
x_t=\sum_{k=1}^q\left[U_{k1} \cos\left(2\pi \omega_k t\right)+U_{k2} \sin\left(2\pi \omega_k t\right)\right] \tag{6.4}
$$

其中，对于 $k=1,2,\cdots,q$，U_{k1} 和 U_{k2} 是方差为 σ_k^2 的独立的零均值随机变量；ω_k 是不同的频率。注意，式 (6.4) 将过程表示为独立的分量之和，在频率 ω_k 处的分量的方差为 σ_k^2。如式 (6.3) 所示，很容易得到该过程的自协方差函数（习题 6.4）为

$$\gamma(h)=\sum_{k=1}^{q}\sigma_k^2\cos\left(2\pi\omega_k h\right) \tag{6.5}$$

自协方差函数是周期性分量的加权和，分量权重与其方差 σ_k^2 成比例。因此，x_t 是零均值平稳过程，其方差为

$$\gamma(0)=\operatorname{var}\left(x_t\right)=\sum_{k=1}^{q}\sigma_k^2 \tag{6.6}$$

它表明总体方差可以表示为每个分量的方差之和。

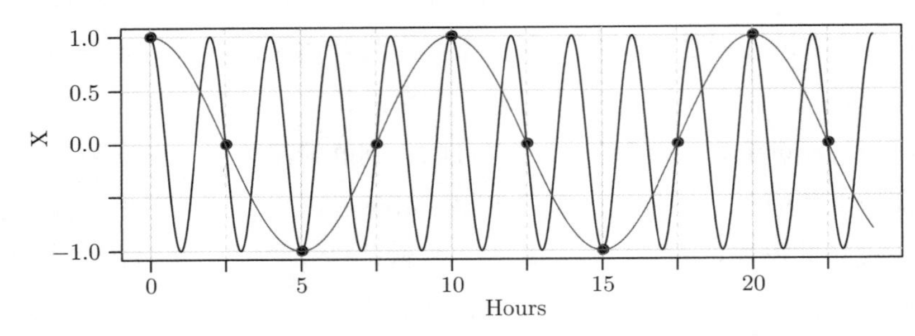

图 6.1　混叠：每 2.5 小时（加粗的刻度线）对 2 小时 1 个循环（即 24 小时 12 个循环）的过程进行采样。以这种方式进行采样，看起来该过程在 10 小时内仅进行 1 个循环。以这种采样率可以看到的最快的速度是每 2 个点（即 5 个小时）1 个周期，即折叠频率

例 6.1　一个周期性序列

图 6.2 显示了以下列方式构建的式 (6.4)，其中 $q=3$。首先，对于 $t=1,\cdots,100$，生成三个序列：

$$x_{t1}=2\cos(2\pi t\ 6/100)+3\sin(2\pi t\ 6/100)$$
$$x_{t2}=4\cos(2\pi t\ 10/100)+5\sin(2\pi t\ 10/100)$$
$$x_{t3}=6\cos(2\pi t\ 40/100)+7\sin(2\pi t\ 40/100)$$

图 6.2 显示了这三个序列以及相应的频率和平方振幅。例如，x_{t1} 的平方振幅是 $A^2=2^2+3^2=13$。因此，x_{t1} 将达到的最大/最小值为 $\pm\sqrt{13}=\pm3.61$。最后，我们构建序列

$$x_t=x_{t1}+x_{t2}+x_{t3}$$

该序列也显示在了图 6.2 中。我们注意到 x_t 很像我们之前已经看到的一些周期性序列。系统地对时间序列中的基本频率分量进行整理，包括它们的相对贡献，构成了频谱分析的主要目标之一。生成图 6.2 的 R 代码是：

```
x1 = 2*cos(2*pi*1:100*6/100) + 3*sin(2*pi*1:100*6/100)
x2 = 4*cos(2*pi*1:100*10/100) + 5*sin(2*pi*1:100*10/100)
x3 = 6*cos(2*pi*1:100*40/100) + 7*sin(2*pi*1:100*40/100)
x = x1 + x2 + x3
par(mfrow=c(2,2))
tsplot(x1, ylim=c(-10,10), main=expression(omega==6/100~~~A^2==13))
tsplot(x2, ylim=c(-10,10), main=expression(omega==10/100~~~A^2==41))
tsplot(x3, ylim=c(-10,10), main=expression(omega==40/100~~~A^2==85))
tsplot(x,  ylim=c(-16,16), main="sum")
```

□

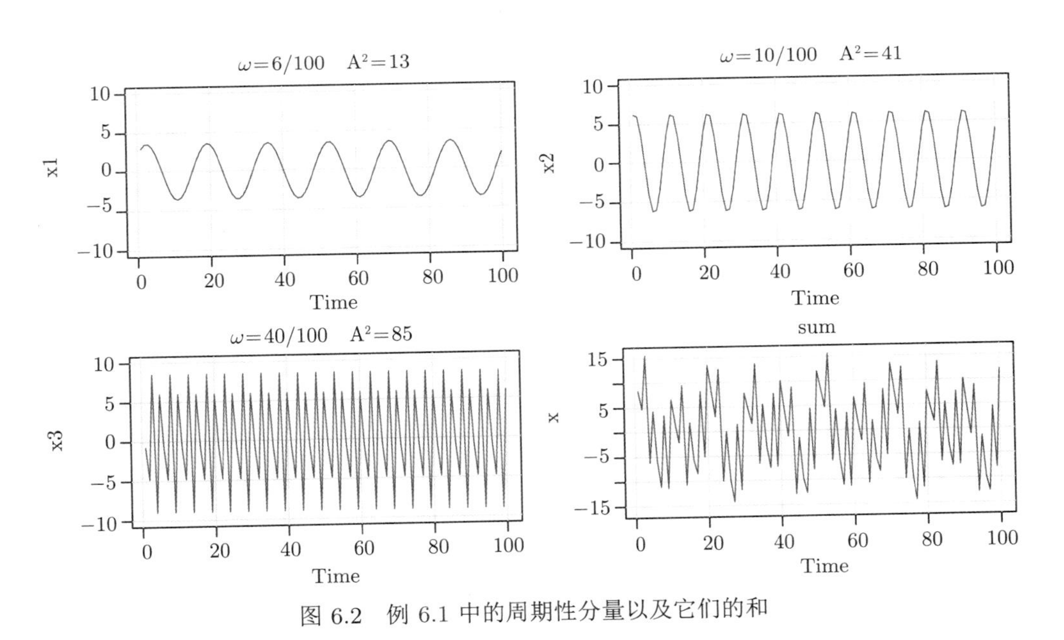

图 6.2 例 6.1 中的周期性分量以及它们的和

式 (6.4) 中给出的模型以及式 (6.5) 中给出的自协方差函数是人为构造的。如果模型正确，我们的下一步将是估算构成模型 (6.4)的方差 σ_k^2 和频率 ω_k。如果我们在 $k=1,\cdots,q$ 时观察 $U_{k1}=a_k$ 和 $U_{k2}=b_k$，那么 $\mathrm{var}(x_t)$ 的第 k 个方差分量 σ_k^2 的估计将是样本方差 $S_k^2=a_k^2+b_k^2$。另外，x_t 的总方差的估计 $\hat{\gamma}_x(0)$ 将是样本方差的总和：

$$\hat{\gamma}_x(0) = \widehat{\text{var}}(x_t) = \sum_{k=1}^{q} \left(a_k^2 + b_k^2\right) \tag{6.7}$$

例 6.2　估计和周期图

对于任何时间序列样本 $x_1, \cdots, x_n$（n 是奇数），若 $t = 1, \cdots, n$ 并适当选择系数，我们可以确切地写出

$$x_t = a_0 + \sum_{j=1}^{(n-1)/2} \left[a_j \cos(2\pi tj/n) + b_j \sin(2\pi tj/n)\right] \tag{6.8}$$

如果 n 是偶数，则表达式 (6.8) 可以通过求和至 $(n/2-1)$ 项进行修正，并添加由 $a_{n/2} \cos\left(2\pi t \frac{1}{2}\right) = a_{n/2}(-1)^t$ 给出的附加分量。这里的关键点是式 (6.8) 对于任何样本都是准确的。因为式 (6.8) 中的许多系数可能接近于零，所以可以认为式 (6.4) 近似于式 (6.8)。

使用第 3 章中的回归结果，系数 a_j 和 b_j 的形式为 $\sum_{t=1}^{n} x_t z_{tj} / \sum_{t=1}^{n} z_{tj}^2$，其中 z_{tj} 是 $\cos(2\pi tj/n)$ 或 $\sin(2\pi tj/n)$。根据性质 C.3，当 $j/n \neq 0, 1/2$ 时，$\sum_{t=1}^{n} z_{tj}^2 = n/2$，所以回归系数可以写成 $a_0 = \bar{x}$，且对于 $j = 1, \cdots, n$，

$$a_j = \frac{2}{n} \sum_{t=1}^{n} x_t \cos(2\pi tj/n), \quad b_j = \frac{2}{n} \sum_{t=1}^{n} x_t \sin(2\pi tj/n)$$

显然，系数几乎是数据 x_t 与在 n 个时间点以 j 个周期的频率振荡的正弦（或余弦）的相关性。

定义 6.3

我们定义**缩放周期图**（scaled periodogram）为

$$P(j/n) = a_j^2 + b_j^2 \tag{6.9}$$

它表明式 (6.8) 中的哪些频率强度大，哪些频率强度小。频率 $\omega_j = j/n$ 被称为**傅里叶频率**（Fourier frequency）或**基频**（fundamental frequency）。♡

如之前的式 (6.7) 所述，缩放周期图是每个频率分量的样本方差。较大的 $P(j/n)$ 值意味着频率 $\omega_j = j/n$ 在该序列中占主导地位，而较小的 $P(j/n)$ 值可能与噪声相关。

没有必要运行大量（饱和）回归来获得 a_j 和 b_j 的值，因为如果 n 是高度复合的整数（即该数值有很多因数），则可以通过快速计算获得。我们将在 7.1 节中更详细地讨论离散

傅里叶变换（Discrete Fourier Transform，DFT），它其实是以复数为权重的数据的加权平均值。对于 $j=0,1,\cdots,n-1$，DFT 由下式给出[㊀]：

$$\begin{aligned} d(j/n) &= n^{-1/2}\sum_{t=1}^{n} x_t \mathrm{e}^{-2\pi \mathrm{i} tj/n} \\ &= n^{-1/2}\left(\sum_{t=1}^{n} x_t \cos(2\pi tj/n) - \mathrm{i}\sum_{t=1}^{n} x_t \sin(2\pi tj/n)\right) \end{aligned} \tag{6.10}$$

由于其中有大量类似的重复计算，因此可以使用快速傅里叶变换（Fast Fourier Transform，FFT）来快速计算式 (6.10)。注意下式：

$$|d(j/n)|^2 = \frac{1}{n}\left(\sum_{t=1}^{n} x_t \cos(2\pi tj/n)\right)^2 + \frac{1}{n}\left(\sum_{t=1}^{n} x_t \sin(2\pi tj/n)\right)^2 \tag{6.11}$$

该式的取值可以做成周期图（periodogram）。我们可以通过下面的公式用周期图来计算缩放的周期图（式 (6.9)）：

$$P(j/n) = \frac{4}{n}|d(j/n)|^2 \tag{6.12}$$

例 6.1 中模拟的数据 x_t 的缩放周期图如图 6.3 所示，它清楚地标识了 x_t 的三个分量 x_{t1}、x_{t2} 和 x_{t3}。注意下式：

$$P(j/n) = P(1-j/n), \quad j=0,1,\cdots,n-1$$

所以在折叠频率为 1/2 时会出现镜像效果。因此，对于高于折叠频率的频率，通常不绘制周期图。另外，请注意，图中所示的缩放周期图的高度分别为

$$P\left(\frac{6}{100}\right) = P\left(\frac{94}{100}\right) = 13, \quad P\left(\frac{10}{100}\right) = P\left(\frac{90}{100}\right) = 41, \quad P\left(\frac{40}{100}\right) = P\left(\frac{60}{100}\right) = 85$$

否则 $P(j/n)=0$。这些正是例 6.1 中生成的分量的平方振幅值。

假设从前一个例子中保留了模拟数据 x，生成图 6.3 的 R 代码是：

```
P  = Mod(fft(x)/sqrt(100))^2  # periodogram
sP = (4/100)*P                # scaled peridogram
Fr = 0:99/100                 # fundamental frequencies
tsplot(Fr, sP, type="o", xlab="frequency", ylab="scaled periodogram",
          col=4, ylim=c(0,90))
```

㊀ 现在最好复习附录 C 中有关复数的内容。

```
abline(v=.5, lty=5)
abline(v=c(.1,.3,.7,.9), lty=1, col=gray(.9))
axis(side=1, at=seq(.1,.9,by=.2))
```

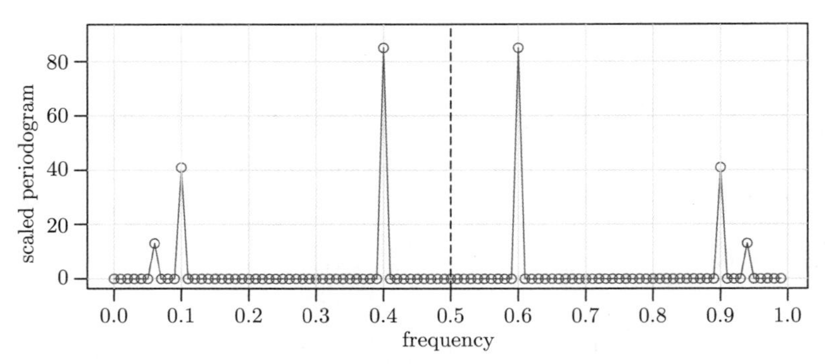

图 6.3　例 6.1 生成的数据的缩放周期图（式 (6.12)）

不同的添加包以不同的方式对 FFT 进行缩放，因此最好参考相关的软件文档。R 在计算 FFT 时没有使用因子 $n^{-1/2}$，但是加入了一个多余的因子 $e^{2\pi i\omega_j}$，该因子可以忽略，因为我们只对平方振幅感兴趣。

如果将例 6.1 中的数据 x_t 视为由各种强度（振幅）的原色 x_{t1}，x_{t2}，x_{t3} 组成的颜色（波形），那么我们可以将周期图视为将颜色 x_t 分解为其原色的棱镜（频谱）。这就是术语*频谱分析*（spectral analysis）的由来。□

例 6.4　光谱法

光谱是根据不同的波长或光频率分解的光的功率或能量。每个化学元素都有独特的光谱特征，可以通过分析它发出的光来揭示它的存在。例如，在天文学中，人们对空间物体的光谱分析感兴趣，对天体进行光谱分析就可以确定其化学成分。

图 6.4 显示了氢、氖和氩的光谱特征。可见光的波长非常短，在 400~650nm 之间。图中上面的刻度是电子电压（eV），与频率（ω）成正比。请注意，波长（$1/\omega$）越长，频率越慢。红色是可见光谱中频率最慢的，紫色是频率最快的。□

我们可以将光谱学的概念应用于许多学科的数据统计分析。以下是使用 fMRI 数据集的示例。

例 6.5　功能磁共振成像（重温）

在例 1.6 中我们观察了通过 fMRI 从大脑各个位置收集的数据。在实验中，施加刺激 32 秒，然后停止刺激 32 秒，采样率为每 2 秒观察一次，持续 256 秒。该序列以粗体显示，它测量了大脑的激活区域，如图 1.7 所示。在例 1.6 中，我们注意到运动皮层序列中的刺激信号很强，但是尚不清楚丘脑和小脑位置是否存在该信号。

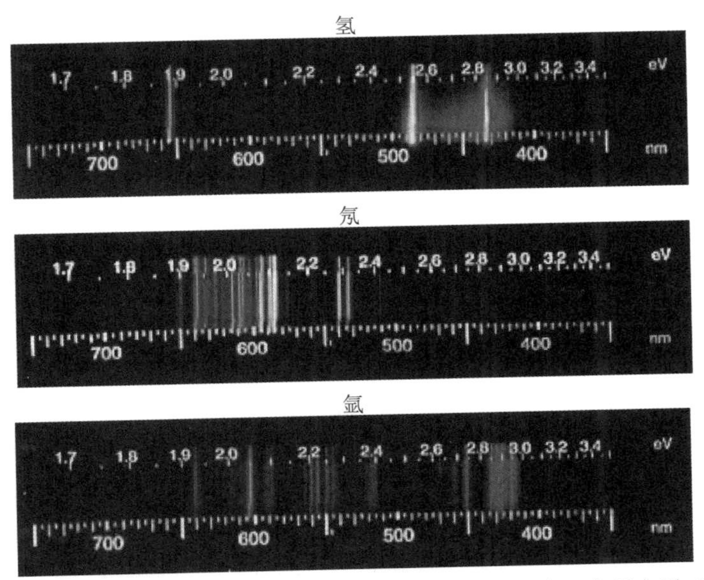

图 6.4 三种元素的光谱特征。纳米（nm）是波长或周期的量度，电子电压（eV）是频率的量度。图片由夏威夷大学天文学研究所 Joshua E. Barnes 教授提供

对图 1.7 所示的每个序列进行简单的周期图分析可以帮助回答该问题，结果如图 6.5 所示。我们注意到，除了第二丘脑位置和第一小脑位置以外的所有位置均有刺激信号。在下一章中，我们将讨论周期图纵坐标何时显著（即表明存在信号）的问题。一种简单的计算周期图的方法是使用 mvspec，如下所示：

```
par(mfrow=c(3,2), mar=c(1.5,2,1,0)+1, mgp=c(1.6,.6,0))
for(i in 4:9){
mvspec(fmri1[,i], main=colnames(fmri1)[i], ylim=c(0,3), xlim=c(0,.2),
        col=rgb(.05,.6,.75), lwd=2, type="o", pch=20)
abline(v=1/32, col="dodgerblue", lty=5) # stimulus frequency
}
```

□

Schuster（1898，1906）为研究太阳黑子序列的周期性（如图 A.4 所示）引入了周期图。周期图是一个基于样本的统计量。在例 6.2 中，我们讨论了周期图可能使我们了解与

时间序列的每个频率相关的方差分量，如式 (6.6) 所示。然而，这些方差分量是总体参数。与时间序列频谱分析相关的总体参数和样本统计量的概念，可以推广到平稳时间序列，这是下一节的主题。

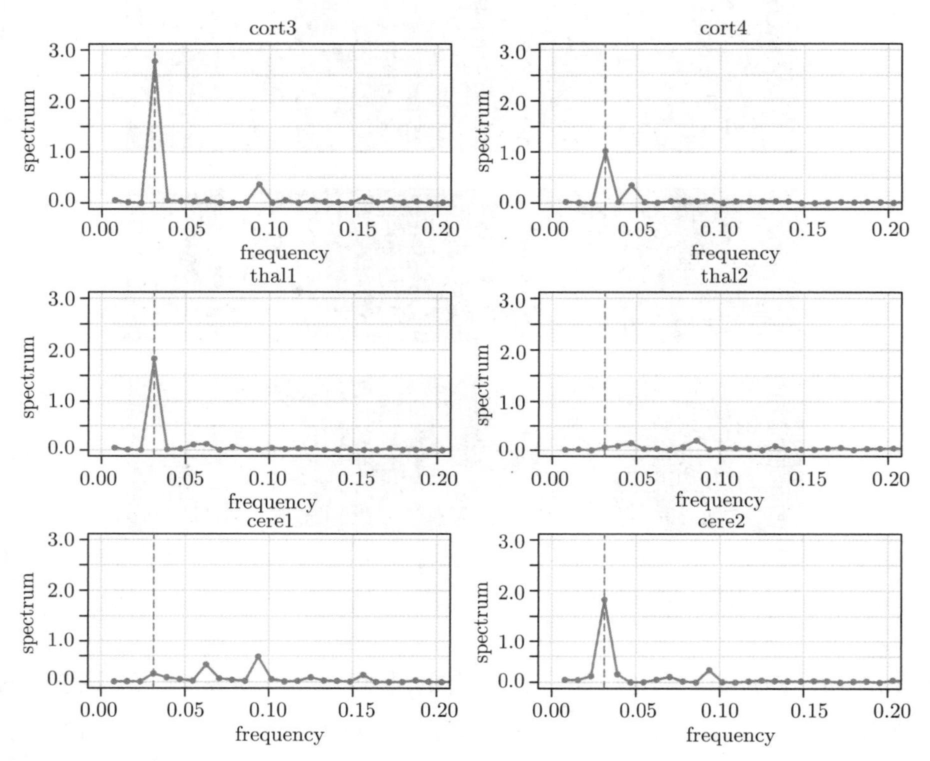

图 6.5　fMRI 序列的周期图如图 1.7 所示。垂直虚线表示每 64 秒（32 个点）1 个周期的刺激频率

6.2　谱密度

时间序列由周期性分量组成，该周期性分量与它们的方差成比例，这是频谱分析的基础。

频谱表示定理（Spectral Representation Theorem）非常专业，它指出，对于任何平稳时间序列，分解式 (6.4) 近似为真。

但是，上一节中的示例通常并不现实，因为时间序列很少恰好是正弦曲线（仅与正弦曲线近似)。在本节中，我们处理一个更现实的情况。

性质 6.6 (谱密度)　如果平稳过程的自协方差函数 $\gamma(h)$ 满足

$$\sum_{h=-\infty}^{\infty}|\gamma(h)|<\infty \tag{6.13}$$

则对于 $-1/2 \leqslant \omega \leqslant 1/2$，该过程的谱密度为

$$f(\omega)=\sum_{h=-\infty}^{\infty}\gamma(h)\mathrm{e}^{-2\pi\mathrm{i}\omega h} \tag{6.14}$$

对于 $h=0,\pm1,\pm2,\cdots$，该自协方差函数的逆变换为

$$\gamma(h)=\int_{-1/2}^{1/2}\mathrm{e}^{2\pi\mathrm{i}\omega h}f(\omega)\mathrm{d}\omega \tag{6.15}$$

条件 (6.13) 指出，时间序列中时间上相距很远的值之间的相关性必须忽略不计。我们注意到，用来介绍频谱表示概念的式 (6.5) 不满足绝对可加性条件 (6.13)。但是，ARMA 模型满足该条件。由于存在互逆关系，自协方差函数和谱密度包含相同的信息，但表达方式不同。自协方差函数表明滞后行为，而谱密度表明周期性行为。

$\gamma(h)$ 的性质可确保对于所有 ω，有 $f(\omega)\geqslant 0$，并且谱密度是实值且是偶函数:

$$f(\omega)=f(-\omega)$$

由于对称性，我们通常只对 $\omega\geqslant 0$ 绘制 $f(\omega)$。另外，将 $h=0$ 代入式 (6.15)，得到

$$\gamma(0)=\operatorname{var}(x_t)=\int_{-1/2}^{1/2}f(\omega)\mathrm{d}\omega$$

它表明总方差是所有频率上的谱密度的积分。这些结果表明，谱密度是密度，并且不是概率密度，而是方差密度。下面我们将进一步探讨这个想法。

仔细回顾之前所讨论的序列的谱密度可能会得到一些启发。

例 6.7　白噪声序列——均匀谱密度

举一个简单的例子，考虑一系列方差为 σ_w^2 的不相关随机变量 w_t 的理论功率谱（power spectrum）。模拟的数据集显示在图 1.8 的上部。自协方差函数在例 2.6 中计算得到: $\gamma_m(h)=\sigma_w^2$，$h=0$；否则，$\gamma_m(h)=0$。由式 (6.14) 可得

$$f_w(\omega)=\sum_{h=-\infty}^{\infty}\gamma_w(h)\mathrm{e}^{-2\pi\mathrm{i}\omega h}=\sigma_w^2$$

其中，$-1/2 \leqslant \omega \leqslant 1/2$。因此，该过程在所有频率上都包含相同的功率（power）。事实上，白噪声的名称来自白光的类比，它包含了色谱中所有处于相同强度水平的频率。图 6.6 显示了 $\sigma_w^2 = 1$ 的白噪声谱图。 □

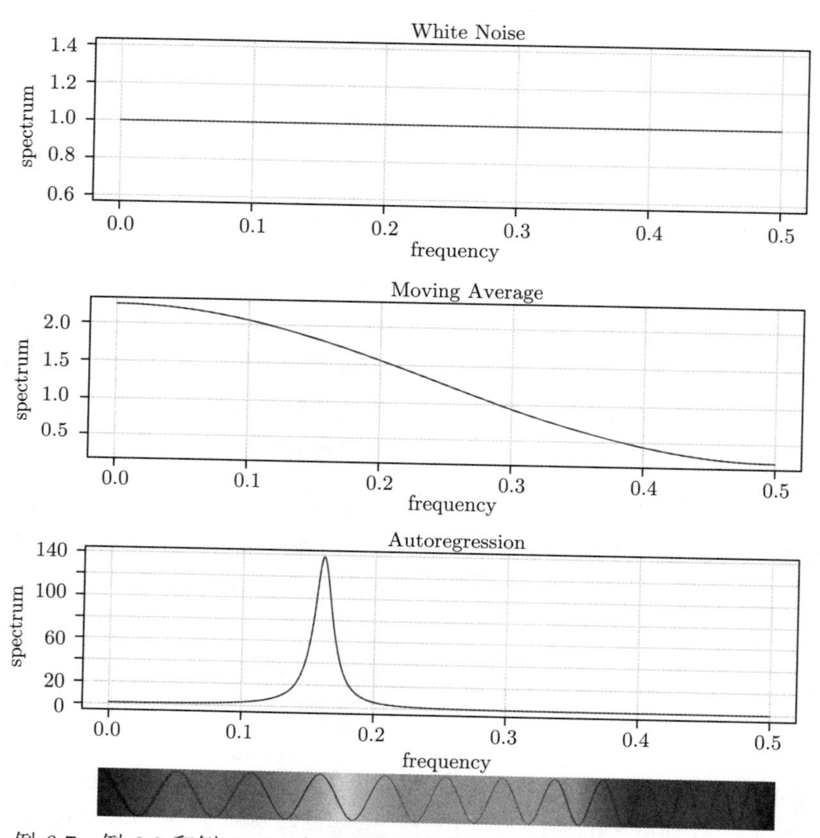

图 6.6 例 6.7、例 6.9 和例 6.10：白噪声的理论谱密度（上），一阶移动平均（中），二阶自回归过程（下）

性质 6.8（ARMA 的谱密度） 如果 x_t 是 ARMA(p,q)，$\phi(B)x_t = \theta(B)w_t$，则它的谱密度为

$$f_x(\omega) = \sigma_w^2 \left|\psi\left(\mathrm{e}^{-2\pi\mathrm{i}\omega}\right)\right|^2 = \sigma_w^2 \frac{\left|\theta\left(\mathrm{e}^{-2\pi\mathrm{i}\omega}\right)\right|^2}{\left|\phi\left(\mathrm{e}^{-2\pi\mathrm{i}\omega}\right)\right|^2} \tag{6.16}$$

其中，$\phi(z) = 1 - \sum_{k-1}^{p} \phi_k z^k$，$\theta(z) = 1 + \sum_{k=1}^{q} \theta_k z^k$，$\psi(z) = \sum_{k=0}^{\infty} \psi_k z^k$。

例 6.9 移动平均

移动平均序列模型属于非均匀混合不同频率序列。看一个具体的例子，MA(1) 模型：

$$x_t = w_t + 0.5w_{t-1}$$

图 4.3 显示了一个 MA(1) 的样本实现例子，我们注意到 θ 为正值时的序列中较高或较快的频率比较少。谱密度可以验证这一观察结果。

在例 4.5 中可以找到该序列的自协方差函数，对于该特定的序列，我们有

$$\gamma(0) = \left(1 + 0.5^2\right)\sigma_w^2 = 1.25\sigma_w^2; \quad \gamma(\pm 1) = 0.5\sigma_w^2; \quad \gamma(\pm h) = 0, \quad h > 1$$

将其直接代入式 (6.14)，我们有

$$\begin{aligned} f(\omega) &= \sum_{h=-\infty}^{\infty} \gamma(h)\mathrm{e}^{-2\pi\mathrm{i}\omega h} = \sigma_w^2\left[1.25 + 0.5\left(\mathrm{e}^{-2\pi\mathrm{i}\omega} + \mathrm{e}^{2\pi\mathrm{i}\omega}\right)\right] \\ &= \sigma_w^2[1.25 + \cos(2\pi\omega)] \end{aligned} \tag{6.17}$$

图 6.6（中）给出的是 $\sigma_w^2 = 1$ 时的谱密度。在这种情况下，较低或较慢的频率具有比较高或较快的频率更大的功率。

我们也可以使用性质 6.8（即对 MA 模型来说有 $f(\omega) = \sigma_w^2\left|\theta\left(\mathrm{e}^{-2\pi\mathrm{i}\omega}\right)\right|^2$）来计算谱密度。因为 $\theta(z) = 1 + 0.5z$，我们有

$$\begin{aligned} \left|\theta\left(\mathrm{e}^{-2\pi\mathrm{i}\omega}\right)\right|^2 &= \left|1 + 0.5\mathrm{e}^{-2\pi\mathrm{i}\omega}\right|^2 = \left(1 + 0.5\mathrm{e}^{-2\pi\mathrm{i}\omega}\right)\left(1 + 0.5\mathrm{e}^{2\pi\mathrm{i}\omega}\right) \\ &= 1 + 0.5\mathrm{e}^{-2\pi\mathrm{i}\omega} + 0.5\mathrm{e}^{2\pi\mathrm{i}\omega} + 0.25\mathrm{e}^{-2\pi\mathrm{i}\omega}\cdot\mathrm{e}^{2\pi\mathrm{i}\omega} \\ &= 1.25 + 0.5\left(\mathrm{e}^{-2\pi\mathrm{i}\omega} + \mathrm{e}^{2\pi\mathrm{i}\omega}\right) \\ &= 1.25 + \cos(2\pi\omega) \end{aligned}$$

这与式 (6.17) 一致。 □

例 6.10 二阶自回归序列

我们考虑以下 AR(2) 序列的谱密度：

$$x_t = x_{t-1} - 0.9x_{t-2} + w_t$$

在这里应用性质 6.8 会更容易。注意，$\theta(z) = 1$，$\phi(z) = 1 - z + 0.9z^2$，并且

$$\begin{aligned}\left|\phi\left(\mathrm{e}^{-2\pi\mathrm{i}\omega}\right)\right|^2 &= \left(1-\mathrm{e}^{-2\pi\mathrm{i}\omega}+0.9\mathrm{e}^{-4\pi\mathrm{i}\omega}\right)\left(1-\mathrm{e}^{2\pi\mathrm{i}\omega}+0.9\mathrm{e}^{4\pi\mathrm{i}\omega}\right)\\ &= 2.81-1.9\left(\mathrm{e}^{2\pi\mathrm{i}\omega}+\mathrm{e}^{-2\pi\mathrm{i}\omega}\right)+0.9\left(\mathrm{e}^{4\pi\mathrm{i}\omega}+\mathrm{e}^{-4\pi\mathrm{i}\omega}\right)\\ &= 2.81-3.8\cos(2\pi\omega)+1.8\cos(4\pi\omega)\end{aligned}$$

使用式 (6.16) 的结论，可得 x_t 的谱密度为

$$f_x(\omega)=\frac{\sigma_w^2}{2.81-3.8\cos(2\pi\omega)+1.8\cos(4\pi\omega)}$$

设 $\sigma_w=1$，图 6.6（下）显示了 $f_x(\omega)$，并且它显示大约在 $\omega=0.16$ 循环每点（即每 6 到 7 个点构成的一个循环）处呈现强功率分量，其他频率处的功率非常小。在这种情况下，该序列几乎是正弦曲线（但这并不精确），似乎对于实际数据而言更为现实。

可以用 R 添加包 astsa 中的 arma.spec 函数生成图 6.6：

```
par(mfrow=c(3,1))
arma.spec(main="White Noise", col=4)
arma.spec(ma=.5, main="Moving Average", col=4)
arma.spec(ar=c(1,-.9), main="Autoregression", col=4)
```

□

6.3 线性滤波器 *

前面的一些例子暗示了可以通过线性变换来修改时间序列中的功率或方差的分布的可能性。在本节中，我们通过定义*线性滤波器*（linear filter）并展示如何将其用于从时间序列中提取信号来进一步探索这一概念。这些滤波器以可预测的方式修改时间序列的频谱特征，开发系统的方法来利用线性滤波器的特殊性质是时间序列分析中的重要主题。

线性滤波器使用一组指定系数 a_j，$j=0,\pm1,\pm2,\cdots$，使输入序列 x_t 转换成输出序列 y_t：

$$y_t=\sum_{j=-\infty}^{\infty}a_jx_{t-j},\qquad \sum_{j=-\infty}^{\infty}|a_j|<\infty \tag{6.18}$$

式 (6.18) 也称为卷积。它的系数统称为*脉冲响应函数*（impulse response function），需要满足绝对可加性，使得*频率响应函数*（frequency response function）

$$A_{yx}(\omega)=\sum_{j=-\infty}^{\infty}a_j\mathrm{e}^{-2\pi\mathrm{i}\omega j} \tag{6.19}$$

被良好定义。我们已经遇到了几个线性滤波器，例如，例 1.8 中的简单三点移动平均可以通过令 $a_0 = a_1 = a_2 = 1/3$ 和 $a_j = 0$ 来转化为式 (6.18)。

线性滤波器的重要性源于其增强输入序列某些部分频谱的能力。现在，我们陈述以下结果。

性质 6.11（输出频谱） 假设存在光谱，式 (6.18) 中滤波输出 y_t 的谱密度与输入 x_t 的谱密度有如下关系：

$$f_y(\omega) = |A_{yx}(\omega)|^2 f_x(\omega) \tag{6.20}$$

其中频率响应函数 $A_{yx}(\omega)$ 的定义见式 (6.19)。

证明 式 (6.18) 中的滤波输出 y_t 的自协方差函数为

$$\begin{aligned}
\gamma_y(h) &= \operatorname{cov}(x_{t+h}, x_t) \\
&= \operatorname{cov}\left(\sum_r a_r x_{t+h-r}, \sum_s a_s x_{t-s}\right) \\
&= \sum_r \sum_s a_r \gamma_x(h-r+s) a_s \\
&\overset{(1)}{=} \sum_r \sum_s a_r \left[\int_{-1/2}^{1/2} \mathrm{e}^{2\pi \mathrm{i}\omega(h-r+s)} f_x(\omega) \mathrm{d}\omega\right] a_s \\
&= \int_{-1/2}^{1/2} \left(\sum_r a_r \mathrm{e}^{-2\pi \mathrm{i}\omega r}\right) \left(\sum_s a_s \mathrm{e}^{2\pi \mathrm{i}\omega s}\right) \mathrm{e}^{2\pi \mathrm{i}\omega h} f_x(\omega) \mathrm{d}\omega \\
&\overset{(2)}{=} \int_{-1/2}^{1/2} \mathrm{e}^{2\pi \mathrm{i}\omega h} \underbrace{|A(\omega)|^2 f_x(\omega)}_{f_y(\omega)} \mathrm{d}\omega
\end{aligned}$$

其中，(1) 用式 (6.15) 的表达式替换 $\gamma_x(\cdot)$，(2) 用式 (6.19) 替换 $A_{yx}(\omega)$。利用傅里叶变换的唯一性可以证明结果成立。 ■

结果 (6.20) 使我们能够计算任何给定滤波操作对频谱的精确影响。这个重要的特性表明输入序列的频谱通过滤波进行了更改，并且更改的影响可以表征为逐个频率乘以频率响应函数的平方幅度。性质 6.8（用于获取 ARMA 过程的频谱）只是性质 6.11 的特例，即当式 (6.18) 中 $x_t = w_t$ 是白噪声时，$f_{xx}(\omega) = \sigma_w^2$，并且 $a_j = \psi_j$，在这种情况下

$$A_{yx}(\omega) = \psi\left(\mathrm{e}^{-2\pi \mathrm{i}\omega}\right) = \theta\left(\mathrm{e}^{-2\pi \mathrm{i}\omega}\right) / \phi\left(\mathrm{e}^{-2\pi \mathrm{i}\omega}\right)$$

例 6.12 一阶差分和移动平均滤波器

我们用两个常见的例子来展示滤波器的作用，即一阶差分滤波器

$$y_t = \nabla x_t = x_t - x_{t-1}$$

和对称移动平均滤波器

$$y_t = \frac{1}{24}\left(x_{t-6} + x_{t+6}\right) + \frac{1}{12}\sum_{r=-5}^{5} x_{t-r}$$

后者也是一个季节性平滑器。使用两个滤波器对 SOI 序列进行滤波的结果显示在图 6.7（中）和图 6.7（下）中。请注意，差分的影响是粗糙化序列，因为它倾向于保留较高或较快的频率。中心移动平均值使序列平滑，因为它保留较低的频率并倾向于衰减较高的频率。通常，差分是*高通滤波器*（high-pass filter），因为它保留或通过较高频率，而移动平均值是*低通滤波器*（low-pass filter），因为它通过较低或较慢的频率。

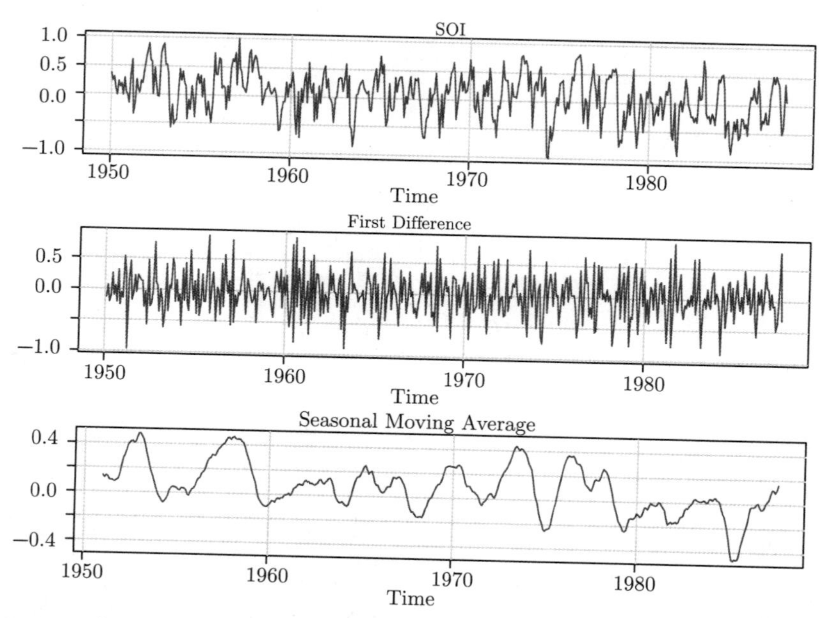

图 6.7 SOI 序列（上）与差分 SOI（中）和中心化 12 个月移动平均值（下）相比较

请注意，对称移动平均值中较慢的周期会增强，季节或年度频率会减弱。滤波后的序列在数据长度上为约 9~10 个循环（大约每 48 个月一个循环），移动平均滤波器倾向于增

强或提取厄尔尼诺信号。此外，通过对数据进行低通滤波，我们可以更好地了解厄尔尼诺效应及其不规则性。

现在，完成滤波后，必须确定滤波器改变输入频谱的确切方式。为此，我们将使用式 (6.19) 和式 (6.20)。一阶差分滤波器可以通过令 $a_0 = 1$、$a_1 = -1$ 和 $a_r = 0$ 来以式 (6.18) 的形式写入。这意味着

$$A_{yx}(\omega) = 1 - \mathrm{e}^{-2\pi\mathrm{i}\omega}$$

频率响应的平方变为

$$|A_{yx}(\omega)|^2 = \left(1 - \mathrm{e}^{-2\pi\mathrm{i}\omega}\right)\left(1 - \mathrm{e}^{2\pi\mathrm{i}\omega}\right) = 2[1 - \cos(2\pi\omega)] \tag{6.21}$$

图 6.8（上）显示，一阶差分滤波器将衰减较低频率并增强较高频率，因为频谱的乘数 $|A_{yx}(\omega)|^2$ 对于较高频率较大而对较低频率较小。通常，由于这种滤波器是缓慢上升的，所以不特别推荐它作为仅保留高频率的滤波器。

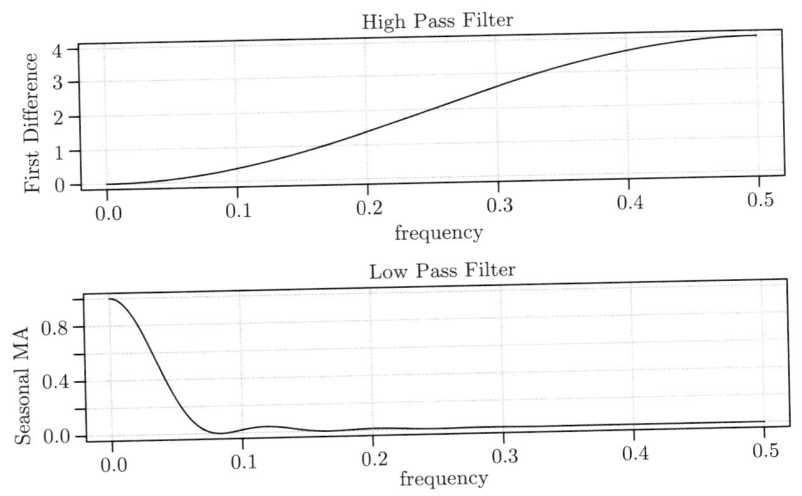

图 6.8 一阶差分（上）和 12 个月移动平均（下）滤波器的平方频率响应函数

对于中心化 12 个月移动平均值，我们可以取 $a_{-6} = a_6 = 1/24$，当 $-5 \leqslant k \leqslant 5$ 时，$a_k = 1/12$，否则 $a_k = 0$。替换和识别余弦项，得到

$$A_{yx}(\omega) = \frac{1}{12}\left[1 + \cos(12\pi\omega) + 2\sum_{k=1}^{5}\cos(2\pi\omega k)\right] \tag{6.22}$$

图 6.8 所绘制的该函数的平方频率响应表明，我们希望该滤波器会将大多数频率内容削减到每点 1/12 (0.083) 个循环以上。结果是，这会使每年的分量减少 12 个月，并提高厄尔尼诺现象的频率，这个频率有时很小。滤波器在衰减高频时效率不高，如函数 $|A_{yx}(\omega)|^2$ 和图 6.6 的移动平均值频谱图所示，一些功率贡献保留在较高频率。

以下 R 代码展示了如何过滤数据，并绘制差分和移动平均滤波器的平方频率响应曲线。

```
par(mfrow=c(3,1))
tsplot(soi, col=4, main="SOI")
tsplot(diff(soi), col=4, main="First Difference")
 k = kernel("modified.daniell", 6)   # MA weights
tsplot(kernapply(soi, k), col=4, main="Seasonal Moving Average")
##-- frequency responses --##
par(mfrow=c(2,1))
w = seq(0, .5, by=.01)
FRdiff = abs(1-exp(2i*pi*w))^2
tsplot(w, FRdiff, xlab="frequency", main="High Pass Filter")
u = cos(2*pi*w)+cos(4*pi*w)+cos(6*pi*w)+cos(8*pi*w)+cos(10*pi*w)
FRma = ((1 + cos(12*pi*w) + 2*u)/12)^2
tsplot(w, FRma, xlab="frequency", main="Low Pass Filter")
```

□

习题

6.1 重复例 6.1 和例 6.2 中的模拟和分析，并进行以下改变：

（a） 将样本大小更改为 $n = 128$，生成并绘制与例 6.1 中相同的序列：

$$x_{t1} = 2\cos(2\pi 0.06t) + 3\sin(2\pi 0.06t)$$

$$x_{t2} = 4\cos(2\pi 0.10t) + 5\sin(2\pi 0.10t)$$

$$x_{t3} = 6\cos(2\pi 0.40t) + 7\sin(2\pi 0.40t)$$

$$x_t = x_{t1} + x_{t2} + x_{t3}$$

这些序列与例 6.1 中生成的序列有什么主要区别？（提示：答案是很基础的 (fundamental)。但如果你的答案是“序列更长”，那你的答案就过于简单了。）

（b） 如例 6.2 所示，计算并绘制（a）中生成的序列 x_t 的周期图，并对结果进行讨论。

（c）　令 $n = 100$（如例 6.1 所示），重复（a）和（b）的分析，并向 x_t 添加噪声，即

$$x_t = x_{t1} + x_{t2} + x_{t3} + w_t$$

其中 $w_t \sim \text{iid } N(0, \sigma_w = 5)$。也就是说，你应该模拟并绘制数据，然后绘制 x_t 的周期图，并对结果进行讨论。

6.2 对于例 6.5 讨论的实验中位于皮层的前两个粗体序列，使用周期图来发现这些位置是否对刺激有反应。该序列在 `fmri1[, 2:3]` 中，不包含在例 6.5 的分析中。

6.3 `star` 中的数据是连续 600 天在午夜拍摄的恒星大小。数据取自 E. T. Whittaker 和 G. Robinson 的经典著作 *The Calculus of Observations, a Treatise on Numerical Mathematics*（1923，Blackie & Son，Ltd.）。绘制数据，然后对数据进行周期图分析，并找到数据的主要周期性分量。切记先从数据中去除均值。

6.4 验证式 (6.5)。

6.5 考虑 MA(1) 过程

$$x_t = w_t + \theta w_{t-1}$$

其中 θ 是一个参数。

（a）　推导 x_t 功率谱的公式，用 θ 和 ω 表示。

（b）　使用 `arma.spec()` 绘制 $\theta > 0$ 和 $\theta < 0$ 时 x_t 的光谱密度（可选择任意值）。

（c）　我们应该如何解释（b）中展示的光谱？

6.6 考虑一个一阶自回归模型

$$x_t = \phi x_{t-1} + w_t$$

其中 ϕ（$|\phi| < 1$）是一个参数，ω_t 是独立的随机变量，均值为 0，方差为 σ_w^2。

（a）　证明 x_t 的功率谱由下式给出：

$$f_x(\omega) = \frac{\sigma_w^2}{1 + \phi^2 - 2\phi\cos(2\pi\omega)}$$

（b）　验证此过程的自协方差函数为

$$\gamma_x(h) = \frac{\sigma_w^2 \phi^{|h|}}{1 - \phi^2}$$

其中 $h = 0, \pm 1, \pm 2, \cdots$，即证明 $\gamma_x(h)$ 的逆变换是（a）中得到的谱。

6.7 令观察到的序列 x_t 由周期信号和噪声组成，因此它可以写成

$$x_t = \beta_1 \cos(2\pi\omega_k t) + \beta_2 \sin(2\pi\omega_k t) + w_t$$

其中 w_t 是白噪声过程，方差为 σ_w^2。假设频率 ω_k 已知，并且在该问题中为 k/n。给定数据 $x_1, \cdots, x_n$，假设我们考虑通过最小二乘法估计 β_1、β_2 和 σ_w^2。在这里将会用到性质 C.3。

（a） 使用简单的回归公式证明，对于固定的 ω_k，最小二乘回归系数为

$$\widehat{\beta}_1 = 2n^{-1/2}d_c(\omega_k) \quad \text{和} \quad \widehat{\beta}_2 = 2n^{-1/2}d_s(\omega_k)$$

其中在右侧出现余弦变换 (7.5) 和正弦变换 (7.6)。提示：参见例 6.2。

（b） 证明误差平方和可写为

$$SSE = \sum_{t=1}^{n} x_t^2 - 2I_x(\omega_k)$$

使得最小化平方误差的 ω_k 的值与最大化周期图 $I_x(\omega_k)$ 估计量 (7.3) 相同。

（c） 证明回归平方和由下式给定：

$$SSR = 2I_x(\omega_k)$$

（d） 在高斯假设和固定的 ω_k 下，证明没有回归的 F 检验导致 F 统计量是 $I_x(\omega_k)$ 的单调函数。

6.8 在应用中，我们经常会观察到包含被延迟了某个未知时长 D 的序列，即

$$x_t = s_t + As_{t-D} + n_t$$

其中 s_t 和 n_t 是平稳且独立的，具有零均值，谱密度分别为 $f_s(\omega)$ 和 $f_n(\omega)$。延迟信号乘以某个未知常数 A。找到 x_t 的自协方差函数，并使用它来证明

$$f_x(\omega) = \left[1 + A^2 + 2A\cos(2\pi\omega D)\right] f_s(\omega) + f_n(\omega)$$

6.9* 假设 x_t 是一个平稳序列，我们连续应用两个滤波操作，即

$$y_t = \sum_r a_r x_{t-r} \quad \text{和} \quad z_t = \sum_S b_s y_{t-s}$$

（a） 使用性质 6.11 证明输出的频谱为

$$f_z(\omega) = |A(\omega)|^2 |B(\omega)|^2 f_x(\omega)$$

其中 $A(\omega)$ 和 $B(\omega)$ 分别是滤波器序列 a_t 和 b_t 的傅里叶变换。

（b） 对时间序列依次应用以下滤波器会产生什么影响？

$$u_t = x_t - x_{t-12} \quad \text{和} \quad v_t = u_t - u_{t-1}$$

（c） 画出与（b）中描述的 u_t 和 v_t 相关的滤波器的频率响应。

第 7 章 频谱估计

7.1 周期图和离散傅里叶变换

我们现在准备将 6.1 节中提出的基于样本的周期图概念与 6.2 节中基于总体的谱密度概念联系起来。

定义 7.1

给定数据 $x_1,\cdots,x_n$，对于 $j=0,1,\cdots,n-1$，我们定义**离散傅里叶变换**（Discrete Fourier Transform，DFT）为

$$d(\omega_j)=n^{-1/2}\sum_{t=1}^{n}x_t\mathrm{e}^{-2\pi\mathrm{i}\omega_j t} \tag{7.1}$$

其中，频率 $\omega_j=j/n$ 称为傅里叶频率（Fourier frequency）或基频（fundamental frequency）。 ♡

如果 n 是高度复合的整数（即它具有许多因子），则可以通过 Cooley 和 Tukey（1965）引入的快速傅里叶变换（FFT）来计算 DFT。有时利用 DFT 的逆运算会有帮助，该运算也表明线性变换是一对一的。对于逆 DFT，我们有

$$x_t=n^{-1/2}\sum_{j=0}^{n-1}d(\omega_j)\mathrm{e}^{2\pi\mathrm{i}\omega_j t} \tag{7.2}$$

其中 $t=1,\cdots,n$。下面的例子展示了如何用 R 计算数据集 $\{1,2,3,4\}$ 的 DFT 以及它的逆。

```
(dft = fft(1:4)/sqrt(4))
  [1]  5+0i  -1+1i  -1+0i  -1-1i
(idft = fft(dft, inverse=TRUE)/sqrt(4))
  [1] 1+0i  2+0i  3+0i  4+0i
```

我们现在将 DFT 的模的平方定义为周期图。

定义 7.2

给定数据 $x_1, \cdots, x_n$，对于 $j = 0, 1, \cdots, n-1$，我们定义**周期图**（periodogram）为

$$I(\omega_j) = |d(\omega_j)|^2 \tag{7.3}$$

♡

注意，$I(0) = n\bar{x}^2$，$\bar{x}$ 是样本均值。样本均值的取值可能很大，具体取决于均值的大小，而均值与数据的循环性行为无关。因此，通常在频谱分析之前将均值从数据中删除，以使 $I(0) = 0$。对于非零频率，我们可以证明

$$I(\omega_j) = \sum_{h=-(n-1)}^{n-1} \widehat{\gamma}(h)\mathrm{e}^{-2\pi \mathrm{i}\omega_j h} \tag{7.4}$$

其中 $\widehat{\gamma}(h)$ 是我们在式 (2.22) 中看到的 $\gamma(h)$ 的估计。根据式 (7.4)，周期图 $I(\omega_j)$ 是式 (6.14) 中给出的 $f(\omega_j)$ 的样本版本。也就是说，我们可以将周期图视为 x_t 的样本谱密度。尽管 $I(\omega_j)$ 似乎是 $f(\omega)$ 的合理估计，但我们最终将意识到，这仅仅是一个起点。

有时候单独对实部和虚部使用 DFT 是有用的。为此，我们定义了以下变换。

定义 7.3

给定数据 $x_1, \cdots, x_n$，我们定义**余弦变换**为

$$d_c(\omega_j) = n^{-1/2}\sum_{t=1}^{n} x_t \cos(2\pi\omega_j t) \tag{7.5}$$

定义**正弦变换**为

$$d_s(\omega_j) = n^{-1/2}\sum_{t=1}^{n} x_t \sin(2\pi\omega_j t) \tag{7.6}$$

其中，对于 $j = 0, 1, \cdots, n-1$，有 $\omega_j = j/n$。

♡

请注意，$d_c(\omega_j)$ 和 $d_s(\omega_j)$ 是样本均值，类似于 $\bar{x}$，但具有正弦权重（样本均值中每个观测值的权重为 $1/n$）。在适当条件下，这些统计量服从中心极限定理：

$$d_c(\omega_j) \dot{\sim} N\left(0, \frac{1}{2}f(\omega_j)\right) \quad 和 \quad d_s(\omega_j) \dot{\sim} N\left(0, \frac{1}{2}f(\omega_j)\right) \tag{7.7}$$

其中 $\dot{\sim}$ 表示在 n 较大的情况下近似服从。而且，可以看出，对于较大的 n，只要 $\omega_j \neq \omega_k$，有 $d_c(\omega_j) \perp d_s(\omega_j) \perp d_c(\omega_k) \perp d_s(\omega_k)$，其中 $\perp$ 表示“独立于”。如果 x_t 服从高斯分布，

则式 (7.7) 和本段之后有关独立性的陈述对于任何大小的样本都是完全正确的。

我们注意到 $d(\omega_j) = d_c(\omega_j) - \mathrm{i}d_s(\omega_j)$，因此周期图为

$$I(\omega_j) = d_c^2(\omega_j) + d_s^2(\omega_j) \tag{7.8}$$

对于较大的 n，它是两个独立正态随机变量的平方和，我们知道它服从卡方（χ^2）分布。因此，对于大样本，有

$$\frac{2I(\omega_j)}{f(\omega_j)} \dot{\sim} \chi_2^2 \tag{7.9}$$

其中 χ_2^2 是具有 2 个自由度的卡方分布。由于 χ_ν^2 分布的均值和方差分别为 ν 和 2ν，因此从式 (7.9)得出

$$E\left(\frac{2I(\omega_j)}{f(\omega_j)}\right) \approx 2 \quad \text{和} \quad \operatorname{var}\left(\frac{2I(\omega_j)}{f(\omega_j)}\right) \approx 4$$

因此

$$E[I(\omega_j)] \approx f(\omega_j) \quad \text{且} \quad \operatorname{var}[I(\omega_j)] \approx f^2(\omega_j) \tag{7.10}$$

这是一个坏消息，因为虽然周期图近似无偏，但是其方差不会变为零。实际上，无论 n 多么大，周期图的方差都不会改变。因此，无论我们能获得多少观测值，周期图都永远不会接近真实频谱。将此与大小为 n 的随机样本的均值 $\bar{x}$ 进行对比，对于该样本，随着 $n \to \infty$，有 $E(\bar{x}) = \mu$ 和 $\operatorname{var}(\bar{x}) = \sigma^2/n \to 0$。

式 (7.9)的分布结果通常用来推导出近似的频谱的置信区间。设 $\chi_v^2(\alpha)$ 表示自由度为 v 的卡方分布的拖尾概率为 α 的分位数。然后，谱密度函数的近似 $100(1-\alpha)\%$ 置信区间为

$$\frac{2I(\omega_j)}{\chi_2^2(1-\alpha/2)} \leqslant f(\omega) \leqslant \frac{2I(\omega_j)}{\chi_2^2(\alpha/2)} \tag{7.11}$$

对数变换是方差稳定变换。在这种情况下，置信区间的形式为

$$\left[\log I(\omega_j) + \log 2 - \log \chi_2^2(1-\alpha/2), \log I(\omega_j) + \log 2 - \log \chi_2^2(\alpha/2)\right] \tag{7.12}$$

通常，在计算周期图之前应该消除非平稳的趋势。趋势在周期图中引入极低频率分量，这往往会掩盖较高频率的展现。因此，通常在频谱分析之前，通过使用形如 $x_t - \bar{x}$ 的经过均值调整的数据以消除零分量或使用形如 $x_t - \hat{\beta}_1 - \hat{\beta}_2 t$ 的消除了趋势的数据来中心化数据。注意，`astsa` 包和 `stats` 包中的 R 脚本在默认情况下执行此任务。

在计算 DFT 和周期图时，我们使用快速傅里叶变换。当 n 高度复合（例如它是具有大量因子（2、3 或 5）的整数）时，FFT 利用了计算 DFT 时的大量冗余计算。详细信息

可以在 Cooley 和 Tukey（1965）的文献中找到。为了满足这个性质，将数据中心化（或去趋势），然后用零填充到下一个高度复合整数 n'。这意味着基频坐标 ω_j 从 j/n 变成 j/n'。我们通过观察图 1.5 中所示的 SOI 和新鱼数量序列的周期图来说明。回想一下，它们是月度序列，$n = 453$ 个月。要在 R 中计算 n'，使用命令 `nextn(453)` 可以看到默认情况下在谱分析中将使用 $n' = 480$。

例 7.4　SOI 和新鱼数量序列的周期图

图 7.1 给出了每个序列的周期图，其中频率轴的单位是年。前面提到过，中心化的数据被填充到了长度为 480 的序列中。我们注意到，在 $\omega = 1$ 处有一个狭窄带状的波峰。另外，在 $\omega = 1/4$ 的低频（3~7 年）的较宽区间内，有一个很大的功率，它表示可能的厄尔尼诺效应。这个较宽的区间说明可能的厄尔尼诺循环是不规律的，但是平均而言倾向于 4 年一个循环。生成图 7.1 的代码如下。

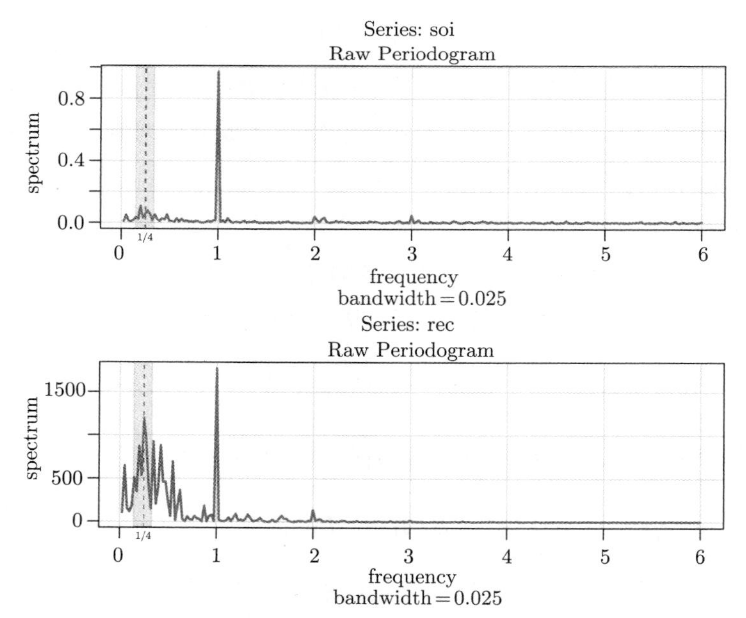

图 7.1　SOI 序列和新鱼数量序列的周期图：频率轴的标度为年。共同的高点在 $\omega = 1$ 循环每年处，一些值接近 $\omega = 1/4$（每 4 年一个循环）。灰色的区域表示周期在 3~7 年之间

```
par(mfrow=c(2,1))
mvspec(soi, col=rgb(.05,.6,.75), lwd=2)
```

```
  rect(1/7, -1e5, 1/3, 1e5, density=NA, col=gray(.5,.2))
  abline(v=1/4, lty=2, col="dodgerblue")
  mtext("1/4", side=1, line=0, at=.25, cex=.75)
mvspec(rec, col=rgb(.05,.6,.75), lwd=2)
  rect(1/7, -1e5, 1/3, 1e5, density=NA, col=gray(.5,.2))
  abline(v=1/4, lty=2, col="dodgerblue")
  mtext("1/4", side=1, line=0, at=.25, cex=.75)
```

我们可以根据 mvspec 对象中的信息构造置信区间，但以对数刻度绘制频谱也会产生普通的置信区间，如图 7.2 所示。请注意，由于每个频率只有 2 个自由度，因此一般置信区间太宽而无用。接下来，我们将解决这个问题。

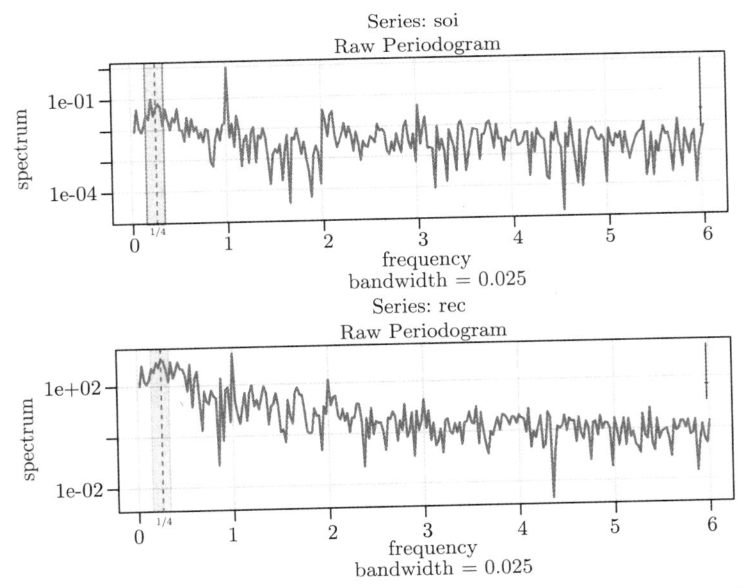

图 7.2 SOI 序列和新鱼数量序列的对数周期图。右上角的竖线表示 95%的置信区间。想象一下，在对数周期图横坐标上你所期望的频率位置放置刻度线，相应位置的垂直线给出普通频谱的置信区间

要以对数刻度显示周期图，请在调用 mvspec() 时添加 log ="yes"（并将矩形 rect() 的参数 ybottom 更改为 1e-5）。 □

周期图作为估计量容易受到较大不确定性的影响。之所以发生这种情况，是因为无论有多少观测值，周期图在每个频率上仅使用两条信息。

7.2 非参数谱估计

周期图困境的解决方案是采用与 3.3 节相同的思想进行平滑。为了理解该问题，我们将在图 7.3 中检查 1024 个独立标准正态样本（正态分布白噪声）的周期图。真实的谱密度是高度为 1 的均匀密度。周期图变化很大，但取平均值会有所帮助。生成图 7.3 的代码如下：

```
u = fft(rnorm(2^10))        # DFT of the data
z = Mod(u/2^5)^2            # periodogram
w = 0:511/1024              # frequencies
tsplot(w, z[1:512], col=rgb(.05,.6,.75), ylab="Periodogram",
          xlab="Frequency")
segments(0,1,.5,1, col=rgb(1,.25,0), lwd=5)          # actual spectrum
fz = filter(z, filter=rep(.01,100), circular=TRUE) # smooth/average
lines(w, fz[1:512], col=rgb(0,.25,1,.7), lwd=3)     # plot the smooth
```

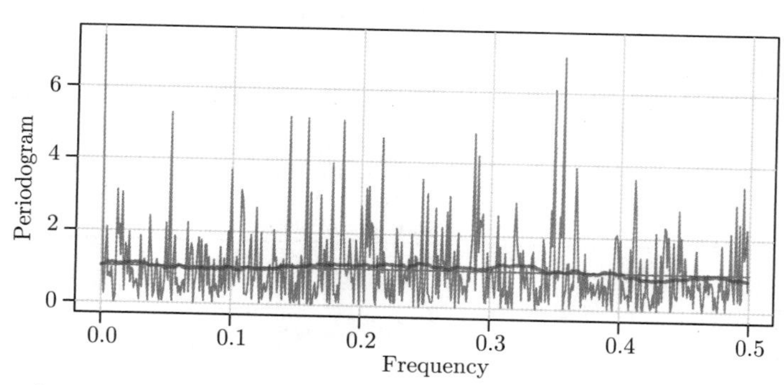

图 7.3 1024 个独立标准正态样本（正态分布白噪声）的周期图。纵坐标为 1 的直线是理论谱密度（均匀密度），而锯齿状的不规则线是 $2 \times 50 + 1 = 101$ 个周期图纵坐标的移动平均值

我们引入了 $L \ll n$ 个连续基频的**频带**（frequency band）的概念，记为 $\mathcal{B}$，它以频率 $\omega_j = j/n$ 为中心，一般选择 ω_j 靠近我们感兴趣的频率 ω。令

$$\mathcal{B} = \{\omega_j + k/n : k = 0, \pm 1, \cdots, \pm m\} \tag{7.13}$$

其中

$$L = 2m + 1 \tag{7.14}$$

是一个奇数，选择该数值使得区间 $\mathcal{B}$ 中的频谱值，

$$f\left(\omega_j+k/n\right), \quad k=-m,\cdots,0,\cdots,m$$

约等于 $f(\omega)$。

我们现在将平均（或平滑）周期图定义为在频带 $\mathcal{B}$ 上的周期图值的平均值，即

$$\bar{f}(\omega)=\frac{1}{L}\sum_{k=-m}^{m} I\left(\omega_j+k/n\right) \tag{7.15}$$

假设谱密度在频带 $\mathcal{B}$ 中相当恒定，考虑到式 (7.7)，我们可以证明，对于较大的 n，有

$$\frac{2L\bar{f}(\omega)}{f(\omega)}\dot{\sim}\chi_{2L}^2 \tag{7.16}$$

现在我们有

$$E[\bar{f}(\omega)]\approx f(\omega) \quad \text{和} \quad \operatorname{var}[\bar{f}(\omega)]\approx f^2(\omega)/L \tag{7.17}$$

可以将其与 (7.10)进行比较。在这种情况下，如果随着 $n\to\infty$ 令 $L\to\infty$，则有 $\operatorname{var}[\bar{f}(\omega)]\to 0$，当然 L 的增长必须比 n 慢得多。

当我们通过简单平均来平滑周期图，式 (7.13)定义的频率区间的宽度

$$B=\frac{L}{n} \tag{7.18}$$

称为带宽（bandwidth）。

可以重新排列式 (7.16)的结果以获得真实谱 $f(\omega)$ 的近似 $100(1-\alpha)\%$ 置信区间，如下式所示：

$$\frac{2L\bar{f}(\omega)}{\chi_{2L}^2(1-\alpha/2)}\leqslant f(\omega)\leqslant\frac{2L\bar{f}(\omega)}{\chi_{2L}^2(\alpha/2)} \tag{7.19}$$

如前所述，通过绘制频谱的对数变换（在这里，对数变换能使方差稳定）而不是频谱本身，可以提高谱密度图的视觉效应。当频谱区域存在我们感兴趣的目标峰远小于一些主要功率分量的峰值时，就会出现这种现象。对于对数频谱，我们获得以下形式的区间：

$$\left[\log\bar{f}(\omega)+\log 2L-\log\chi_{2L}^2(1-\alpha/2), \log\bar{f}(\omega)+\log 2L-\log\chi_{2L}^2(\alpha/2)\right] \tag{7.20}$$

如果在计算频谱估计量之前先填充数据，我们需要调整自由度，因为你没有通过填充零而获得更多信息。一个较好的自由度近似值是采用 $2Ln/n'$ 代替 $2L$。因此，我们定义调整后的自由度为

$$\mathrm{df}=\frac{2Ln}{n'} \tag{7.21}$$

并在置信区间（式 (7.19)和式 (7.20)）中使用它代替 $2L$。例如，式 (7.19)变为

$$\frac{\mathrm{df}\bar{f}(\omega)}{\chi^2_{\mathrm{df}}(1-\alpha/2)} \leqslant f(\omega) \leqslant \frac{\mathrm{df}\bar{f}(\omega)}{\chi^2_{\mathrm{df}}(\alpha/2)} \tag{7.22}$$

在继续之前，我们考虑计算 SOI 和新鱼数量序列的平均周期图，如图 7.4 所示。

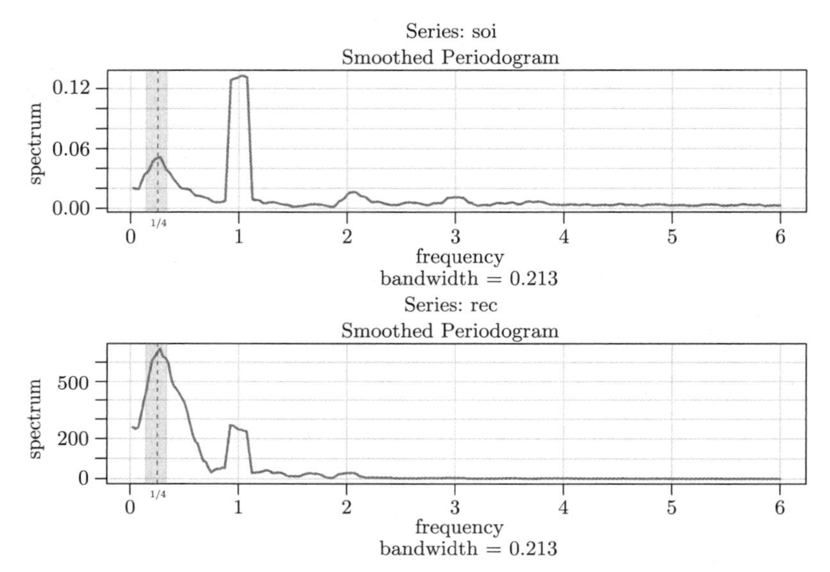

图 7.4 SOI 和新鱼数量序列的平均周期图，$n = 453$，$n' = 480$，$L = 9$，df=17，显示四年期的共同峰值，$\omega = 1/4$；一年期内，$\omega = 1$，以及一些谐波 $\omega = k$，$k = 2, 3$。灰色区域表示周期在 3～7 年之间

例 7.5 SOI 和新鱼数量序列的平均周期图

通常，如周期图所示，尝试几个似乎与频谱的一般整体形状兼容的带宽是个好主意。先前在图 7.1 中计算的 SOI 和新鱼数量序列周期图表明，较低的厄尔尼诺频率的功率需要平滑以确定主导的整体周期。尝试不同的 L 值，发现应选择 $L = 9$ 作为合理的值，结果显示在图 7.4 中。

图 7.4 中所示的平滑频谱在图 7.1 所示的噪声版本和更平滑的频谱之间提供了合理的折中，这可能会丢失一些峰值。在年度循环（$\omega = 1$）时可以注意到不希望出现的平均效应，其中出现在图 7.1 的周期图中的窄带峰值已经变平并扩散到附近的频率。我们还注意到并且已经标记了年循环的谐波（harmonic）的出现，即形如 $\omega = k$ 的频率，$k = 2, 3$。谐波通常在存在周期性非正弦分量时发生，见例 7.6。

图 7.4 可以使用以下命令在 R 中生成。要计算平均周期图，我们在调用 mvspec 函数时指定 $L = 2m + 1$（在此例中 $L = 9$ 且 $m = 4$）。我们注意到默认情况下，如例 3.16 所述，在平滑器的末端使用了一半权重。这意味着式 (7.18)~ 式(7.22)会有少量变化，但是这不值得重新编码所有内容以获得精确结果，因为我们将转向其他平滑器。

```
par(mfrow=c(2,1))
soi_ave = mvspec(soi, spans=9, col=rgb(.05,.6,.75), lwd=2)
 rect(1/7, -1e5, 1/3, 1e5, density=NA, col=gray(.5,.2))
 abline(v=.25, lty=2, col="dodgerblue")
 mtext("1/4", side=1, line=0, at=.25, cex=.75)
rec_ave = mvspec(rec, spans=9, col=rgb(.05,.6,.75), lwd=2)
 rect(1/7, -1e5, 1/3, 1e5, density=NA, col=gray(.5,.2))
 abline(v=.25, lty=2, col="dodgerblue")
 mtext("1/4", side=1, line=0, at=.25, cex=.75)
```

对于被识别为具有最大功率的两个频带，我们可以查看 95% 置信区间，并查看区间下限是否远大于相邻的基准频谱水平。回想一下，在对数刻度上绘制频谱估计值时会显示出置信区间（和以前一样，在上面的代码中添加 `log="yes"`，并将矩形的下端更改为 `1e-5`）。例如，在图 7.5 中，如果频谱函数是平滑的而没有峰值，则 4 年的厄尔尼诺现象的峰值具有下限，该下限超过了频谱的所有值。 □

例 7.6 谐波

在前面的例子中，我们看到年度信号的频谱在谐波处显示出微小的峰值，也就是说，信号谱在 $\omega = 1$ 时有一个大峰值，而在谐波 $\omega = k$（$k = 2, 3, \cdots$）时有小峰值。因为大多数信号不是完美的正弦曲线（或完全循环），所以上面这种情况是常见的。在这种情况下，需要谐波来捕获信号的非正弦行为。作为一个例子，考虑图 7.6 中所示的锯齿波信号，该信号每 20 点产生一个循环。请注意，该序列是纯信号（未添加噪声），但在外观上是非正弦的，并且快速上升然后缓慢下降。锯齿波信号的周期图也显示在图 7.6 中，并显示了在主周期谐波处处于下降水平的峰值。生成图 7.6 的代码如下：

```
y = ts(rev(1:100 %% 20), freq=20)   # sawtooth signal
par(mfrow=2:1)
tsplot(1:100, y, ylab="sawtooth signal", col=4)
mvspec(y, main="", ylab="periodogram", col=rgb(.05,.6,.75),
         xlim=c(0,7))
```

□

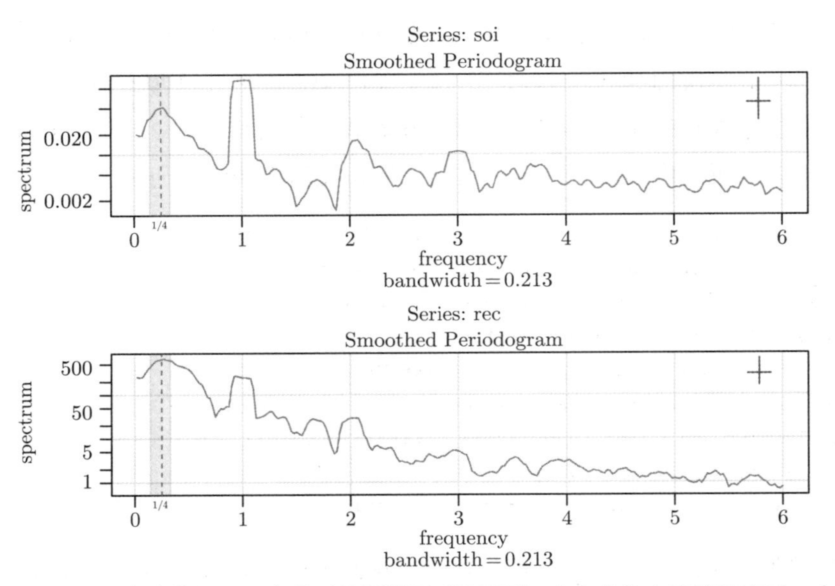

图 7.5　以对数尺度变换图 7.4 中的平均周期图后的图形。右上角的十字符号表示一个普通的 95% 置信区间，其中水平线段代表带宽

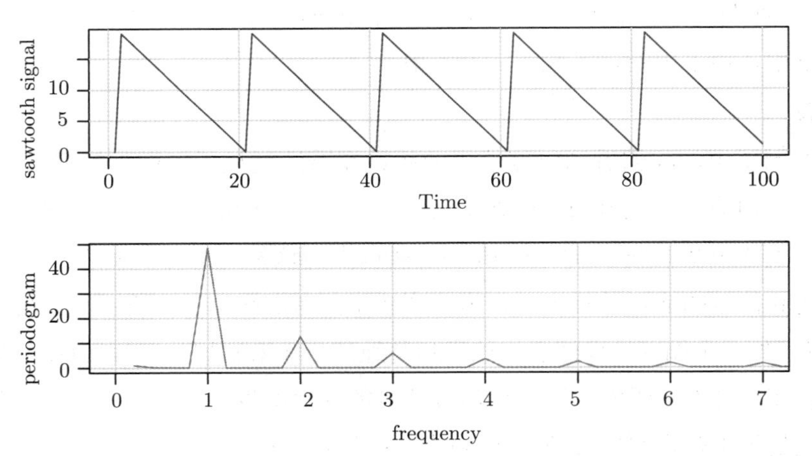

图 7.6　谐波：纯锯齿波信号，每 20 个点产生一个循环，相应的周期图显示信号频率及其谐波处的峰值。频率刻度为每 20 点显示一次

例 7.5 指出有必要采用一些相对系统的程序来决定峰值是否显著。通常，决定单个峰是否显著的问题取决于建立我们的经验谱基线水平，即没有频谱峰存在时我们所期望看到的频谱形状。通常可以通过查看包含峰的频谱的整体形状来猜测谱基线的轮廓。通常，有

一种基线水平会很明显，其中峰值会看起来像从这个基线水平升起来。如果频谱值的置信下限仍然大于某个预定显著性水平的基线水平，我们可以认为该频率值处有统计上显著的峰值。为了与置信上限一致，我们可能使用单侧置信区间。

当我们决定带宽 B 时，必须格外小心，频谱应基本保持不变。当在频带上不满足方差为常数的假设时，采用过宽的频带将趋于平滑数据中的有效峰值。采用太窄的频带将导致置信区间过宽，以至于峰值不再具有统计显著性。因此，我们注意到波动性或带宽稳定性（bandwidth stability）和分辨率（resolution）之间存在冲突，前者可以通过增加 B 来改善，而后者分辨率可以通过减少 B 来改善。通常的方法是尝试许多不同的带宽，并且定性地观察每种情况下的谱估计量。

为了解决分辨率问题，显然，图 7.4 和图 7.5 中的峰值变平是由于在计算式 (7.15)中定义的 $\bar{f}(\omega)$ 时使用了简单平均。没有特别的理由使用简单平均，我们可以通过如下方式采用加权平均来改进估计量，即

$$\widehat{f}(\omega)=\sum_{k=-m}^{m} h_k I\left(\omega_j+k/n\right) \tag{7.23}$$

使用与式 (7.15)中相同的定义，但权重 $h_k>0$ 满足

$$\sum_{k=-m}^{m} h_k=1$$

特别是，如果我们使用随着与中心权重 h_0 的距离增加而减小的权重，那么估计量的分辨率提高是合理的。我们很快就会回到这个想法。为了获得平均周期图 $\bar{f}(\omega)$，在式 (7.23)中，对于所有 k，设 $h_k=1/L$，其中 $L=2m+1$。我们定义

$$L_h=\left(\sum_{k=-m}^{m} h_k^2\right)^{-1} \tag{7.24}$$

注意，如果 $h_k=1/L$（如简单平均），则 $L_h=L$。式 (7.23)的分布特性现在更难分析，因为 $\hat{f}(\omega)$ 是近似独立的 χ^2 随机变量的加权线性组合。在式 (7.16)中用 L_h 代替 L 似乎可行（在温和条件下）。即

$$\frac{2L_h\widehat{f}(\omega)}{f(\omega)}\dot{\sim}\chi^2_{2L_h} \tag{7.25}$$

与式 (7.18)类似，我们将在这种情况下定义带宽：

$$B=\frac{L_h}{n} \tag{7.26}$$

类似于式 (7.17)，对于较大的 n，有

$$E[\widehat{f}(\omega)] \approx f(\omega) \quad 和 \quad \text{var}[\widehat{f}(\omega)] \approx f^2(\omega)/L_h \tag{7.27}$$

使用近似式 (7.25)，我们得到如下形式的真实频谱 $f(\omega)$ 的近似 $100(1-\alpha)\%$ 置信区间

$$\frac{2L_h\widehat{f}(\omega)}{\chi^2_{2L_h}(1-\alpha/2)} \leqslant f(\omega) \leqslant \frac{2L_h\widehat{f}(\omega)}{\chi^2_{2L_h}(\alpha/2)} \tag{7.28}$$

如果把数据填充到 n'，则将式 (7.28)中的 $2L_h$ 替换为式 (7.21)中的 $\text{df} = 2L_h n/n'$。

默认情况下，用于估计频谱的 R 脚本通过修改后的 Daniell 核使周期图平滑，该核使用平均权重但在端点处权重为一半。例如，当 $m=1$（且 $L=3$）时，Daniell 核的权重为 $\{h_k\} = \left\{\frac{1}{4}, \frac{2}{4}, \frac{1}{4}\right\}$，并将此核应用于数值序列 $\{u_t\}$，得到

$$\widehat{u}_t = \frac{1}{4}u_{t-1} + \frac{1}{2}u_t + \frac{1}{4}u_{t+1}$$

再次对 $\widehat{u}_t$ 使用相同的核，

$$\widehat{\widehat{u}}_t = \frac{1}{4}\widehat{u}_{t-1} + \frac{1}{2}\widehat{u}_t + \frac{1}{4}\widehat{u}_{t+1}$$

简化为

$$\widehat{\widehat{u}}_t = \frac{1}{16}u_{t-2} + \frac{4}{16}u_{t-1} + \frac{6}{16}u_t + \frac{4}{16}u_{t+1} + \frac{1}{16}u_{t+2}$$

这些系数可以在 R 中通过 `kernel` 命令获得。

例 7.7　SOI 和新鱼数量序列的平滑周期图

在本例中，我们使用式 (7.23)中的平滑周期图估计来估计 SOI 和新鱼数量序列的频谱。我们使用了两次修改后的 Daniell 核，每次都取 $m=3$。得到 $L_h = 1/\sum h_k^2 = 9.232$，其接近于例 7.5 中使用的 $L=9$。在这种情况下，修正的自由度是 $\text{df} = 2L_h 454/480 = 17.43$。可以在 R 中获得权重 h_k 并绘制（见图 7.7（右侧的图添加了核的另一个应用）），如下所示。

```
(dm = kernel("modified.daniell", c(3,3)))           # for a list
par(mfrow=1:2)
plot(dm, ylab=expression(h[~k]), panel.first=Grid()) # for a plot
plot(kernel("modified.daniell", c(3,3,3)), ylab=expression(h[~k]),
          panel.first=Grid(nxm=5))
```

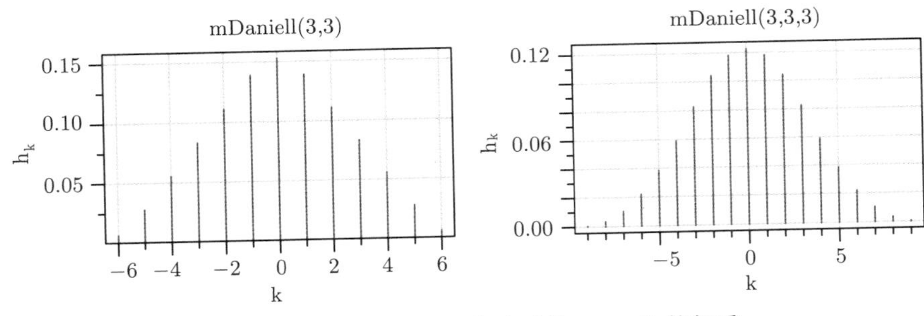

图 7.7　例 7.7 中使用的修改后的 Daniell 核权重

可以在图 7.8 中查看频谱估计，并且我们注意到这些估计比图 7.4 更具吸引力。请注意，在下面的代码中，参数 spans 是一个长度为奇数整数的向量，以 $L = 2m + 1$（核的宽度）表示。调整显示带宽（0.231）的原因是，绘图的频率比例是按照每年的周期而不是每月的周期（数据的原始单位）表示的。以月为单位的带宽为 $B = 9.232/480 = 0.019$，将月度周期显示的值转换为年，即 $9.232/480\frac{\text{循环}}{\text{月}} \times 12\frac{\text{月}}{\text{年}} = 0.2308\frac{\text{循环}}{\text{年}}$。

```
par(mfrow=c(2,1))
sois = mvspec(soi, spans=c(7,7), taper=.1, col=rgb(.05,.6,.75), lwd=2)
  rect(1/7, -1e5, 1/3, 1e5, density=NA, col=gray(.5,.2))
  abline(v=.25, lty=2, col="dodgerblue")
  mtext("1/4", side=1, line=0, at=.25, cex=.75)
recs = mvspec(rec, spans=c(7,7), taper=.1, col=rgb(.05,.6,.75), lwd=2)
  rect(1/7, -1e5, 1/3, 1e5, density=NA, col=gray(.5,.2))
  abline(v=.25, lty=2, col="dodgerblue")
  mtext("1/4", side=1, line=0, at=.25, cex=.75)
sois$Lh
 [1] 9.232413
sois$bandwidth
 [1] 0.2308103
```

与之前一样，重新使用 mvspec 命令并设置 log="yes" 将得到类似于图 7.5 的图形（并且不要忘记将矩形的下限值更改为 1e-5）。查找谱峰位置的一种简单方法是在峰位置附近打印一些值。在此示例中，我们知道峰值在起点附近，因此我们看一下：

```
sois$details[1:45,]
      frequency  period spectrum
```

```
 [1,]    0.025 40.0000   0.0236
 [2,]    0.050 20.0000   0.0249
 [3,]    0.075 13.3333   0.0260
 [6,]    0.150  6.6667   0.0372 ~ 7 year period
 [7,]    0.175  5.7143   0.0421
 [8,]    0.200  5.0000   0.0461
 [9,]    0.225  4.4444   0.0489
[10,]    0.250  4.0000   0.0502 <- 4 year period
[11,]    0.275  3.6364   0.0490
[12,]    0.300  3.3333   0.0451
[13,]    0.325  3.0769   0.0403 ~ 3 year period

[38,]    0.950  1.0526   0.1253
[39,]    0.975  1.0256   0.1537
[40,]    1.000  1.0000   0.1675 <- 1 year period
[41,]    1.025  0.9756   0.1538
[42,]    1.050  0.9524   0.1259
```

最后，请注意，图 7.8 是使用锥化（taper）生成的，我们接下来将讨论这一问题。□

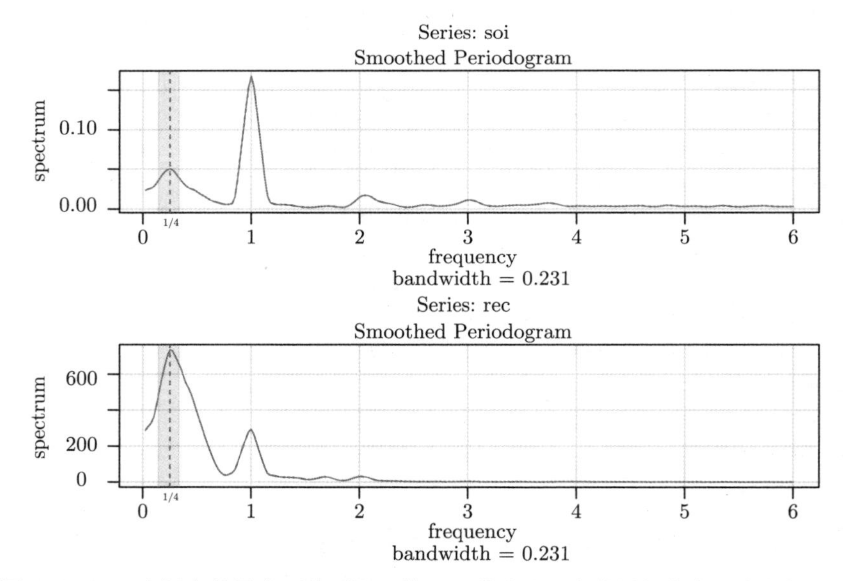

图 7.8　SOI 和新鱼数量序列的平滑（锥形）谱估计，有关详细信息，参见例 7.7

锥化

我们现在准备介绍锥化的概念；可以在 Bloomfield（2004）的文献中找到更详细的

讨论，包括如何使用锥化稍微降低自由度。假设 x_t 是一个零均值平稳过程，其谱密度为 $f_x(\omega)$。对于 $t=1,2,\cdots,b$，如果我们将原来的序列替换为锥化的序列

$$y_t = u_t x_t \tag{7.29}$$

使用修正的 DFT

$$d_y(\omega_j) = n^{-1/2}\sum_{t=1}^{n} u_t x_t \mathrm{e}^{-2\pi\mathrm{i}\omega_j t} \tag{7.30}$$

并且令 $I_y(\omega_j) = |d_y(\omega_j)|^2$，我们将得到

$$E[I_y(\omega_j)] = \int_{-1/2}^{1/2} W_n(\omega_j - \omega) f_x(\omega)\mathrm{d}\omega \tag{7.31}$$

$W_n(\omega)$ 称为**谱窗口**，考虑到式 (7.31)，它用于确定在平均水平上由估计量 $I_y(\omega_j)$“看到”谱密度 $f_x(\omega)$ 的哪一部分。对于所有 t，在 $u_t=1$ 的情况下，$I_y(\omega_j)=I_x(\omega_j)$ 只是数据的周期图，窗口是

$$W_n(\omega) = \frac{\sin^2(n\pi\omega)}{n\sin^2(\pi\omega)} \tag{7.32}$$

其中 $W_n(0)=n$。

锥化通常具有增强数据中心而不是数据极端值的形状，例如如下形式的余弦钟（cosine bell）

$$u_t = 0.5\left[1+\cos\left(\frac{2\pi(t-\bar{t}\,)}{n}\right)\right] \tag{7.33}$$

其中 $\bar{t}=(n+1)/2$，由 Blackman 和 Tukey（1959）提出。在图 7.9 中，使用式 (7.15)中的估计量 $\bar{f}$（$L=9$），我们绘制了两个窗口 $W_n(\omega)$ 的形状，其中 $n=480$。

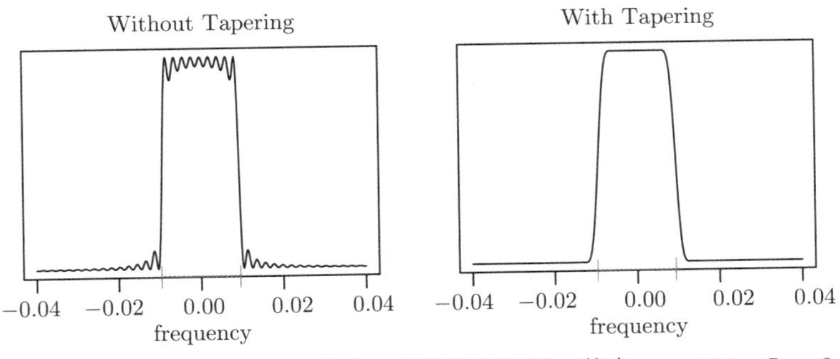

图 7.9 例 7.5 中未锥化和锥化的频谱窗口的平均周期图，其中 $n=480$，$L=9$。对于此示例，横轴上的标记显示了带宽

图 7.9 的左侧显示了未锥化（$u_t = 1$）的情况，右侧显示了 u_t 是式 (7.33)中的余弦锥化的情况。在两种情况下，带宽应为 $B = 9/480 = 0.01875$ 周期每点，这对应于图 7.9 中所示窗口的“宽度”。两个窗口都在这个频段上产生了一个整合的平均频谱，但左侧的未锥化窗口在频段内和频段外显示出相当大的波纹。频带外的波纹称为旁瓣（sidelobe），并且倾向于从区间外引入频率，这可能污染频带内的期望频谱估计。这种效应有时称为泄漏（leakage）。图 7.9 强调了使用余弦锥化时对旁瓣的抑制。生成图 7.9 的代码如下所示：

```
w = seq(-.04,.04,.0001); n=480; u=0
for (i in -4:4){ k = i/n
   u = u + sin(n*pi*(w+k))^2 / sin(pi*(w+k))^2
}
fk = u/(9*480)
u=0; wp = w+1/n; wm = w-1/n
for (i in -4:4){
 k = i/n; wk = w+k; wpk = wp+k; wmk = wm+k
 z = complex(real=0, imag=2*pi*wk)
 zp = complex(real=0, imag=2*pi*wpk)
 zm = complex(real=0, imag=2*pi*wmk)
 d = exp(z)*(1-exp(z*n))/(1-exp(z))
 dp = exp(zp)*(1-exp(zp*n))/(1-exp(zp))
 dm = exp(zm)*(1-exp(zm*n))/(1-exp(zm))
 D = .5*d - .25*dm*exp(pi*w/n)-.25*dp*exp(-pi*w/n)
 D2 = abs(D)^2
 u = u + D2
}
sfk = u/(480*9)
par(mfrow=c(1,2))
plot(w, fk, type="l", ylab="", xlab="frequency", main="Without
           Tapering", yaxt="n")
 mtext(expression("|"), side=1, line=-.20, at=c(-0.009375, .009375),
           cex=1.5, col=2)
 segments(-4.5/480, -2, 4.5/480, -2 , lty=1, lwd=3, col=2)
plot(w, sfk, type="l", ylab="",xlab="frequency", main="With Tapering",
           yaxt="n")
 mtext(expression("|"), side=1, line=-.20, at=c(-0.009375, .009375),
           cex=1.5, col=2)
 segments(-4.5/480, -.78, 4.5/480, -.78, lty=1, lwd=3, col=2)
```

例 7.8　锥化 SOI 序列的效果

在这个例子中，我们研究了锥化对 SOI 序列频谱估计的影响。对新鱼数量序列进行锥化的结果是相似的。图 7.10 显示了以对数标度绘制的三个谱估计值。这里平滑的程度与例 7.7 中的相同。三个谱估计分别是没有锥化、每边锥化 20%（即只有前 20% 和后 20% 的数据被锥化）和完全锥化 50%。请注意，锥化谱在分离年循环（$\omega = 1$）和厄尔尼诺循环（$\omega = 1/4$）方面做得更好。

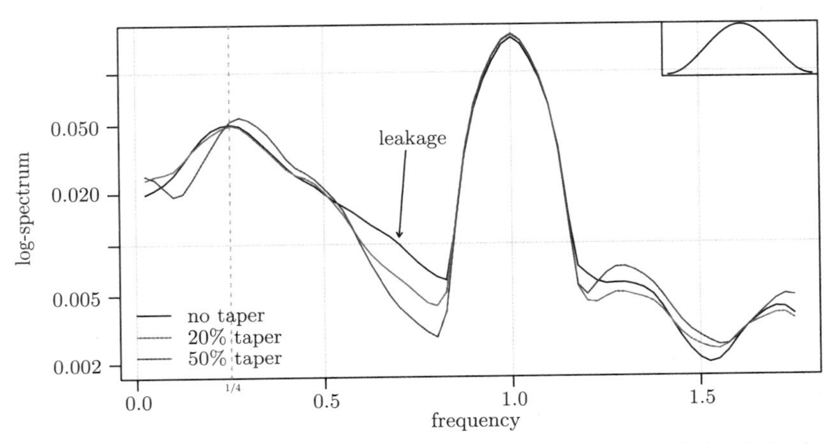

图 7.10 没有锥化、每边锥化 20% 和完全锥化 50% 的 SOI 的平滑谱估计，参见例 7.8。图中显示了一个式 (7.33)中的全余弦钟形锥化，水平轴为 $(t-\bar{t})/n$，$t=1,\cdots,n$

以下 R 代码用于生成图 7.10。我们注意到，默认情况下，`mvspec` 不会进行锥化。对于完全锥化，我们使用参数 `taper=.5`，使 `mvspec` 锥化数据末尾的 50%（0~0.5 之间的任何值都是可以接受的）。

```
par(mar=c(2.5,2.5,1,1), mgp=c(1.5,.6,0))
s0 = mvspec(soi, spans=c(7,7), plot=FALSE)              # no taper
s20 = mvspec(soi, spans=c(7,7), taper=.2, plot=FALSE)  # 20% taper
s50 = mvspec(soi, spans=c(7,7), taper=.5, plot=FALSE)  # full taper
plot(s0$freq[1:70], s0$spec[1:70], log="y", type="l",
          ylab="log-spectrum", xlab="frequency", panel.first=Grid())
lines(s20$freq[1:70], s20$spec[1:70], col=2)
lines(s50$freq[1:70], s50$spec[1:70], col=4)
text(.72, 0.04, "leakage", cex=.8)
arrows(.72, .035, .70, .011, length=0.05,angle=30)
abline(v=.25, lty=2, col=8)
mtext("1/4",side=1, line=0, at=.25, cex=.9)
legend("bottomleft", legend=c("no taper", "20% taper", "50% taper"),
         lty=1, col=c(1,2,4), bty="n")
```

```
par(fig = c(.7, 1, .7, 1), new = TRUE)
taper <- function(x) { .5*(1+cos(2*pi*x)) }
 x <- seq(from = -.5, to = .5, by = 0.001)
plot(x, taper(x), type="l", lty=1, yaxt="n", xaxt="n", ann=FALSE)
```

□

7.3 参数谱估计

由于没有关于谱密度的参数形式的假设，7.2 节的方法通常称为非参数频谱估计量。在性质 6.8 中，我们展示了 ARMA 过程的频谱，我们可能会考虑在此函数上建立一个频谱估计量，将拟合数据的 ARMA(p,q) 的参数估计值替换为式 (6.16) 中给出的谱密度 $f_x(\omega)$。这种估计量称为*参数谱估计量*。

为方便起见，通过将 AR(p) 拟合到数据来获得参数谱估计量，其中阶数由一个模型选择标准确定，例如式 (3.11)~ 式 (3.13) 中定义的 AIC、AICc 和 BIC。Parzen（1983）总结了自回归谱估计的发展。

如果 $\widehat{\phi}_1,\widehat{\phi}_2,\cdots,\widehat{\phi}_p$ 和 $\widehat{\sigma}_w^2$ 是用 AR(p) 模型来拟合 x_t 而得到的参数估计值，则基于性质 6.8，通过将这些估计值代入式 (6.16) 来获得 $f_x(\omega)$ 的参数谱估计，即

$$\widehat{f}_x(\omega)=\frac{\widehat{\sigma}_w^2}{\left|\widehat{\phi}\left(\mathrm{e}^{-2\pi\mathrm{i}\omega}\right)\right|^2} \tag{7.34}$$

其中

$$\widehat{\phi}(z)=1-\widehat{\phi}_1 z-\widehat{\phi}_2 z^2-\cdots-\widehat{\phi}_p z^p \tag{7.35}$$

然而，在这种情况下很难获得频谱的置信区间。大多数技术依赖于不切实际的假设。

关于形如式 (6.16) 的频谱的一个有趣的事实是，任何谱密度可以通过 AR 过程的频谱（任意地）近似。

性质 7.9 （AR 谱近似） *设 $g_x(\omega)$ 是平稳过程 x_t 的谱密度。给定 $\varepsilon>0$，存在形如*

$$x_t=\sum_{k=1}^{p}\phi_k x_{t-k}+w_t$$

的 AR(p) 和相应的谱密度 $f_x(\omega)$，使得

$$|f_x(\omega)-g_x(\omega)|<\varepsilon\quad\forall\omega\in[-1/2,1/2]$$

该性质的一个缺点是它没有告诉我们在近似合理之前 p 必须有多大。在某些情况下，p 可能非常大。性质 7.9 也适用于 MA 和 ARMA 过程。我们在以下示例中演示了该技术。

例 7.10 SOI 的自回归谱估计量

考虑为 SOI 序列获得与图 7.4 所示的非参数估计量相当的结果。对于 $p = 1, 2, \cdots, 30$，连续拟合高阶 AR(p) 模型，在 $p = 15$ 时产生最小 BIC 和最小 AIC，如图 7.11 所示。从图 7.11 可以看出，BIC 对于选择哪种模型非常明确；也就是说，最小 BIC 非常明显。另一方面，目前尚不清楚 AIC 将会发生什么；也就是说，最小值并不是那么清楚，并且有一些担心 AIC 将在 $p = 30$ 之后开始下降。最小 AICc 选择 $p = 15$ 的模型，但具有与 AIC 相同的不确定性。频谱如图 7.12 所示，我们注意到四年和一年循环附近的强峰，与 7.2 节中得到的非参数估计一致。此外，年度循环的谐波在估计的频谱中很明显。

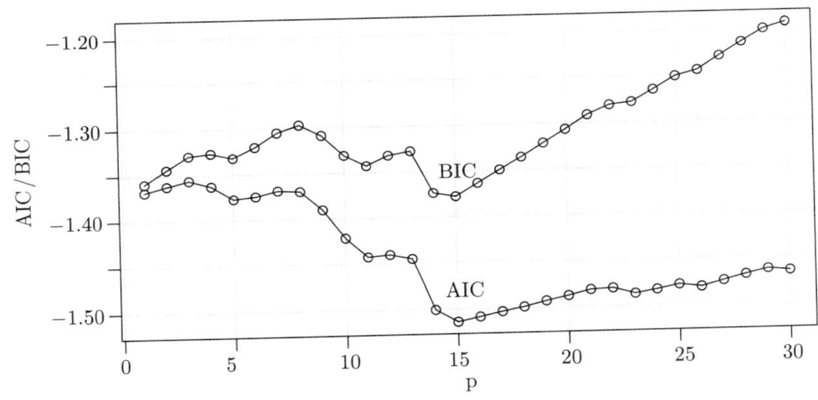

图 7.11 模型使用标准 AIC 和 BIC 选择拟合 SOI 序列的自回归模型阶数 p

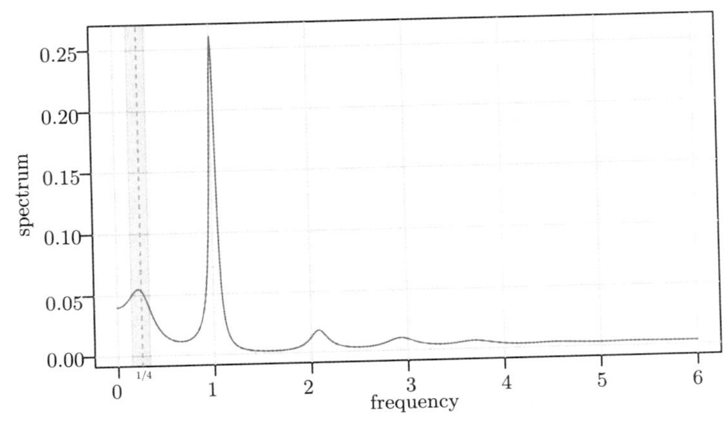

图 7.12 使用由 AIC、AICc 和 BIC 选择的 AR(15) 模型的 SOI 序列的自回归谱估计量

要在 R 中执行类似的分析，可以使用命令 `spec.ar` 通过 AIC 拟合最佳模型并绘制得到的谱。获取 AIC 值的快速方法是运行 `ar` 命令，如下所示。

```
spaic = spec.ar(soi, log="no", col="cyan4")  # min AIC spec
abline(v=frequency(soi)*1/48, lty="dotted")  # El Niño Cycle
(soi.ar = ar(soi, order.max=30))             # estimates and AICs
plot(1:30, soi.ar$aic[-1], type="o")         # plot AICs
```

在此处 R 仅使用了 AIC。为了生成图 7.11，我们使用以下代码获得 AIC 和 BIC。我们在 BIC 中加了 1，以减少绘图中的空白。

```
n = length(soi)
c() -> AIC -> BIC
for (k in 1:30){
 sigma2 = ar(soi, order=k, aic=FALSE)$var.pred
 BIC[k] = log(sigma2) + k*log(n)/n
 AIC[k] = log(sigma2) + (n+2*k)/n
}
IC = cbind(AIC, BIC+1)
ts.plot(IC, type="o", xlab="p", ylab="AIC / BIC")
Grid()
```

□

7.4 相干性和交叉谱 *

频谱分析扩展到多个序列，就像相关分析扩展到交叉相关分析一样。例如，如果 x_t 和 y_t 是联合平稳序列，则可以按如下方式引入一种基于频率的度量，称为**相干性**（coherence）。

自协方差函数

$$\gamma_{xy}(h) = E\left[(x_{t+h} - \mu_x)(y_t - \mu_y)\right]$$

具有如下谱形式：

$$\gamma_{xy}(h) = \int_{-1/2}^{1/2} f_{xy}(\omega)\mathrm{e}^{2\pi\mathrm{i}\omega h}\mathrm{d}\omega \quad h = 0, \pm 1, \pm 2, \cdots \tag{7.36}$$

其中**交叉谱**（cross-spectrum）被定义为傅里叶变换，

$$f_{xy}(\omega) = \sum_{h=-\infty}^{\infty} \gamma_{xy}(h)\mathrm{e}^{-2\pi\mathrm{i}\omega h} \quad -1/2 \leqslant \omega \leqslant 1/2 \tag{7.37}$$

它假设交叉协方差函数是绝对可求加的，就像自协方差的情况一样。由于互协方差不一定是对称的，所以交叉谱通常是一个复值函数，通常写为

$$f_{xy}(\omega) = c_{xy}(\omega) - \mathrm{i}q_{xy}(\omega) \tag{7.38}$$

其中

$$c_{xy}(\omega) = \sum_{h=-\infty}^{\infty} \gamma_{xy}(h)\cos(2\pi\omega h) \tag{7.39}$$

和

$$q_{xy}(\omega) = \sum_{h=-\infty}^{\infty} \gamma_{xy}(h)\sin(2\pi\omega h) \tag{7.40}$$

分别定义为 cospectrum 和 quadspectrum。由于 $\gamma_{yx}(h) = \gamma_{xy}(-h)$，通过代入式 (7.37)并重新排列，得到

$$f_{yx}(\omega) = \overline{f_{xy}(\omega)} \tag{7.41}$$

反之，这个结果意味着 cospectrum 和 quadspectrum 满足

$$c_{yx}(\omega) = c_{xy}(\omega) \tag{7.42}$$

和

$$q_{yx}(\omega) = -q_{xy}(\omega) \tag{7.43}$$

应用交叉谱的一个重要例子是通过线性滤波器关系预测来自某些输入序列 x_t 的输出序列 y_t。衡量这种关系的强度的方法是相干函数（coherence function），定义为

$$\rho_{y\cdot x}^2(\omega) = \frac{|f_{yx}(\omega)|^2}{f_{xx}(\omega)f_{yy}(\omega)} \tag{7.44}$$

其中 $f_{xx}(\omega)$ 和 $f_{yy}(\omega)$ 分别是 x_t 和 y_t 序列的谱。注意式 (7.44)类似于传统平方相关，对于方差为 σ_x^2 和 σ_y^2 以及协方差 $\sigma_{yx} = \sigma_{xy}$ 的随机变量，定义为如下形式：

$$\rho_{yx}^2 = \frac{\sigma_{yx}^2}{\sigma_x^2\sigma_y^2}$$

这样就启示了相干性的解释，类似于频率 ω 处两个时间序列之间的平方相关性。

例 7.11　三点移动平均

作为一个简单的例子，我们计算 x_t 和三点移动平均 $y_t = (x_{t-1} + x_t + x_{t+1})/3$ 之间的交叉谱，其中，x_t 是一个平稳过程，谱密度为 $f_{xx}(\omega)$。首先，

$$
\begin{aligned}
\gamma_{xy}(h) &= \operatorname{cov}(x_{t+h}, y_t) = \frac{1}{3}\operatorname{cov}(x_{t+h}, x_{t-1} + x_t + x_{t+1}) \\
&= \frac{1}{3}(\gamma_{xx}(h+1) + \gamma_{xx}(h) + \gamma_{xx}(h-1)) \\
&= \frac{1}{3}\int_{-1/2}^{1/2}\left(\mathrm{e}^{2\pi\mathrm{i}\omega} + 1 + \mathrm{e}^{-2\pi\mathrm{i}\omega}\right)\mathrm{e}^{2\pi\mathrm{i}\omega h} f_{xx}(\omega)\mathrm{d}\omega \\
&= \frac{1}{3}\int_{-1/2}^{1/2}[1 + 2\cos(2\pi\omega)] f_{xx}(\omega)\mathrm{e}^{2\pi\mathrm{i}\omega h}\mathrm{d}\omega
\end{aligned}
$$

其中我们使用了式 (6.15)。利用傅里叶变换的唯一性，并根据式 (7.36)，我们可以得出：

$$
f_{xy}(\omega) = \frac{1}{3}[1 + 2\cos(2\pi\omega)] f_{xx}(\omega)
$$

在这种情况下，交叉谱是实数。使用例 6.9，y_t 的谱密度为

$$
\begin{aligned}
f_{yy}(\omega) &= \frac{1}{9}[3 + 4\cos(2\pi\omega) + 2\cos(4\pi\omega)] f_{xx}(\omega) \\
&= \frac{1}{9}[1 + 2\cos(2\pi\omega)]^2 f_{xx}(\omega)
\end{aligned}
$$

在最后一步中使用了恒等式 $\cos(2\alpha) = 2\cos^2(\alpha) - 1$。代入式 (7.44)得到 x_t 和 y_t 之间的平方相干性在所有频率上都是一致的。这是更一般的线性滤波器继承的特性。但是，如果在三点移动平均上加一些噪声，则相干性不统一，稍后将详细考虑这些模型。 □

对于向量序列 $x_t = (x_{t1}, x_{t2}, \cdots, x_{tp})'$，我们可以使用 DFT 的向量，比如 $(d_1(\omega_j), d_2(\omega_j), \cdots, d_p(\omega_j))'$，并通过下式估计谱矩阵：

$$
\bar{f}(\omega) = L^{-1}\sum_{k=-m}^{m} I(\omega_j + k/n) \tag{7.45}
$$

其中

$$
I(\omega_j) = d(\omega_j)\, d^*(\omega_j) \tag{7.46}
$$

是一个 $p \times p$ 阶复矩阵，$*$ 表示共轭转置。

在将 DFT 引入式 (7.45)之前，该序列可能是锥化的，我们可以使用加权估计，

$$
\widehat{f}(\omega) = \sum_{k=-m}^{m} h_k I(\omega_j + k/n) \tag{7.47}
$$

其中 $\{h_k\}$ 是式 (7.23)中定义的权重。序列 y_t 和 x_t 间的平方相干性的估计是

$$\widehat{\rho}_{y\cdot x}^2(\omega)=\frac{\left|\widehat{f}_{yx}(\omega)\right|^2}{\widehat{f}_{xx}(\omega)\hat{f}_{yy}(\omega)} \tag{7.48}$$

如果使用相等的权重获得式 (7.48)中的谱估计，则我们将平方相关的估计记为 $\bar{\rho}_{y\cdot x}^2(\omega)$。

在一般条件下，如果 $\rho_{y\cdot x}^2(\omega)>0$，那么

$$|\widehat{\rho}_{y\cdot x}(\omega)|\sim AN\left(|\rho_{y\cdot x}(\omega)|,\left(1-\rho_{y\cdot x}^2(\omega)\right)^2/2L_h\right) \tag{7.49}$$

其中 L_h 在式 (7.24)中定义。这个结果的细节可以在 Brockwell 和 Davis（2013，第 11 章）的文献中找到。我们可以使用式 (7.49)来获得相干性 $\rho_{y\cdot x}^2(\omega)$ 的近似置信区间。

如果我们使用 $\bar{\rho}_{y\cdot x}^2(\omega)$ 估计 $L>1$[㊀]，我们也可以检验 $\rho_{y\cdot x}^2(\omega)=0$ 的假设，即

$$\bar{\rho}_{y\cdot x}^2(\omega)=\frac{\left|\bar{f}_{yx}(\omega)\right|^2}{\bar{f}_{xx}(\omega)\bar{f}_{yy}(\omega)} \tag{7.50}$$

在这种情况下，在零假设下，统计量

$$F=\frac{\bar{\rho}_{y\cdot x}^2(\omega)}{\left(1-\bar{\rho}_{y\cdot x}^2(\omega)\right)}(L-1) \tag{7.51}$$

具有自由度为 2 和 $2L-2$ 的近似 F 分布。当序列扩展到长度 n' 时，我们用 df -2 代替 $2L-2$，其中 df 在式 (7.21)中定义。在特定显著性水平 α 下求解式 (7.51)，得到

$$C_\alpha=\frac{F_{2,2L-2}(\alpha)}{L-1+F_{2,2L-2}(\alpha)} \tag{7.52}$$

作为近似临界值，当原始平方相干性大于该临界值时，我们拒绝在给定频率 ω 处 $\rho_{y\cdot x}^2(\omega)=0$ 的假设。

例 7.12 SOI 与新鱼数量序列之间的相干性

图 7.13 显示了 SOI 和新鱼数量序列在比频谱更宽的频带上的相干性。在这种情况下，我们在显著性水平 $\alpha=0.001$ 下使用 $L=19$，df$=2(19)(453/480)\approx36$ 和 $F_{x,\text{df}-2}(0.001)\approx8.53$。因此，对于 $\bar{\rho}_{y\cdot x}^2(\omega)$ 取值大于 $C_{0.001}=0.32$ 的频率，我们可以认为不相干的假设是不成立的。我们强调这种方法很粗糙，因为除了 F 统计量是近似的这一事实外，我们还考

㊀ 如果 $L=1$，那么 $\bar{\rho}_{y\cdot x}^2(\omega)\equiv1$。

虑了 Bonferroni 不等式中所有频率的平方相干性。图 7.13 还将置信带作为 R 绘图的一部分。我们强调这些频带仅对 $\rho^2_{y\cdot x}(\omega) > 0$ 的 ω 有效。

图 7.13 SOI 与新鱼数量序列之间的平方相干性，$L = 19$，$n = 453$，$n' = 480$，$\alpha = 0.001$。水平线为 $C_{0.001}$

在这种情况下，季节性频率和厄尔尼诺现象（周期在 3~7 年之间）有很强的相干性。其他频率也是强相干的，尽管强相干性不那么令人印象深刻，因为这些较高频率下的基础功率谱相当小。最后，我们注意到相干性在季节性谐波频率上是持久的。

可以使用以下 R 命令来实现该示例。

```
sr = mvspec(cbind(soi,rec), kernel("daniell",9), plot=FALSE)
sr$df
 [1] 35.8625
(f = qf(.999, 2, sr$df-2) )
 [1] 8.529792
(C = f/(18+f) )
 [1] 0.3215175
plot(sr, plot.type = "coh", ci.lty = 2, main="SOI & Recruitment")
abline(h = C)
```

□

习题

7.1 图 A.4 显示了 1749 年 6 月至 1978 年 12 月的太阳黑子平均数（12 个月移动平均值），其中 $n = 459$ 点，每年两次。数据包含在 `sunspotz` 中。以例 7.4 为指导，执行识别主要周期的周期图分析，并获得所识别周期的置信区间。解释你的发现。

7.2 已知土壤中的盐浓度水平以及对应的土壤科学的平均温度水平，即 `salt` 和 `saltemp`。绘制序列，然后通过对两个序列进行单独的谱分析来识别主导频率。加入置信区间，并解释你的发现。

7.3 使用非参数谱估算程序分析三文鱼价格数据（`salmon`）。除了在例 3.10 中发现的明显的年度循环外，还揭示了哪些其他有趣的循环？

7.4 使用非参数谱估计程序重做习题 7.1。除了详细讨论你的发现之外，还要讨论你对平滑的和锥化的谱估计的选择。

7.5 使用非参数谱估计程序重做习题 7.2。除了详细讨论你的发现之外，还要讨论你对平滑的和锥化的谱估计的选择。

7.6 通常，通过拟合足够高阶的自回归谱来研究太阳黑子序列的周期性。主要周期通常在 11 年左右。使用你选择的模型选择方法将自回归谱估计量拟合到太阳黑子数据中。将结果与习题 7.4 中的常规非参数谱估计进行比较。

7.7 在此练习中，请使用 `chicken` 中的数据，该数据是整鸡的现货价格。

（a） 绘制数据集并描述你看到的内容。为什么差分处理在这里是有意义的？

（b） 使用非参数频谱估计分析差分后鸡肉价格数据并描述结果。

（c） 使用参数频谱估计程序重复（b），并将结果进行比较。

7.8 对新鱼数量序列拟合自回归谱估计量，并将其与例 7.7 的结果进行比较。

7.9 由回波（echo）引起的时间序列的循环性行为也可以在该时间序列的频谱中观察到。从习题 6.8 中的结果可以看出这一事实。使用该习题的表示符号，假设我们观察到 $x_t = s_t + As_{t-D} + n_t$，这意味着频谱满足 $f_x(\omega) = [1 + A^2 + 2A\cos(2\pi\omega D)]f_s(\omega) + f_n(\omega)$。如果噪声可忽略不计（$f_n(\omega) \approx 0$），则 $\log f_x(\omega)$ 近似等于循环分量之和，即 $\log[1 + A^2 + 2A\cos(2\pi\omega D)]$ 和 $\log f_s(\omega)$。Bogart 等（1962）建议将去趋势的对数频谱视为伪时间序列，并计算其频谱或倒谱（cepstrum），其应在与 $1/D$ 对应的倒频率（quefrency）处显示一个峰值。倒谱可以作为倒频率的函数作图，从中可以估计延迟 D。

对于 `speech` 中呈现的语音序列，请使用倒谱分析估算音调周期，如下所示。

（a） 计算并显示数据的对数周期图。周期图是否如预期那样呈现周期性？

（b） 对去趋势的对数周期图执行倒谱（频谱）分析，并使用结果估计延迟 D。

7.10* 分析习题 7.2 中讨论的温度和盐数据之间的相干性。讨论你的发现。

7.11* 考虑两个过程

$$x_t = w_t \quad 和 \quad y_t = \phi x_{t-D} + v_t$$

其中 w_t 和 v_t 是具有公共方差 σ^2 的白噪声过程，ϕ 是常数，D 是固定的整数延迟。

（a） 计算 x_t 和 y_t 之间的相干性。

（b） 从 x_t 和 y_t 模拟 $n = 1024$ 个正态观测值，其中 $\phi = 0.9$，$\sigma^2 = 1$，$D = 0$。对于以下 L 值，估计并绘制模拟序列之间的相干性，并对结果进行解释：（i）$L = 1$；（ii）$L = 3$；（iii）$L = 41$；（iv）$L = 101$。

7.12* 对于习题 7.11 中的过程：

（a） 计算 x_t 和 y_t 之间的相位。

（b） 从 x_t 和 y_t 模拟 $n = 1024$ 个观测值，其中 $\phi = 0.9$，$\sigma^2 = 1$，$D = 1$。对于以下 L 值，估计并绘制模拟序列之间的相位，并对结果进行解释：（i）$L = 1$；（ii）$L = 3$；（iii）$L = 41$；（iv）$L = 101$。

7.13* 考虑双变量时间序列记录，由美国联邦储备委员会生产指数（`prodn`）衡量的美国每月产出和月度失业率序列（`unemp`），包含在 `astsa` 中。

（a） 计算每个序列的频谱和对数频谱，并确定统计上显著的峰。解释可能产生峰值的原因。计算相干性，并解释在特定频率观察到高相干性时的含义。

（b） 对上述序列依次使用滤波器

$$u_t = x_t - x_{t-1} \quad 和 \quad v_t = u_t - u_{t-12}$$

会有什么影响？绘制简单差分滤波器的预测频率响应和一阶差分的季节性差异。

（c） 将滤波器连续应用于两个序列中的一个并绘制输出。在获得一阶差分后检查输出并讨论平稳性是否是合理的假设。绘制一阶差分后的季节性差异。对于与频率响应预测一致的输出，可以注意到什么？通过计算滤波后的输出频谱进行验证。

7.14* 设 $x_t = \cos(2\pi\omega t)$，并考虑输出序列 $y_t = \sum_{k=-\infty}^{\infty} a_k x_{t-k}$，其中 $\sum_k |a_k| < \infty$。证明 $y_t = |A(\omega)| \cos(2\pi\omega t + \phi(\omega))$，其中 $|A(\omega)|$ 和 $\phi(\omega)$ 分别是滤波器的振幅和相位。根据输入序列 x_t 和输出序列 y_t 之间的关系，对结果进行解释。

第 8 章　其他主题*

在本章中，我们将介绍时域中的一些特殊主题，可以按任意顺序阅读。每个主题都依赖于 ARMA 模型的基本知识、预测和估计，即第 4 章和第 5 章所涵盖的内容。

8.1　GARCH 模型

诸如金融期权定价之类的各种问题促使人们研究时间序列的*波动性*（volatility）或可变性。当条件方差（σ_t^2）恒定时，ARMA 模型用于模拟过程的条件均值（μ_t）。例如，在 AR(1) 模型 $x_t=\phi_0+\phi_1 x_{t-1}+w_t$ 中，我们有

$$
\begin{aligned}
\mu_t &= E\left(x_t \mid x_{t-1}, x_{t-2}, \cdots\right)=\phi_0+\phi_1 x_{t-1} \\
\sigma_t^2 &= \operatorname{var}\left(x_t \mid x_{t-1}, x_{t-2}, \cdots\right)=\operatorname{var}\left(w_t\right)=\sigma_w^2
\end{aligned}
$$

然而，在许多问题中，将违反条件方差为常数的假设。Engle（1982）首次引入的*自回归条件异方差*（Autoregressive Conditionally Heteroscedastic，ARCH）模型等被用于对波动率的变化进行建模。这些模型后来扩展到 Bollerslev（1986）的广义 ARCH（Generalized ARCH，GARCH）模型。

在这些问题中，我们关注的是对序列的收益率或增长率进行建模。例如，如果 x_t 是在时间 t 的资产价值，那么资产在时间 t 的收益率或相对收益 r_t 是

$$
r_t=\frac{x_t-x_{t-1}}{x_{t-1}} \approx \nabla \log \left(x_t\right) \tag{8.1}
$$

$\nabla \log(x_t)$ 或 $(x_t-x_{t-1})/x_{t-1}$ 称为*收益率*（return），并用 r_t 表示[㊀]。

通常，对于金融序列，收益率 r_t 具有一个恒定的均值（通常资产的 $\mu_t=0$），但不具有恒定的条件方差，并且高度不稳定的周期倾向于聚集在一起。另外，r_t 的自相关结构是

㊀ 虽然用词不当，但 $\nabla \log(x_t)$ 通常被称为*对数收益率*（log-return），而实际上收益率没有取对数。

白噪声的结构，但收益率是相关的。通常可以通过查看平方收益率的样本 ACF（或收益率的某种幂变换）来看出这一点。例如，图 8.1 显示了我们在第 1 章中看到的道琼斯工业平均指数（DJIA）的每日收益率。在这种情况下，通常收益率 r_t 相当稳定（$\mu_t = 0$），几乎是白噪声，但是短期内会出现高波动，并且收益率的平方是自相关的。

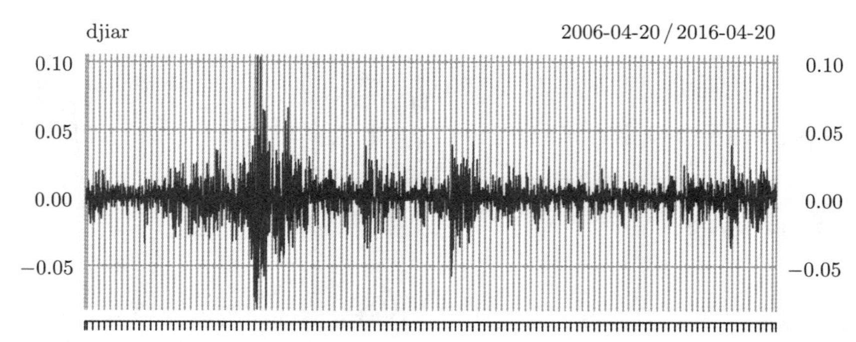

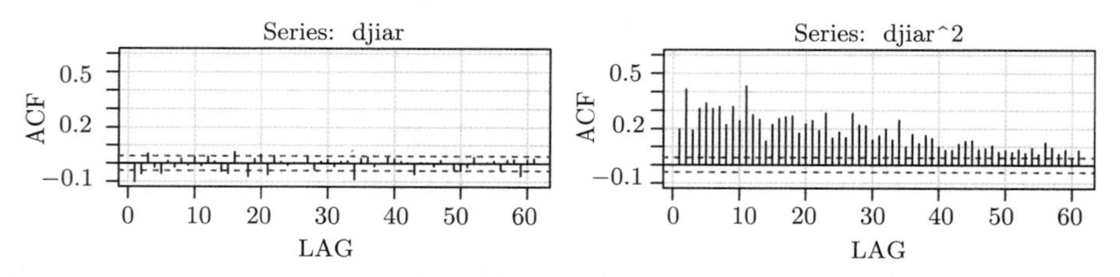

图 8.1　DJIA 每日收盘收益率以及收益率和平方收益率的样本 ACF

最简单的 ARCH 模型，即 ARCH(1) 模型，对收益率进行如下建模：

$$r_t = \sigma_t \varepsilon_t \tag{8.2}$$

$$\sigma_t^2 = \alpha_0 + \alpha_1 r_{t-1}^2 \tag{8.3}$$

其中 ε_t 是标准高斯白噪声，$\varepsilon_t \sim \text{iid } N(0,1)$。可以放宽这一正态假设，我们稍后会讨论这个问题。与 ARMA 模型一样，我们必须对模型参数施加一些约束以获得所需的性质。一个明显的约束是 $\alpha_0, \alpha_1 \geqslant 0$，因为 σ_t^2 是方差。

可以将 ARCH(1) 模型写为收益率平方 r_t^2 的非高斯 AR(1) 模型。首先，通过对式 (8.2)进行平方处理，将式 (8.2)和式(8.3)重写为

$$r_t^2 = \sigma_t^2 \varepsilon_t^2$$

$$\alpha_0 + \alpha_1 r_{t-1}^2 = \sigma_t^2$$

现在将两式相减，得到

$$r_t^2 - \left(\alpha_0 + \alpha_1 r_{t-1}^2\right) = \sigma_t^2 \varepsilon_t^2 - \sigma_t^2$$

将其重新排列，写成

$$r_t^2 = \alpha_0 + \alpha_1 r_{t-1}^2 + v_t \tag{8.4}$$

其中 $v_t = \sigma_t^2(\varepsilon_t^2 - 1)$。因为 ε_t^2 是服从 $N(0,1)$ 的随机变量的平方，所以 $\varepsilon_t^2 - 1$ 是一个变换后（具有零均值）的服从 χ_1^2 分布的随机变量。在这里，v_t 是一个非正态白噪声（详见 D.3 节）。

因此，如果 $0 \leqslant \alpha_1 < 1$，那么 r_t^2 是一个非正态 AR(1)。这意味着平方过程的 ACF 为

$$\rho_{r^2}(h) = a_1^h, \quad h \geqslant 0$$

另外，D.3 节中证明，r_t 是无条件的白噪声，均值为 0，方差为

$$\operatorname{var}(r_t) = \frac{\alpha_0}{1-\alpha_1}$$

但有条件的情况下，

$$r_t \mid r_{t-1} \sim N\left(0, \alpha_0 + \alpha_1 r_{t-1}^2\right) \tag{8.5}$$

因此，该模型表达了我们在图 8.1 中看到的内容：

- 收益率为白噪声。
- 收益率的条件方差取决于先前的收益率。
- 平方收益率是自相关的。

ARCH(1) 模型的参数 α_0 和 α_1 的估计通常由条件 MLE 来完成，其中概率密度是式 (8.5)中指定的正态概率密度。由此通过加权条件最小二乘，找到最小化下式的 α_0 和 α_1：

$$\mathcal{S}(\alpha_0, \alpha_1) = \frac{1}{2}\sum_{t=2}^{n} \ln\left(\alpha_0 + \alpha_1 r_{t-1}^2\right) + \frac{1}{2}\sum_{t=2}^{n}\left(\frac{r_t^2}{\alpha_0 + \alpha_1 r_{t-1}^2}\right) \tag{8.6}$$

这是通过数值方法完成的，如 4.3 节所述。

显然,可以将 ARCH(1) 模型扩展到一般的 ARCH(p) 模型。也就是说,保留了式 (8.2)的 $r_t = \sigma_t \varepsilon_t$，但将式 (8.3)扩展为

$$\sigma_t^2 = \alpha_0 + \alpha_1 r_{t-1}^2 + \cdots + \alpha_p r_{t-p}^2 \tag{8.7}$$

通过对 ARCH(1) 模型的估计的讨论中也可以明显得出 ARCH(p) 模型的估计。

也可以将回归或 ARMA 模型用于条件均值，即

$$r_t = \mu_t + \sigma_t \varepsilon_t \tag{8.8}$$

例如，一个简单的 AR-ARCH 模型有

$$\mu_t = \phi_0 + \phi_1 r_{t-1}$$

当然，可以将模型推广为具有各种类型的行为的 μ_t。

要拟合 ARMA-ARCH 模型，只需遵循以下两个步骤：

1）首先，查看收益率 r_t 的 ACF 和 PACF，并确定 ARMA 结构（如果存在的话）。通常没有自相关或具有非常小的自相关，并且如果需要，低阶的 AR 或 MA 就足够了。估计 μ_t，以便在必要时将对收益率进行中心化处理。

2）查看中心化平方收益率$(r_t - \hat{\mu}_t)^2$ 的 ACF 和 PACF，并确定 ARCH 模型。如果 ACF 和 PACF 指示 AR 结构（即，ACF 拖尾，PACF 截断），则拟合 ARCH；如果指示 ARMA 结构（即两个都拖尾），请使用在下一个示例之后讨论的方法。

例 8.1　美国 GNP 分析

在例 5.6 中，我们将 AR(1) 模型拟合到美国 GNP 序列中，并得出结论，模型的残差似乎表现得像白噪声过程。因此，我们建议 $\mu_t = \phi_0 + \phi_1 r_{t-1}$，其中 r_t 是美国 GNP 的季度增长率。

有观点认为，美国 GNP 序列的误差项是 ARCH 过程，在本例中，我们将研究此观点。如果 GNP 噪声项是 ARCH 过程，则拟合得到的残差的平方应该如式 (8.4)中所指出的那样，表现得像非高斯 AR(1) 过程。图 8.2 显示了残差平方的 ACF 和 PACF，看起来残差中可能存在一些依赖性，尽管很小。生成该图的 R 代码如下:

```
res = resid( sarima(diff(log(gnp)), 1,0,0, details=FALSE)$fit )
acf2(res^2, 20)
```

我们使用 R 中的 `fGarch` 添加包对美国 GNP 增长率拟合 AR(1)-ARCH(1) 模型，结果如下（仅显示部分输出）。我们注意到，在下面的代码中的 `garch(1, 0)` 指定了 ARCH(1) 模型（稍后详述）。

```
library(fGarch)
gnpr = diff(log(gnp))
summary( garchFit(~arma(1,0) + garch(1,0), data = gnpr) )
```

```
         Estimate   Std.Error  t.value  Pr(>|t|) <- 2-sided !!!
mu          0.005       0.001    5.867     0.000
ar1         0.367       0.075    4.878     0.000
omega       0.000       0.000    8.135     0.000 <- these parameters
alpha1      0.194       0.096    2.035     0.042 <- can't be negative

Standardised Residuals Tests:  Statistic p-Value
 Jarque-Bera Test   R    Chi^2     9.118   0.010
 Shapiro-Wilk Test  R    W         0.984   0.014
 Ljung-Box Test     R    Q(20)    23.414   0.269
 Ljung-Box Test     R^2  Q(20)    37.743   0.010
```

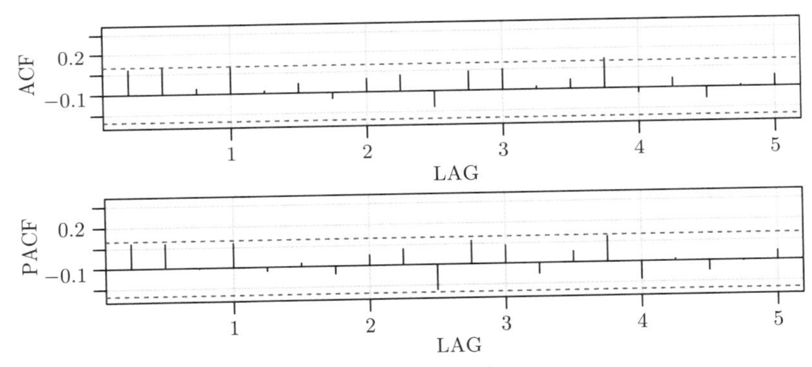

图 8.2 用 AR(1) 模型拟合美国 GNP 序列的残差平方和序列的 ACF 和 PACF

请注意，估计结果中给出的p 值是双侧的，因此在考虑 ARCH 参数时应将它们减半。在本例中，我们得到 $\hat{\phi}_0 = 0.005$（在输出中称为 `mu`）和 $\hat{\phi}_1 = 0.367$（在输出中称为 `ar1`）用于 AR(1) 参数估计；在例 5.6 中，这两个参数的值分别为 0.005 和 0.347。ARCH(1) 参数估计值对于常数是 $\hat{\alpha}_0 = 0$（称为 `omega`），而 $\hat{\alpha}_1 = 0.194$，p 值约为 0.02，是显著的。对残差 `R` 或残差平方 `R^2` 进行了多项检验。例如，Jarque-Bera 统计量基于观察到的偏度和峰度来检验拟合的残差是否正态，并且看起来残差具有一些非正态的偏度和峰度。Shapiro-Wilk 统计量根据经验次序统计量检验拟合的残差是否正态。基于 Q 统计量的其他检验用于对残差及其平方进行检验。 □

例 8.1 的分析存在一些问题。首先，似乎残差不服从正态分布（这是关于 ε_t 的假设，并且平方残差中可能还存在一些自相关，请参阅习题 8.2）。为了解决这种问题，ARCH 模型被扩展到广义 ARCH 或 GARCH。例如，GARCH(1, 1) 模型保留式 (8.8)，即 $r_t = \mu_t + \sigma_t \varepsilon_t$，

但将式 (8.3)扩展如下：

$$\sigma_t^2 = \alpha_0 + \alpha_1 r_{t-1}^2 + \beta_1 \sigma_{t-1}^2 \tag{8.9}$$

在 $\alpha_1 + \beta_1 < 1$ 的条件下，使用与式 (8.4)中类似的处理，GARCH(1, 1) 模型（式 (8.2)和式 (8.9)）允许非高斯 ARMA(1, 1) 模型用于平方过程

$$r_t^2 = \alpha_0 + (\alpha_1 + \beta_1) r_{t-1}^2 + v_t - \beta_1 v_{t-1} \tag{8.10}$$

为简便起见，我们设 $\mu_t = 0$，且 v_t 如式 (8.4)中所定义。表达式 (8.10)通过以下步骤得到：将式 (8.2)写为

$$r_t^2 - \sigma_t^2 = \sigma_t^2 \left(\varepsilon_t^2 - 1\right)$$
$$\beta_1 \left(r_{t-1}^2 - \sigma_{t-1}^2\right) = \beta_1 \sigma_{t-1}^2 \left(\varepsilon_{t-1}^2 - 1\right)$$

从第一个方程中减去第二个方程，并使用式 (8.9)中得到的式子 $\sigma_t^2 - \beta_1\sigma_{t-1}^2 = \alpha_0 + \alpha_1 r_{t-1}^2$。GARCH$(p, q)$ 模型保留式 (8.8)并将式 (8.9)扩展到

$$\sigma_t^2 = \alpha_0 + \sum_{j=1}^{p} \alpha_j r_{t-j}^2 + \sum_{j=1}^{q} \beta_j \sigma_{t-j}^2 \tag{8.11}$$

模型参数的估计类似于 ARCH 参数的估计。在下面的示例中，我们将探讨这些概念。

例 8.2　道琼斯工业平均指数收益率的 GARCH 模型分析

如前所述，图 8.1 所示的道琼斯工业平均指数的日收益率表现出经典的 GARCH 特征。此外，序列本身存在一些低阶自相关性，为了描述这种行为，我们使用 R 中的 `fGarch` 添加包对序列拟合一个误差服从 t 分布（而不是正态分布）的 AR(1)-GARCH(1, 1) 模型：

```
library(xts)
djiar = diff(log(djia$Close))[-1]
acf2(djiar)     # exhibits some autocorrelation - see Figure 8.1
u = resid( sarima(djiar, 1,0,0, details=FALSE)$fit )
acf2(u^2)       # oozes autocorrelation - see Figure 8.1
library(fGarch)
summary(djia.g <- garchFit(~arma(1,0)+garch(1,1), data=djiar,
           cond.dist="std"))
            Estimate   Std.Error  t.value    Pr(>|t|)
  mu       8.585e-04   1.470e-04    5.842   5.16e-09
  ar1     -5.531e-02   2.023e-02   -2.735   0.006239
```

```
omega     1.610e-06    4.459e-07     3.611    0.000305
alpha1    1.244e-01    1.660e-02     7.497    6.55e-14
beta1     8.700e-01    1.526e-02    57.022    < 2e-16
shape     5.979e+00    7.917e-01     7.552    4.31e-14
---
Standardised Residuals Tests:
                                  Statistic    p-Value
 Ljung-Box Test      R    Q(10)   16.81507   0.0785575
 Ljung-Box Test      R^2  Q(10)   15.39137   0.1184312
plot(djia.g, which=3) # similar to Figure 8.3
```

参数 shape 是 t 误差分布的自由度，估计约为 6。另外，请注意 $\hat{\alpha}_1+\hat{\beta}_1$ 接近 1（通常是这样的）。为了探索 GARCH 模型的波动率预测，我们计算并绘制了 2008 年金融危机前后的部分数据以及相应波动率的提前一步预测，σ_t^2 如图 8.3 中的实线所示。 □

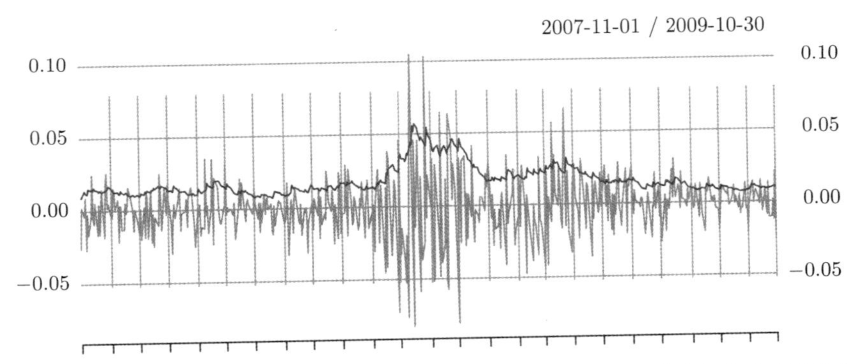

图 8.3 GARCH 模型对 2008 年金融危机前后的道琼斯工业平均指数波动率 $\hat{\sigma}_t$ 的提前一步预测

我们简要提到的另一个模型是非对称指数 ARCH（asymmetric power ARCH）模型。该模型保留式 (8.2)，即 $r_t=\sigma_t\varepsilon_t$，但条件方差被建模为

$$\sigma_t^\delta=\alpha_0+\sum_{j=1}^{p}\alpha_j\left(|r_{t-j}|-\gamma_j r_{t-j}\right)^\delta+\sum_{j=1}^{q}\beta_j\sigma_{t-j}^\delta \tag{8.12}$$

请注意，对于 $j\in\{1,\cdots,p\}$，当 $\delta=2$ 且 $\gamma_j=0$ 时，模型为 GARCH 模型。参数 γ_j（$|\gamma_j|\leqslant 1$）是杠杆（leverage）参数，它是非对称性的度量，而 $\delta>0$ 是指数项的参数。γ 的正（负）值表示，过去的负（正）冲击比过去的正（负）冲击对当前条件波动性的影响更

大。该模型将可变指数的灵活性与非对称性系数结合在一起，以考虑杠杆效应（leverage effect）。此外，为了保证 $\sigma_t > 0$，我们假设 $\alpha_0 > 0$，$\alpha_j \geqslant 0$（至少有一个满足 $\alpha_j > 0$）和 $\beta_j \geqslant 0$。

在以下示例中，我们将继续分析道琼斯工业平均指数的收益率。

例 8.3 道琼斯工业平均指数收益率的 APARCH 模型分析

R 中的 `fGarch` 包用于对例 8.2 中讨论的道琼斯工业平均指数收益率拟合一个 AR-APARCH 模型。与前面的示例一样，我们在模型中包含一个 AR(1) 来计算条件均值。在这种情况下，我们可以将模型视为 $r_t = \mu_t + y_t$，其中 μ_t 是 AR(1) 模型，y_t 是式 (8.12)的 APARCH 模型中具有条件方差的噪声，服从 t 分布。下面给出了分析的部分输出，我们没有给出图像显示，但展示了如何生成它们。当然，预测的波动率与图 8.3 中所示的值不同，但绘制的图看起来很相似。

```
lapply( c("xts", "fGarch"), library, char=TRUE) # load 2 packages
djiar = diff(log(djia$Close))[-1]
summary(djia.ap <- garchFit(~arma(1,0)+aparch(1,1), data=djiar,
          cond.dist="std"))
plot(djia.ap)   # to see all plot options (none shown)
           Estimate  Std. Error  t value   Pr(>|t|)
  mu       5.234e-04   1.525e-04    3.432  0.000598
  ar1     -4.818e-02   1.934e-02   -2.491  0.012727
  omega    1.798e-04   3.443e-05    5.222  1.77e-07
  alpha1   9.809e-02   1.030e-02    9.525  < 2e-16
  gamma1   1.000e+00   1.045e-02   95.731  < 2e-16
  beta1    8.945e-01   1.049e-02   85.280  < 2e-16
  delta    1.070e+00   1.350e-01    7.928  2.22e-15
  shape    7.286e+00   1.123e+00    6.489  8.61e-11
  ---
  Standardised Residuals Tests:

                                  Statistic p-Value
  Ljung-Box Test       R    Q(10)  15.71403  0.108116
  Ljung-Box Test       R^2  Q(10)  16.87473  0.077182
```

□

在大多数应用中，式 (8.2)中噪声的分布 ε_t 很少是正态的。R 中的 `fGarch` 包允许使用各种分布拟合数据，可以参考帮助文件。GARCH 和相关模型有一些缺点：（1）模型假设正负收益率具有相同的影响，因为波动性取决于收益率平方，非对称模型有助于缓解这个问题；（2）由于对模型参数的严格要求，这些模型通常具有限制性；（3）除非 n 非常大，否则似然函数是平缓的；（4）模型倾向于过度预测波动性，因为它们对大的孤立的收益率反应缓慢。

已经对原始模型提出了各种扩展来克服我们刚才提到的一些缺点。例如，我们已经讨论了 fGarch 包允许收益率非对称。在持续存在波动性的情况下，可以使用求和 GARCH（Integrated GARCH，IGARCH）模型。回顾式 (8.10)，我们可以将 GARCH(1, 1) 模型写成

$$r_t^2 = \alpha_0 + (\alpha_1 + \beta_1)\, r_{t-1}^2 + v_t - \beta_1 v_{t-1}$$

如果 $\alpha_1 + \beta_1 < 1$，则 r_t^2 是平稳的。IGARCH 模型设置了条件 $\alpha_1 + \beta_1 = 1$，在这种情况下，IGARCH(1, 1) 模型是

$$r_t = \sigma_t \varepsilon_t \quad 和 \quad \sigma_t^2 = \alpha_0 + (1 - \beta_1)\, r_{t-1}^2 + \beta_1 \sigma_{t-1}^2$$

基础的 ARCH 模型有许多不同的扩展，它们是为处理实践中注意到的各种情况而开发的。有兴趣的读者可以在 Bollerslev 等（1994）的综述中找到，Shephard（1996）的文献也值得一读。Chan（2002）和 Tsay（2005）的文献是两本关于金融时间序列分析的优秀教程。

8.2 单位根检验

差分模型可能代表了原始过程的过度分散的性质，在这个意义上，使用一阶差分 $\nabla x_t = (1 - B)x_t$ 可能过于严格。例如，在例 5.8 中，我们将 ARIMA(1, 1, 1) 模型拟合到对数纹层序列。差分序列的想法首先是在例 4.27 中提出的，因为该序列似乎在 100 多年间在正负方向上变化。

图 8.4 比较了生成的随机游走过程的样本 ACF 和对数纹层序列的样本 ACF。尽管在这两种情况下，样本相关性都呈线性衰减，并在多个滞后期中保持显著，但随机游走过程的样本 ACF 更大。（回想一下，仅对于随机游走过程而言，就没有滞后的 ACF。但这并不影响我们计算 ACF。）

```
layout(1:2)
acf1(cumsum(rnorm(634)), 100, main="Series: random walk")
acf1(log(varve), 100, ylim=c(-.1,1))
```

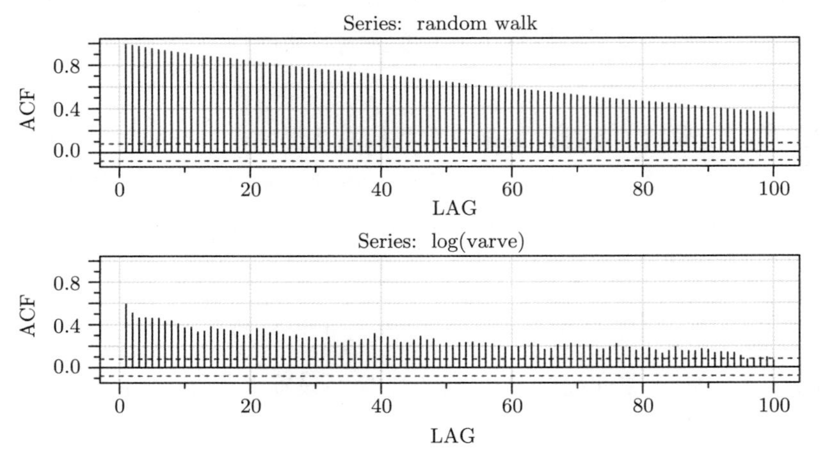

图 8.4　随机游走过程和对数纹层序列的样本 ACF

考虑一个正态 AR(1) 过程：

$$x_t = \phi x_{t-1} + w_t \tag{8.13}$$

单位根检验提供了一种方法来检验式 (8.13)是随机游走过程（零假设）还是因果过程（备择假设）。也就是说，它提供了一个程序来检验

$$H_0: \phi = 1 \quad \text{还是} \quad H_1: |\phi| < 1$$

要查看原假设是否合理，一个明显的检验统计量是考虑适当归一化 $\hat{\phi} - 1$，希望得到 t 检验统计量，其中 $\hat{\phi}$ 是 4.3 节中讨论的最优估计量之一。请注意，性质 4.29 中的分布在这里无效。如果该分布有效，则在零假设下有 $\hat{\phi} \dot{\sim} N(1, 0)$，但这是没有意义的。4.3 节的理论在原假设下不起作用，因为在原假设下过程不是平稳的。

然而，可以使用检验统计量

$$T = n(\widehat{\phi} - 1)$$

它被称为单位根或 Dickey-Fuller（DF）统计量，虽然实际的 DF 检验统计量的归一化有些不同。在这里，检验统计量的分布不具有闭合形式，并且必须通过数值逼近或模拟来计算分布的分位数。R 中的 `tseries` 添加包提供了这一检验，以及我们简要提到的其他的常规检验。

对于更一般的模型，我们注意到 DF 检验是通过这样一种方式建立的：如果 $x_t = \phi x_{t-1} + w_t$，则

$$\nabla x_t = (\phi - 1)x_{t-1} + w_t = \gamma x_{t-1} + w_t$$

并且通过用 x_{t-1} 对 ∇x_t 进行回归，获得回归系数估计 $\hat{\gamma}$，检验 $H_0 : \gamma = 0$。然后，形成统计量 $n\hat{\gamma}$ 并推导其大样本分布。

以相似的方式扩展该检验以适应 AR(p) 模型，即 $x_t = \sum_{j-1}^{p} \phi_j x_{t-j} + w_t$。例如，将一个 AR(2) 模型

$$x_t = \phi_1 x_{t-1} + \phi_2 x_{t-2} + w_t$$

写作

$$x_t = (\phi_1 + \phi_2)\, x_{t-1} - \phi_2\,(x_{t-1} - x_{t-2}) + w_t$$

从两侧减去 x_{t-1}，得到

$$\nabla x_t = \gamma x_{t-1} + \phi_2 \nabla x_{t-1} + w_t \tag{8.14}$$

其中 $\gamma = \phi_1 + \phi_2 - 1$。要检验过程的单位根为 1（即，当 $z = 1$ 时，AR 多项式 $\phi(z) = 1 - \phi_1 z - \phi_2 z^2 = 0$）的假设，我们可以通过估算用 x_{t-1} 和 ∇x_{t-1} 对 ∇x_t 的回归中的 γ 并形成检验统计量来检验 $H_0 : \gamma = 0$。对于 AR(p) 模型，以类似于 AR(2) 情形的方式用 x_{t-1} 和 $\nabla x_{t-1}, \cdots, \nabla x_{t-p+1}$ 对 ∇x_t 进行回归。

该检验引出所谓的增强 Dickey-Fuller（Augmented Dickey-Fuller，ADF）检验。虽然获得渐近原分布的计算发生了变化，但基本思想和机制仍然与简单情况相同。p 的选择至关重要，我们将在示例中讨论一些建议。对于 ARMA(p, 1) 模型，可以假设 p 足够大以捕获基本相关结构来进行 ADF 检验；回想一下，ARMA(p, q) 模型都是 AR(∞) 模型。另一种选择是 Phillips-Perron（PP）检验，它与 ADF 检验的不同之处主要在于它们处理误差项中序列相关性和异方差性的方式。

例 8.4　冰川纹层序列中的单位根检验

在这个例子中，我们使用 R 中的添加包 `tseries` 来检验对数处理后的冰川纹层序列具有单位根的零假设，而备择假设为该过程是平稳的。我们使用可用的 DF、ADF 和 PP 检验来检验零假设；请注意，在每种情况下，一般回归方程都包含截距项和线性趋势。在 ADF 检验中，默认包含在模型中的 AR 分量的数量 $k \approx (n-1)^{\frac{1}{3}}$，这意味着与样本量 n 相比，k 在理论上应该如何增长。对于 PP 检验，默认值为 $k \approx 0.04n^{\frac{1}{4}}$。

```
library(tseries)
adf.test(log(varve), k=0)                # DF test
  Dickey-Fuller = -12.8572, Lag order = 0, p-value < 0.01
   alternative hypothesis: stationary
adf.test(log(varve))                     # ADF test
  Dickey-Fuller = -3.5166, Lag order = 8, p-value = 0.04071
   alternative hypothesis: stationary
pp.test(log(varve))                      # PP test
   Dickey-Fuller Z(alpha) = -304.5376,
    Truncation lag parameter = 6, p-value < 0.01
    alternative hypothesis: stationary
```

在每个检验中，我们拒绝零假设，即对数纹层序列具有单位根。这些检验的结论支持 8.3 节中例 8.5 的结论，即假定对数纹层序列是长记忆的。一旦单位根检验假设被拒绝，将长记忆模型拟合到这些数据将是模型拟合的自然过程。 □

8.3 长记忆模型和分数阶差分

传统的 ARMA(p,q) 过程通常被称为短记忆过程，因为表达式中的系数

$$x_t = \sum_{j=0}^{\infty} \psi_j w_{t-j}$$

是以指数速率衰减的，其中 $\sum_{j=0}^{\infty} |\psi_j| < \infty$（回顾例 4.3）。该结果表明，当 $h \to \infty$ 时，短记忆过程的 ACF，即 $\rho(h)$ 以指数速度快速地趋近于 0。当时间序列的样本 ACF 缓慢衰减时，在第 6 章中已经给出了建议，即对序列进行差分处理，直到它看起来平稳。遵循这一建议，对例 4.27 中的冰川纹层序列进行对数处理，即 $x_t = \texttt{log(varve)}$，序列被表示为一阶移动平均的形式。在例 5.8 中，对残差的进一步分析导致对序列拟合 ARIMA(1, 1, 1) 模型，其中，参数（和标准误差）的估计是 $\hat{\phi} = 0.23_{(0.05)}$，$\hat{\theta} = -0.89_{(0.03)}$ 和 $\hat{\sigma}_w^2 = 0.23$：

$$\nabla \hat{x}_t = 0.23 \nabla \hat{x}_{t-1} + \hat{w}_t - 0.89 \hat{w}_{t-1}$$

拟合的模型表达的意思是，序列本身 x_t 并不是平稳的，并且具有随机游走行为，而使其平稳的唯一方法是对其进行差分。根据实际的对数纹层序列，拟合模型为

$$\hat{x}_t = (1 + 0.23)\hat{x}_{t-1} - 0.23\hat{x}_{t-2} + \hat{w}_t - 0.89\hat{w}_{t-1}$$

数据没有因果关系，因为 ψ 权重不是平方可加的（实际上，它们甚至都不为零）：

```
round(ARMAtoMA(ar=c(1.23,-.23), ma=c(1,-.89), 20), 3)
  [1] 2.230 1.623 1.483 1.451 1.444 1.442 1.442 1.442 1.442 1.442
 [11] 1.442 1.442 1.442 1.442 1.442 1.442 1.442 1.442 1.442 1.442
```

但是，使用一阶差分 $\nabla x_t = (1-B)x_t$ 可能过于严格。例如，如果 x_t 是因果 AR(1)，即

$$x_t = 0.9x_{t-1} + w_t$$

然后后移一个时间单位，得到

$$x_{t-1} = 0.9x_{t-2} + w_{t-1}$$

将两式相减，得到

$$x_t - x_{t-1} = 0.9\,(x_{t-1} - x_{t-2}) + w_t - w_{t-1}$$

或者

$$\nabla x_t = 0.9\nabla x_{t-1} + w_t - w_{t-1}$$

这意味着 ∇x_t 是一个有问题的 ARMA(1, 1)，因为移动平均部分是不可逆的。因此，通过在本例中进行过度差分，我们已经将 x_t 从简单因果 AR(1) 变为不可逆的 ARIMA(1, 1, 1)。这就是为什么我们在第 4 章和第 5 章中对过度差分给出了一些警告。

Hosking（1981）以及 Granger 和 Joyeux（1980）考虑了长记忆时间序列作为短记忆 ARMA 类模型与 Box-Jenkins 类中完全积分的非平稳过程之间的妥协。生成长记忆序列的最简单方法是考虑使用分数阶差分算子 $(1-B)^d$，其中 d 为分数值，比如 $0 < d < 0.5$，由此生成一个基本的长记忆序列

$$(1-B)^d x_t = w_t \tag{8.15}$$

其中 w_t 仍然表示方差为 σ_w^2 的白噪声。对于 $|d| < 0.5$，分数阶差分序列 (8.15)通常称为*分数阶噪声*（除非 d 为 0）。现在，d 成为与 σ_w^2 一起估计的参数。像 Box-Jenkins 方法那样对原始过程进行差分可以被认为是简单地指定 $d = 1$。这个想法已经扩展到分数阶积分 ARMA 或 ARFIMA 模型类，其中 $-0.5 < d < 0.5$；当 d 为负时，称为反持久性（antipersistent）。长期记忆过程发生在水文学（见（Hurst，1951）以及（McLeod 和 Hipel，1978））和环境序列中，例如我们之前分析过的纹层数据，在此仅举几个例子。长记忆时

间序列数据的样本自相关系数往往不一定表现得很大（如 $d=1$ 的情况），但持续很长时间。图 8.4 显示了对数纹层序列的样本 ACF，滞后 100 阶，它表现出经典的长记忆行为。

为了研究它的性质，我们可以将它写成二项式展开的形式[⊖]，对于 $d>-1$，

$$w_t=(1-B)^d x_t=\sum_{j=0}^{\infty}\pi_j B^j x_t=\sum_{j=0}^{\infty}\pi_j x_{t-j} \tag{8.16}$$

其中

$$\pi_j=\frac{\Gamma(j-d)}{\Gamma(j+1)\Gamma(-d)} \tag{8.17}$$

$\Gamma(x+1)=x\Gamma(x)$ 即为 gamma 函数。类似地，对于 $d<1$，我们可以写成

$$x_t=(1-B)^{-d} w_t=\sum_{j=0}^{\infty}\psi_j B^j w_t=\sum_{j=0}^{\infty}\psi_j w_{t-j} \tag{8.18}$$

其中

$$\psi_j=\frac{\Gamma(j+d)}{\Gamma(j+1)\Gamma(d)} \tag{8.19}$$

当 $|d|<0.5$ 时，过程 (8.16)和 (8.18)是明确定义的平稳过程（详见 Brockwell 和 Davis, 2013）。然而，在分数阶差分的情况下，系数满足 $\sum\pi_j^2<\infty$ 和 $\sum\psi_j^2<\infty$，而 ARMA 过程中的系数则满足绝对可加性。

使用表达式 (8.18)~(8.19)，并经过一系列运算之后，可以证明，对于 h 较大的情况，x_t 的 ACF 是

$$\rho(h)=\frac{\Gamma(h+d)\Gamma(1-d)}{\Gamma(h-d+1)\Gamma(d)}\sim h^{2d-1} \tag{8.20}$$

由此我们看到，对于 $0<d<0.5$，有

$$\sum_{h=-\infty}^{\infty}|\rho(h)|=\infty$$

因此称之为**长记忆**（long memory）。

为了检查诸如纹层序列之类的序列中可能的长记忆模式，可以很方便地查看估计 d 的方法。对于 $j=0,1,\cdots$，且 $\pi_0(d)=1$，使用式 (8.17)可以很容易地推导出递归式

$$\pi_{j+1}(d)=\frac{(j-d)\pi_j(d)}{(j+1)} \tag{8.21}$$

⊖ 在这种情况下，二项式展开式是形如 $(1-z)^d$ 的函数的泰勒级数，其中 $z=0$。

正态情况下，我们可以通过最小化误差平方和估计 d:

$$Q(d)=\sum w_t^2(d)$$

通过 4.3 节中提到的常用的高斯–牛顿方法，可推导出以下扩展式：

$$w_t(d)\approx w_t\left(d_0\right)+w_t'\left(d_0\right)\left(d-d_0\right)$$

其中

$$w_t'\left(d_0\right)=\left.\frac{\partial w_t}{\partial d}\right|_{d=d_0}$$

并且 d_0 是对 d 值的初始估计（猜测）。设置通常的回归，得到

$$d=d_0-\frac{\sum_t w_t'\left(d_0\right) w_t\left(d_0\right)}{\sum_t w_t'\left(d_0\right)^2} \tag{8.22}$$

通过对式 (8.21)关于 d 进行连续微分来递归地计算导数：$\pi_{j+1}'(d)=[(j-d)\pi_j'(d)-\pi_j(d)]/(j+1)$，其中 $\pi_0'(d)=0$。应用式 (8.16)的一个近似式来计算误差，即

$$w_t(d)=\sum_{j=0}^{t}\pi_j(d)x_{t-j} \tag{8.23}$$

在式 (8.22)中，建议从计算中省略一些初始项，并在一个相当大的 t 值处开始求和，以得到合理的近似值。

例 8.5　冰川纹层序列的长记忆拟合

我们分析在例 3.12 和例 4.27 中讨论过的纹层序列。图 3.9 显示了原始和对数转换后的序列（用 x_t 表示）。在例 5.8 中，我们指出，该序列可以被建模为 ARIMA(1, 1, 1) 过程。我们将分数阶差分模型 (8.15)拟合到均值调整后的序列 $x_t-\bar{x}$。通过应用高斯–牛顿迭代过程，得到最终值 $d=0.373$，这意味着系数集为 $\pi_j(0.373)$，且 $\pi_0(0.373)=1$，如图 8.5 所示。

```
d = 0.3727893
p = c(1)
for (k in 1:30){
  p[k+1] = (k-d)*p[k]/(k+1)
}
tsplot(1:30, p[-1], ylab=expression(pi(d)), lwd=2, xlab="Index",
         type="h", col="dodgerblue3")
```

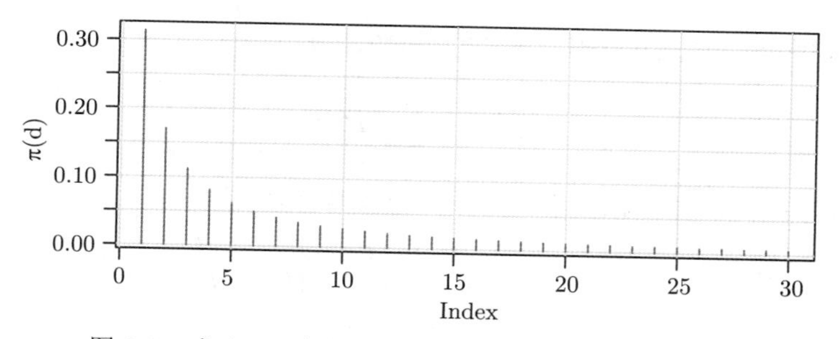

图 8.5 式 (8.21)中的系数 $\pi_j(0.373)$，$j=1,2,\cdots,30$

我们可以通过检查两个残差序列的自相关函数，粗略地比较分数阶差分算子与 ARIMA 模型的性能，如图 8.6 所示。两个残差序列的 ACF 与白噪声模型大致相当。

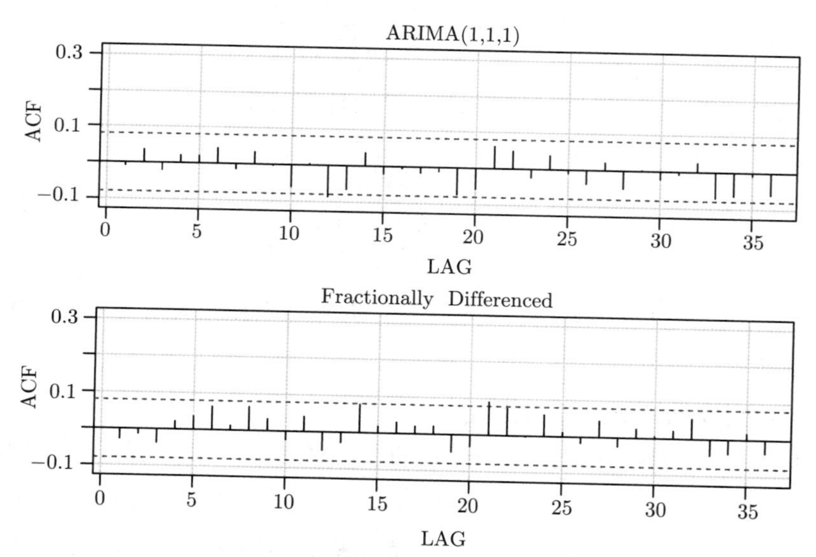

图 8.6 对对数纹层序列 x_t 拟合的 ARIMA(1, 1, 1) 的残差的 ACF（上）和拟合的长记忆模型 $(1-B)^d x_t = w_t, d=0.373$ 的残差的 ACF（下）

要在 R 中执行此分析，请使用 `arfima` 添加包。请注意，在分析之后，新息（残差）以列表的形式出现，因此从结果中提取它们时需要使用双括号（`[[]]`）：

```
library(arfima)
summary(varve.fd <- arfima(log(varve), order = c(0,0,0)))
  Mode 1 Coefficients:
            Estimate Std. Error Th. Std. Err. z-value   Pr(>|z|)
```

```
d.f          0.3727893  0.0273459     0.0309661 13.6324 < 2.22e-16
Fitted mean 3.0814142  0.2646507            NA 11.6433 < 2.22e-16
---
sigma^2 estimated as 0.229718;
Log-likelihood = 466.028; AIC = -926.056; BIC = 969.944
# innovations (aka residuals)
innov = resid(varve.fd)[[1]] # resid() produces a `list`
tsplot(innov)        # not shown
par(mfrow=2:1, cex.main=1)
acf1(resid(sarima(log(varve),1,1,1, details=FALSE)$fit),
          main="ARIMA(1,1,1)")
acf1(innov, main="Fractionally Differenced")
```

□

预测长记忆过程与预测 ARIMA 模型类似，即式 (8.16)和式 (8.21)可用于获得截断预测：

$$x_{n+m}^n = -\sum_{j=1}^{n+m-1} \pi_j(\widehat{d}) x_{n+m-j}^n \tag{8.24}$$

其中 $m = 1, 2, \cdots$。可以通过使用下式来近似误差界限：

$$P_{n+m}^n = \widehat{\sigma}_w^2 \sum_{j=0}^{m-1} \psi_j^2(\widehat{d}) \tag{8.25}$$

其中，如式 (8.21)所示，有

$$\psi_j(\widehat{d}) = \frac{(j+\widehat{d})\psi_j(\widehat{d})}{(j+1)} \tag{8.26}$$

且 $\psi_0(\hat{d}) = 1$。

在图 8.6 中所示的分数阶差分变量序列的残差的 ACF 中，没有明显的短记忆 ARMA 型分量。然而，很自然地存在这样的情况，即具有长记忆的数据中也存在大量的短记忆型分量。因此，自然地，将一般 ARFIMA(p, d, q)（$-0.5 < d < 0.5$）过程定义为

$$\phi(B)\nabla^d (x_t - \mu) = \theta(B) w_t \tag{8.27}$$

其中 $\phi(B)$ 和 $\theta(B)$ 在第 4 章中给出。将模型写成如下形式：

$$\phi(B)\pi_d(B) (x_t - \mu) = \theta(B) w_t \tag{8.28}$$

清楚地说明我们如何估算更一般模型的参数。可以很容易地预测 ARFIMA(p,d,q) 序列，注意，我们可以让下面两个等式的系数相等：

$$\phi(z)\psi(z) = (1-z)^{-d}\theta(z) \tag{8.29}$$

以及

$$\theta(z)\pi(z) = (1-z)^{d}\phi(z) \tag{8.30}$$

从而获得表达式

$$x_t = \mu + \sum_{j=0}^{\infty} \psi_j w_{t-j}$$

和

$$w_t = \sum_{j=0}^{\infty} \pi_j \left(x_{t-j} - \mu\right)$$

然后我们可以按照式 (8.24)和式 (8.25)进行计算。

8.4 状态空间模型

状态空间模型是一个非常综合的模型，包含了一整类让人感兴趣的特殊情况，与线性回归的方式非常相似，它是在文献（Kalman，1960）以及文献（Kalman 和 Bucy，1961）中引入的。该模型出现在空间跟踪设置中，其中状态方程定义了具有位置 x_t 的航天器的位置或状态的运动方程，数据 y_t 反映了可以从跟踪装置观察到的信息。尽管它通常应用于多元时间序列，但在这里我们只关注单变量情况。

一般而言，状态空间模型的特征在于两个原则。首先，有一个隐藏或潜在的过程 x_t，称为状态过程。未观测的状态过程被假定为 AR(1)，即

$$x_t = \alpha + \phi x_{t-1} + w_t \tag{8.31}$$

其中 $w_t \sim \text{iid } N(0,\sigma_w^2)$。另外，我们假设该过程的初始状态为 $x_0 \sim N(\mu_0,\sigma_0^2)$。第二个原则是观测值 y_t 由下式给定

$$y_t = Ax_t + v_t \tag{8.32}$$

其中 A 是常数，观测噪声是 $v_t \sim \text{iid } N(0,\sigma_v^2)$。另外，$x_0$、$\{w_t\}$ 和 $\{v_t\}$ 是不相关的。这意味着观测值之间的依赖关系是由状态产生的。这两个原则如图 8.7 所示。

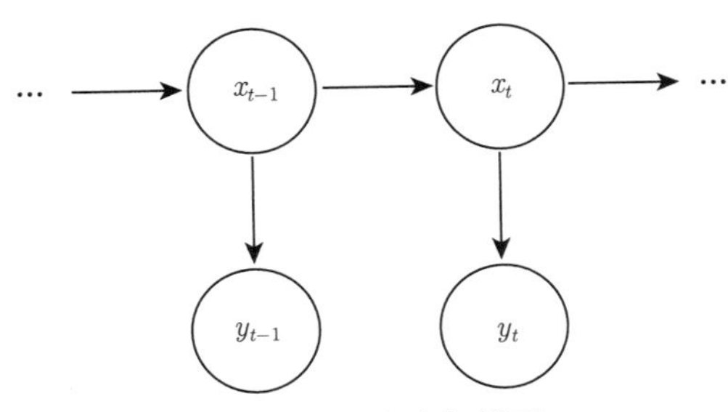

图 8.7 状态空间模型

任何涉及状态空间模型（式 (8.31)和式 (8.32)）的分析的主要目的都是在给定数据 $y_{1:s}=\{y_1,\cdots,y_s\}$ 时，为潜在的未观测信号 x_t 生成估计量。当 $s<t$ 时，这个问题叫作预测；当 $s=t$ 时，这个问题叫作滤波；当 $s>t$ 时，这个问题叫作平滑。除了这些估计之外，我们还希望测量它们的精度。可以通过卡尔曼滤波器和卡尔曼平滑器解决这些问题。

首先，我们介绍卡尔曼滤波器，它给出了预测和滤波方程。我们使用以下定义：

$$x_t^s=E\left(x_t \mid y_{1:s}\right) \quad \text{和} \quad P_t^s=E\left(x_t-x_t^s\right)^2$$

卡尔曼滤波器的优点是，它指定了如何更新滤波器，当获得一个新的观测值时，无须再处理整个数据集。

性质 8.6（卡尔曼滤波器） 对于式 (8.31)和式 (8.32)中指定的状态空间模型，初始条件为 $x_0^0=\mu_0$ 和 $P_0^0=\sigma_0^2$，对于 $t=1,\cdots,n$，有

$$x_t^{t-1}=\alpha+\phi x_{t-1}^{t-1} \quad \text{和} \quad P_t^{t-1}=\phi^2 P_{t-1}^{t-1}+\sigma_w^2 \qquad \text{（预测）}$$

$$x_t^t=x_t^{t-1}+K_t\left(y_t-A x_t^{t-1}\right) \quad \text{和} \quad P_t^t=\left[1-K_t A\right] P_t^{t-1} \qquad \text{（滤波器）}$$

其中

$$K_t=P_t^{t-1} A / \Sigma_t \quad \text{和} \quad \Sigma_t=A^2 P_t^{t-1}+\sigma_v^2$$

滤波器的重要副产品是新息（预测误差）：

$$\varepsilon_t=y_t-E\left(y_t \mid y_{1:t-1}\right)=y_t-A x_t^{t-1} \tag{8.33}$$

其中 $\varepsilon_t \sim N(0,\Sigma_t)$。

卡尔曼滤波器的推导可以在许多文献中找到，例如 Shumway 和 Stoffer（2017，第 6 章）。为了平滑，我们需要基于整个数据样本 $y_1, \cdots, y_n$ 的 x_t 的估计量，即 x_t^n。这些估计量称为平滑器，因为对于 $t = 1, \cdots, n$，x_t^n 的时序图比预测器 x_t^{t-1} 或滤波器 x_t^t 更平滑。

性质 8.7（卡尔曼平滑器） 对于式 (8.31)和式 (8.32)中指定的状态空间模型，初始条件 x_n^n 和 P_n^n 通过性质 8.6 获得，对于 $t = n, n-1, \cdots, 1$，有

$$x_{t-1}^n = x_{t-1}^{t-1} + C_{t-1}\left(x_t^n - x_t^{t-1}\right) \quad \text{和} \quad P_{t-1}^n = P_{t-1}^{t-1} + C_{t-1}^2\left(P_t^n - P_t^{t-1}\right)$$

其中 $C_{t-1} = \phi P_{t-1}^{t-1}/P_t^{t-1}$。

指定状态空间模型（式 (8.31)和式 (8.32)）的参数的估计类似于 ARIMA 模型的估计。实际上，R 使用 ARIMA 模型的状态空间形式对其进行估计。为简便起见，我们将未知参数的向量表示为 $\theta = (\alpha, \phi, \sigma_w, \sigma_v)$。与 ARIMA 模型不同，对参数 ϕ 没有限制，但是标准差 σ_w 和 σ_v 必须为正。使用式 (8.33)中给出的新息序列 ε_t 计算似然函数。忽略常数，我们可以将正态似然 $L_Y(\theta)$ 写为

$$-2\log L_Y(\theta) = \sum_{t=1}^{n} \log \Sigma_t(\theta) + \sum_{t=1}^{n} \frac{\varepsilon_t^2(\theta)}{\Sigma_t(\theta)} \tag{8.34}$$

其中我们强调了新息对参数 θ 的依赖性。数值优化程序将最大化似然函数的牛顿型方法与卡尔曼滤波器相结合，用于在给定当前 θ 值的情况下对新息进行计算。

例 8.8 全球温度

在例 1.2 中，我们考虑了 1880~2017 年地球陆地区域的年平均温度异常情况。在例 3.11 中，我们将全球温度视为带漂移的随机游走过程，即

$$x_t = \alpha + \phi x_{t-1} + w_t$$

其中 $\phi = 1$。我们可以将全球温度数据视为带观测噪声的 x_t 过程，即

$$y_t = x_t + v_t$$

其中 v_t 是测量误差。由于此处 ϕ 不受限制，因此我们可以自由估计。图 8.8 显示了叠加在观测值上的估计平滑值（带有误差界限）。生成图 8.8 的 R 代码如下：

```
u = ssm(gtemp_land, A=1, alpha=.01, phi=1, sigw=.01, sigv=.1)
        estimate        SE
```

```
  phi      1.0134  0.00932
  alpha    0.0127  0.00380
  sigw     0.0429  0.01082
  sigv     0.1490  0.01070
tsplot(gtemp_land, col="dodgerblue3", type="o", pch=20,
          ylab="Temperature Deviations")
lines(u$Xs, col=6, lwd=2)
 xx = c(time(u$Xs), rev(time(u$Xs)))
 yy = c(u$Xs-2*sqrt(u$Ps), rev(u$Xs+2*sqrt(u$Ps)))
polygon(xx, yy, border=8, col=gray(.6, alpha=.25) )
```

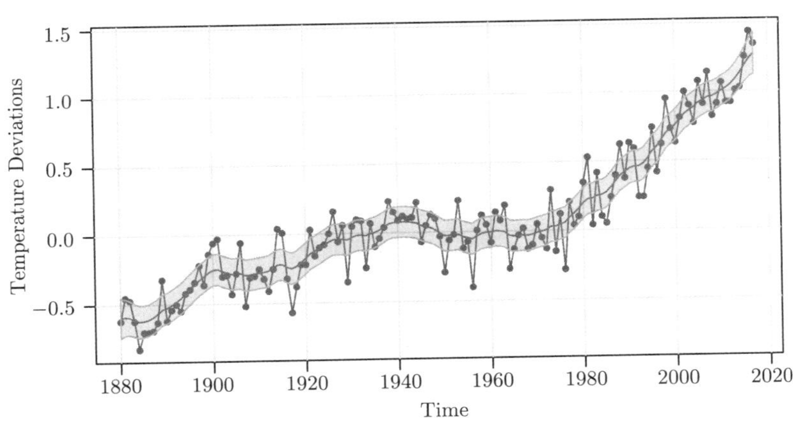

图 8.8 全球年陆地表面和海洋表面平均温度偏差（1880~2017 年），以摄氏度为单位，以及具有 ±2 的误差范围的估计卡尔曼平滑值

我们可以通过在调用中指定 `fixphi = TRUE`（默认值为 `FALSE`）来固定 $\phi = 1$。在此示例中，两种选项之间没有实际差异，因为 ϕ 的估计值接近 1。要绘制预测值，请在上面的代码中分别将 `Xs` 和 `Ps` 更改为 `Xp` 和 `Pp`。对于滤波器，请使用 `Xf` 和 `Pf`。 □

8.5 交叉相关分析和预白化

在例 2.33 中，我们讨论了以下事实：为了使用性质 2.31，至少有一个序列必须是白噪声。否则，没有简单的方法可以判断交叉相关估计值是否显著不等于零。例如，在例 3.5 和习题 3.2 中，我们考虑了温度和污染对心血管死亡率的影响。尽管看起来污染可能导致死亡，但如果不先对序列中的一个进行预白化，就很难判断这种关系。在这种情况下，如图 3.3 所示，绘制序列的时序图对确定两个序列的先行–滞后关系没有太大帮助。另外，图 8.9 显示了两个序列之间的 CCF，也很难从图中提取相关信息。

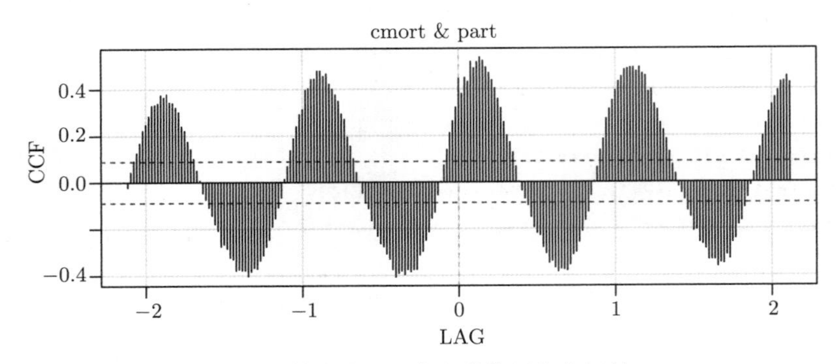

图 8.9　心血管疾病死亡率和微粒污染之间的 CCF

首先，考虑一个简单的情况，我们有两个时间序列 x_t 和 y_t 分别满足

$$x_t = x_{t-1} + w_t$$

$$y_t = x_{t-3} + v_t$$

因此 x_t 领先 y_t 三个时间单位（w_t 和 v_t 是独立的噪声序列）。要使用性质 2.31，我们可以通过简单差分 $\nabla x_t = w_t$ 来白化 x_t。为了保持 x_t 和 y_t 之间的关系，我们以类似的方式转换 y_t：

$$\nabla x_t = w_t$$

$$\nabla y_t = \nabla x_{t-3} + \nabla v_t = w_{t-3} + \nabla v_t$$

因此，如果 ∇v_t 的方差不太大，则滞后 3 期时 ∇y_t 和 $w_t = \nabla x_t$ 之间将具有很强的相关性。

预白化的步骤很简单。我们有两个时间序列 x_t 和 y_t，想要检查两者之间的先行–滞后关系。这时，我们有一种使用 ARIMA 模型白化序列的方法。也就是说，如果 x_t 是 ARIMA，则拟合的残差（例如 $\hat{w}_t$）应该是白噪声。然后，我们可以使用 $\hat{w}_t$ 来研究与类似变换的 y_t 序列的交叉相关关系，如下所示：

1）　首先，对其中一个序列（例如 x_t）拟合 ARIMA 模型：

$$\hat{\phi}(B)(1-B)^d x_t = \hat{\alpha} + \hat{\theta}(B)\hat{w}_t$$

获得残差 $\hat{w}_t$。注意，残差可以写成

$$\hat{w}_t = \hat{\pi}(B)x_t$$

其中权重 $\hat{\pi}$ 是模型可逆版本中的参数，并且是 $\hat{\phi}$ 和 $\hat{\theta}$ 的函数（请参阅 D.2 节）。一种替代方法是简单地使用命令 `ar()` 将高阶 AR(p) 模型拟合到（可能是差分后的）数据，然后使用这些残差。在这种情况下，估计的模型将具有有限表示形式：$\hat{\pi}(B) = \hat{\phi}(B)(1-B)^d$。

2） 使用上一步中的拟合模型以相同方式过滤 y_t 序列：

$$\hat{y}_t = \hat{\pi}(B)y_t$$

3） 对 $\hat{w}_t$ 和 $\hat{y}_t$ 进行交叉相关分析。

例 8.9 死亡率与污染

在例 3.5 和例 5.16 中，我们使用来自同一时间段的数据（即，在回归中未使用滞后值）将心血管死亡率 `cmort` 对温度 `tempr` 和颗粒物污染 `part` 进行回归。在习题 3.2 中，我们考虑增加了一个滞后 4 周的污染回归元，因为看起来污染可能相对死亡率而言先行大约一个月。但是，我们没有工具来确定两个序列之间是否确实存在先行–滞后关系。

我们将专注于死亡率和污染，把对死亡率和温度分析留到习题 8.10。图 8.9 显示了死亡率和污染之间的样本 CCF。在预白化之前，请注意图 8.9 和图 2.6 之间的相似之处。CCF 显示数据具有年度周期，但要确定任何先行–滞后关系并不容易。

根据程序，我们首先将白化 `cmort`。数据如图 3.2 所示，我们注意到数据存在趋势性。显然下一步是检查差分的心血管死亡率的行为。图 8.10 显示了 ∇M_t 的样本 ACF 和 PACF，意味着 AR(1) 非常适用。然后我们获得了残差并对污染 part 进行了适当的转化。图 8.11 显示了结果样本 CCF，其中我们注意到零延迟相关性是主导。考虑到数据在一周内不断变化，两个序列同时移动很有意义。

在习题 8.10 中，你将证明替换为温度序列后能够得到相似的结果，因此例 5.16 中的分析有效。此示例的 R 代码如下：

```
ccf2(cmort, part)  #  Figure 8.9
acf2(diff(cmort))  #  Figure 8.10 implies AR(1)
u = sarima(cmort, 1, 1, 0, no.constant=TRUE) # fits well
  Coefficients:
           ar1
```

```
        -0.5064
  s.e.   0.0383
cmortw = resid(u$fit) # this is ŵ_t = (1 + .5064B)(1 - B)x̂_t
phi = as.vector(u$fit$coef)  #  -.5064
# filter particluates the same way
partf = filter(diff(part), filter=c(1, -phi), sides=1)
## -- now line up the series - this step is important --##
both = ts.intersect(cmortw, partf) # line them up
Mw = both[,1]     # cmort whitened
Pf = both[,2]     # part filtered
ccf2(Mw, Pf)      # Figure 8.11
```

□

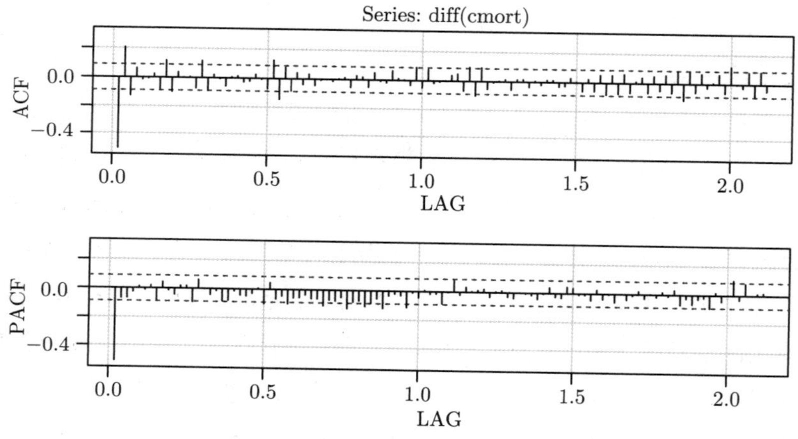

图 8.10　差分后心血管疾病死亡率的 ACF 和 PACF

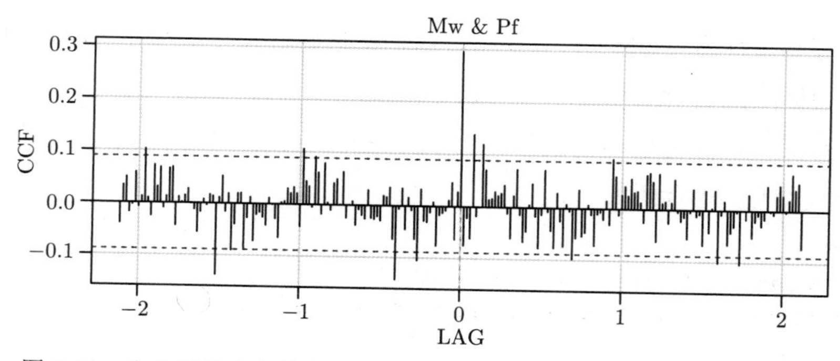

图 8.11　白化后的心血管疾病死亡率和过滤后的颗粒物污染之间的 CCF

8.6 自回归模型的自助法

在估计 ARMA 过程的参数时，我们依靠诸如性质 4.29 之类的结果来得出置信区间。例如，对于 AR(1)，如果 n 很大，则式 (4.31) 告诉我们，ϕ 的近似 $100(1-\alpha)\%$ 置信区间为

$$\widehat{\phi} \pm z_{\alpha/2}\sqrt{\frac{1-\hat{\phi}^2}{n}}$$

如果 n 很小，或者参数接近边界，则大样本近似值可能会很差。在这种情况下，自助法（bootstrap）可能会有帮助。在 Efron 和 Tibshirani（1994）的文献中可以找到自助法的一般处理方法。在这里我们讨论 AR(1) 的情况，AR(p) 情况的处理可以直接套用。有关 ARMA 和更一般的模型，请参见 Shumway 和 Stoffer（2017，第 6 章）。

我们考虑一个 AR(1) 模型，其回归系数在因果临界值附近，而且它的误差是一个对称的非正态过程。具体来说，考虑因果模型

$$x_t = \mu + \phi(x_{t-1} - \mu) + w_t \tag{8.35}$$

其中 $\mu = 50$，$\phi = 0.95$，且 w_t 是独立同分布的拉普拉斯（双指数）分布，其位置为 0 且尺度参数 $\beta = 2$。w_t 的密度由下式给出：

$$f(w) = \frac{1}{2\beta}\exp\{-|w|/\beta\} \quad -\infty < w < \infty$$

在这个例子中，$E(w_t) = 0$ 且 $\text{var}(w_t) = 2\beta^2 = 8$。图 8.12 显示了来自该过程的 $n = 100$ 个模拟观测值，以及标准正态分布密度和标准拉普拉斯分布密度之间的比较。请注意，拉普拉斯分布密度的尾部较厚。

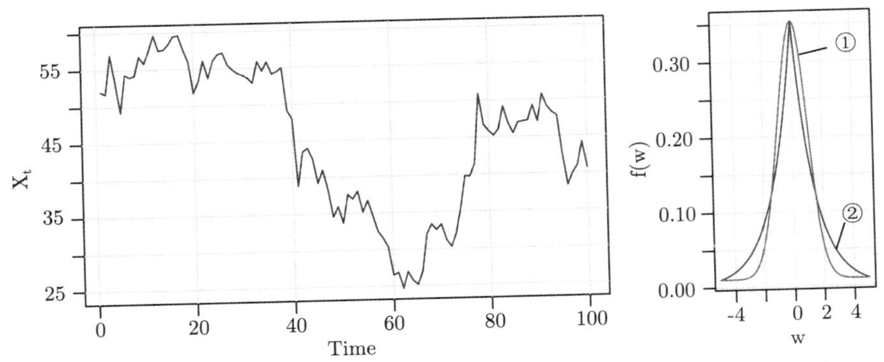

图 8.12 左：从误差服从拉普拉斯分布的 AR(1) 模型生成的 100 个观测值，见式 (8.35)。右：标准拉普拉斯分布（①）和标准正态分布（②）密度图

为了展示自助法的优点，我们先假定不知道实际误差的分布。图 8.12 中的数据通过如下代码生成。

```
# data
set.seed(101010)
e = rexp(150, rate=.5); u = runif(150,-1,1); de = e*sign(u)
dex = 50 + arima.sim(n=100, list(ar=.95), innov=de, n.start=50)
layout(matrix(1:2, nrow=1), widths=c(5,2))
tsplot(dex, col=4, ylab=expression(X[~t]))
# density - standard Laplace vs normal
f = function(x) { .5*dexp(abs(x), rate = 1/sqrt(2))}
curve(f, -5, 5, panel.first=Grid(), col=4, ylab="f(w)", xlab="w")
par(new=TRUE)
curve(dnorm, -5, 5, ylab="", xlab="", yaxt="no", xaxt="no", col=2)
```

使用这些数据，我们得到 Yule-Walker 估计量 $\hat{\mu}=45.25$、$\hat{\phi}=0.96$ 和 $\hat{\sigma}_w^2=7.88$，如下所示。

```
fit = ar.yw(dex, order=1)
round(cbind(fit$x.mean, fit$ar, fit$var.pred), 2)
  [1,]    45.25      0.96   7.88
```

为了评估 $n=100$ 时 $\hat{\phi}$ 的有限样本分布，我们模拟了 1000 次这个 AR(1) 过程并通过 Yule-Walker 估计了参数。基于 1000 次重复模拟的 Yule-Walker 估计值的有限样本分布密度如图 8.13 所示。基于性质 4.29，我们可以说 $\hat{\phi}$ 近似服从均值为 ϕ（假定不知道）和方差为 $(1-\phi^2)/100$ 的正态分布，我们可以用 $(1-0.96^2)/100=0.03^2$ 来近似方差，这个分布也同时绘制在图 8.13 上。很明显，这个样本量的抽样分布并不接近正态分布。执行模拟的 R 代码如下所示。我们使用本例结尾处的结果。

```
set.seed(111)
phi.yw = c()
for (i in 1:1000){
  e = rexp(150, rate=.5)
  u = runif(150,-1,1)
  de = e*sign(u)
  x = 50 + arima.sim(n=100, list(ar=.95), innov=de, n.start=50)
  phi.yw[i] = ar.yw(x, order=1)$ar
}
```

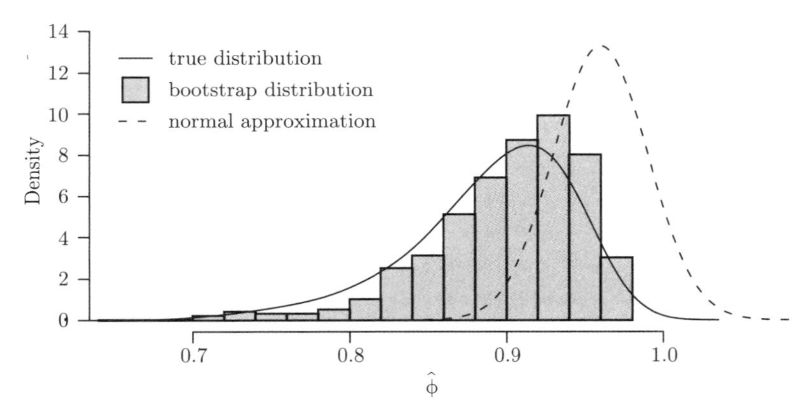

图 8.13 ϕ 的 Yule-Walker 估计的有限样本分布密度（实线）和相应的渐近正态分布密度（虚线）。$\hat{\phi}$ 的自助法直方图基于 500 个自助法样本

前面的模拟需要了解完整的模型、参数值和噪声分布。当然，在抽样情况下，我们不会获得这些关于进行前面模拟的必要信息，因此也将无法产生如图 8.13 所示的图形。然而，自助法为我们提供了一种解决问题的方法。

为了在这里使用自助法模拟，我们使用参数估计值 $\hat{\mu}=45.25$ 和 $\hat{\phi}=0.96$ 代替参数，并在给定 x_1 的条件下，计算误差

$$\hat{w}_t=(x_t-\hat{\mu})-\hat{\phi}\,(x_{t-1}-\hat{\mu}),\quad t=2,\cdots,100 \tag{8.36}$$

为了获得一个自助法样本，首先对估计误差集合 $\{\hat{w}_2,\cdots,\hat{w}_{100}\}$ 进行有放回的随机抽样，得到 $n=99$ 个值，将抽样值记为

$$\{w_2^*,\cdots,w_{100}^*\}$$

现在通过以下法则生成一个自助法抽样数据

$$x_t^*=45.25+0.96\left(x_{t-1}^*-45.25\right)+w_t^*,\quad t=2,\cdots,100 \tag{8.37}$$

其中 x_1^* 固定为 x_1。

接下来，假设数据是 x_t^*，进行参数估计。把这些估计记为 $\hat{\mu}(1)$、$\hat{\phi}(1)$ 和 $\sigma_w^2(1)$。大量重复这个过程 B 次，生成自助法抽样参数估计值的一个集合 $\{\hat{\mu}(b),\hat{\phi}(b),\sigma_w^2(b);b=1,\cdots,B\}$。然后，我们可以从自助法参数估计值得到估计量的近似抽样分布。例如，我们可以用 $\hat{\phi}(b)-\hat{\phi}$ 的经验分布近似 $\hat{\phi}-\phi$ 的分布，其中 $b=1,\cdots,B$。

图 8.13 显示了图 8.12 的数据经过自助法抽样后获得的 500 个 ϕ 的估计值的直方图。请注意，$\hat{\phi}$ 的自助法分布接近图 8.13 所示的 $\hat{\phi}$ 分布。以下代码可以获得以上结论：

```
set.seed(666)              # not that 666
fit = ar.yw(dex, order=1) # assumes the data were retained
m = fit$x.mean             # estimate of mean
phi = fit$ar               # estimate of phi
nboot = 500                # number of bootstrap replicates
resids = fit$resid[-1]     # the 99 residuals
x.star = dex               # initialize x*
phi.star.yw = c()
# Bootstrap
for (i in 1:nboot) {
 resid.star = sample(resids, replace=TRUE)
  for (t in 1:99){
   x.star[t+1] = m + phi*(x.star[t]-m) + resid.star[t]
  }
 phi.star.yw[i] = ar.yw(x.star, order=1)$ar
}
# Picture
culer = rgb(0,.5,.5,.4)
hist(phi.star.yw, 15, main="", prob=TRUE, xlim=c(.65,1.05),
           ylim=c(0,14), col=culer, xlab=expression(hat(phi)))
lines(density(phi.yw, bw=.02), lwd=2) # from previous simulation
u = seq(.75, 1.1, by=.001)            # normal approximation
lines(u, dnorm(u, mean=.96, sd=.03), lty=2, lwd=2)
legend(.65, 14, legend=c("true distribution", "bootstrap
           distribution", "normal approximation"), bty="n",
           lty=c(1,0,2), lwd=c(2,1,2), col=1, pch=c(NA,22,NA),
           pt.bg=c(NA,culer,NA), pt.cex=3.5, y.intersp=1.5)
```

如果我们想要 $100(1-\alpha)\%$ 置信区间，则可以使用 $\hat{\phi}$ 的自助法分布，如下所示：

```
alf = .025    # 95% CI
quantile(phi.star.yw, probs = c(alf, 1-alf))
     2.5%   97.5%
  0.78147 0.96717
```

这非常接近模拟数据的实际区间：

```
quantile(phi.yw, probs = c(alf, 1-alf))
     2.5%   97.5%
  0.76648 0.96067
```

而正态分布的置信区间为：

```
n=100; phi = fit$ar; se = sqrt((1-phi)/n)
c( phi - qnorm(1-alf)*se, phi + qnorm(1-alf)*se )
 [1] 0.92065 0.99915
```

这和前者具有非常大的差异。

8.7 阈值自回归模型

平稳正态时间序列具有以下特性：时间序列在时间上向前（$x_{1:n}=\{x_1,x_2,\cdots,x_n\}$）的分布与时间上向后（$x_{n:1}=\{x_n,x_{n-1},\cdots,x_1\}$）的分布相同。这是因为每个自相关函数仅取决于时间差，对于 $x_{1:n}$ 和 $x_{n:1}$ 而言是相同的。在这种情况下，$x_{1:n}$ 的时序图（即，在时间上向前绘制的数据）应该与 $x_{n:1}$ 的时序图（即，在时间上向后绘制的数据）看起来相似。

但是，有许多序列不适合这一类模型。例如，图 8.14 显示了 10 年间美国月度每万人中肺炎和流感死亡人数的情况。生成图 8.14 的代码如下：

```
tsplot(flu, type="c", ylab="Influenza Deaths per 10,000")
Months = c("J","F","M","A","M","J","J","A","S","O","N","D")
culers = c(rgb(0,.4,.8), rgb(.8,0,.4), rgb(0,.8,.4), rgb(.8,.4,0))
points(flu, pch=Months, cex=.8, font=4, col=culers)
```

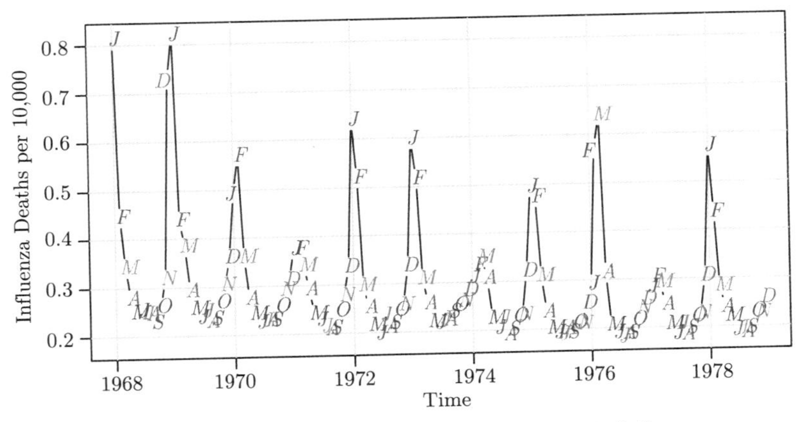

图 8.14 美国月度每万人中肺炎和流感死亡人数

通常情况下，死亡人数增加的速度往往快于死亡人数减少的速度（↑↘），尤其是在疾病流行期间。因此，如果数据是在时间上向后绘制的，那么该序列增加的速度往往会比它减少的速度慢。同时，如果每月肺炎和流感死亡遵循正态分布，我们不会期望在本序列中周期性地发生如此大的正向和负向变化。此外，尽管冬季的死亡人数通常最多，但数据并不是完全季节性的。也就是说，尽管该序列的高峰期通常发生在 1 月，但在其他年份，峰值可能出现在 2 月或 3 月。因此，季节性 ARMA 模型不会捕获此行为。

在本节，我们关注 Tong（1983）提出的阈值 AR 模型。这些模型的基本思想是拟合局部线性 ARMA 模型，它们的吸引力在于我们可以使用拟合全局线性 ARMA 模型的思路。例如，2 区制自激励阈值 AR（Self-Exciting Threshold AR，SETAR）模型如下所示：

$$x_t = \begin{cases} \phi_0^{(1)} + \sum_{i=1}^{p_1} \phi_i^{(1)} x_{t-i} + w_t^{(1)} & x_{t-d} \leqslant r \\ \phi_0^{(2)} + \sum_{i=1}^{p_2} \phi_i^{(2)} x_{t-i} + w_t^{(2)} & x_{t-d} > r \end{cases} \tag{8.38}$$

其中，对于 $j = 1, 2$，$w_t^{(j)} \sim \text{iid } N(0, \sigma_j^2)$，正整数 d 是指定的延迟，r 是一个实数。

这些模型允许 AR 系数随时间变化，并且这些变化通过将先前的值（经过时间 d 期滞后）与固定阈值进行比较来确定。每种不同的 AR 模型被称为区制（regime）。在上面的定义中，AR 模型的阶数（p_j）在每个区制中可以不同，尽管在许多应用中它们是相等的。

该模型可以推广为包括依赖于过程中过去观测值集合的区制，或者依赖于外生变量（在这种情况下模型不是自激励模型）的区制的情况，例如捕食者–猎物案例。例 1.5 中讨论的加拿大猞猁数据集已被广泛研究，该序列通常用于证明阈值模型的拟合。回想一下，白靴兔是猞猁最主要的猎物，猞猁的种群数量随着白靴兔种群数量的变化而变化。在这种情况下，将式 (8.38)中的 x_{t-d} 替换为 y_{t-d} 似乎是合理的，其中 y_t 是白靴兔种群的大小。但是，以肺炎和流感死亡为例，考虑到流感传播的性质，使用自激励模型似乎是合适的。

与许多其他非线性时间序列模型相比，TAR 模型之所以普及是因为它们的设定、估计和解释相对简单。此外，尽管 TAR 模型具有明显的简单性，但它可以再现许多非线性现象。在下面的例子中，我们使用这些方法将阈值模型拟合到前面提到的月度肺炎和流感死亡序列。

例 8.10　流感序列的阈值模型建模

如前所述，图 8.14 的检查使我们相信，月度肺炎和流感死亡的时间序列 flu_t 是非线性的。从图 8.14 中也可以看出，数据中存在轻微的负向趋势。我们发现，在消除趋势的同

时，将阈值模型拟合到这些数据的最方便的方法是使用一阶差分

$$x_t = \nabla \text{flu}_t$$

它在图 8.16 中表示为点。

在一阶差分 x_t 的图中，数据的非线性更加明显。很明显 x_t 慢慢上升了几个月，然后，在冬天的某个时候，一旦 x_t 超过约 0.05，就有可能跳到很大的数字。如果该过程进行了大的跳跃，则随后 x_t 将显著减少。另一个有说服力的图形是图 8.15 中所示的 x_t 与 x_{t-1} 的关系图，表明 x_{t-1} 是否超过 0.05 的两种线性区间的概率。

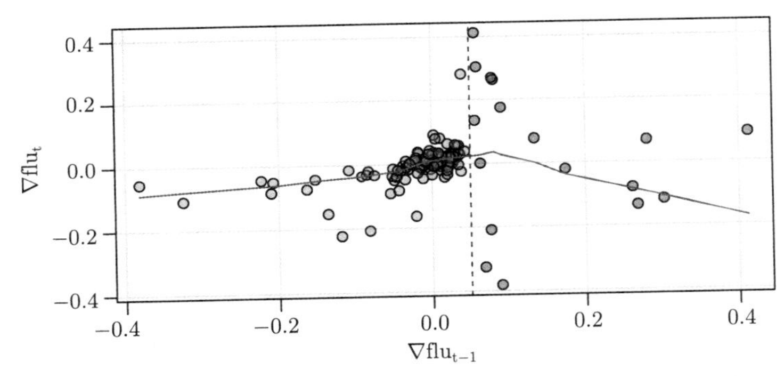

图 8.15 ∇flu_t 与 ∇flu_{t-1} 的散点图，包括一条叠加的拟合线。垂直虚线表示 $\nabla \text{flu}_{t-1} = 0.05$

作为初步分析，我们拟合以下阈值模型：

$$\begin{aligned} x_t &= \alpha^{(1)} + \sum_{j=1}^{p} \phi_j^{(1)} x_{t-j} + w_t^{(1)}, \quad x_{t-1} < 0.05 \\ x_t &= \alpha^{(2)} + \sum_{j=1}^{p} \phi_j^{(2)} x_{t-j} + w_t^{(2)}, \quad x_{t-1} \geqslant 0.05 \end{aligned} \tag{8.39}$$

其中 $p = 6$，假定这将大于必要的滞后阶数。使用两个线性回归模型可以很容易拟合模型 (8.39)，一个模型在 $x_{t-1} < 0.05$ 时进行拟合，另一个在 $x_{t-1} \geqslant 0.05$ 时进行拟合。详细信息在本例末尾的 R 代码中提供。

最后选择了阶数 $p = 4$ 进行拟合，结果为

$$\hat{x}_t = 0 + 0.51_{(0.08)} x_{t-1} - 0.20_{(0.06)} x_{t-2} + 0.12_{(0.05)} x_{t-3}$$

$$
\begin{aligned}
&- 0.11_{(0.05)}x_{t-4} + \hat{w}_t^{(1)}, \quad x_{t-1} < 0.05 \\
\hat{x}_t =& 0.40 - 0.75_{(0.17)}x_{t-1} - 1.03_{(0.21)}x_{t-2} - 2.05_{(1.05)}x_{t-3} \\
&- 6.71_{(1.25)}x_{t-4} + \hat{w}_t^{(2)}, \quad x_{t-1} \geqslant 0.05
\end{aligned}
$$

其中 $\hat{\sigma}_1 = 0.05$ 且 $\hat{\sigma}_2 = 0.07$。阈值 0.05 被超过了 17 次。

使用最终模型，可以进行向前一个月的预测，这些预测在图 8.16 中显示为一条实线。该模型在预测流感疫情方面做得非常好，然而，这个模型错过了 1976 年的高峰期。当我们拟合一个具有较低阈值 0.04 的模型时，流感疫情有些被低估，但是第 8 年的流感疫情被提前一个月预测。我们选择了阈值为 0.05 的模型，因为残差诊断显示没有明显偏离模型的设定（除了 1976 年的一个异常值）；阈值为 0.04 的模型在残差中仍然存在一些相关性，并且存在多个异常值。最后，对于该模型超过一个月的预测是复杂的，但存在一些相似的技术（见 Tong，1983）。以下命令可用于在 R 中执行此分析：

```
# Start analysis
dflu = diff(flu)
lag1.plot(dflu, corr=FALSE)    # scatterplot with lowess fit
thrsh = .05                    # threshold
Z     = ts.intersect(dflu, lag(dflu,-1), lag(dflu,-2), lag(dflu,-3),
          lag(dflu,-4) )
ind1 = ifelse(Z[,2] < thrsh, 1, NA)  # indicator < thrsh
ind2 = ifelse(Z[,2] < thrsh, NA, 1)  # indicator >= thrsh
X1   = Z[,1]*ind1
X2   = Z[,1]*ind2
summary(fit1 <- lm(X1~ Z[,2:5]) )      # case 1
summary(fit2 <- lm(X2~ Z[,2:5]) )      # case 2
D    = cbind(rep(1, nrow(Z)), Z[,2:5])  # design matrix
p1   = D %*% coef(fit1)                 # get predictions
p2   = D %*% coef(fit2)
prd  = ifelse(Z[,2] < thrsh, p1, p2)
# Figure 8.16
tsplot(prd, ylim=c(-.5,.5), ylab=expression(nabla~flu[~t]), lwd=2,
          col=rgb(0,0,.9,.5))
prde1 = sqrt(sum(resid(fit1)^2)/df.residual(fit1))
prde2 = sqrt(sum(resid(fit2)^2)/df.residual(fit2))
prde  = ifelse(Z[,2] < thrsh, prde1, prde2)
    x = time(dflu)[-(1:4)]
    x = c(x, rev(x))
```

```
  yy = c(prd - 2*prde, rev(prd + 2*prde))
polygon(xx, yy, border=8, col=rgb(.4,.5,.6,.15))
abline(h=.05, col=4, lty=6)
points(dflu, pch=16, col="darkred")
```

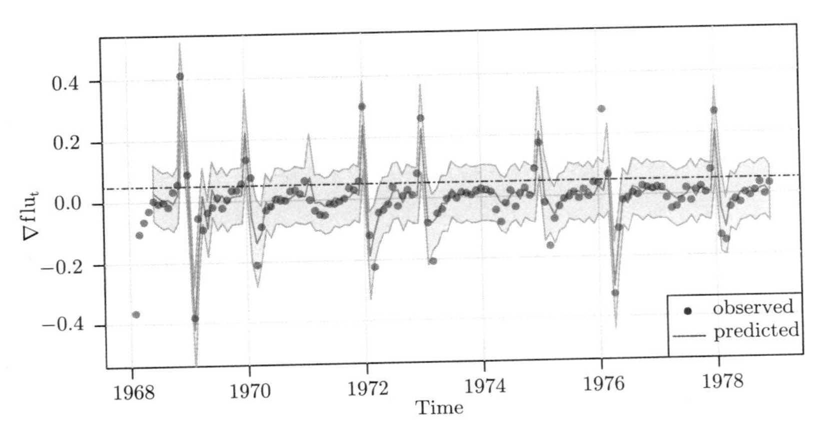

图 8.16 美国月度肺炎和流感死亡序列的一阶差分（点），具有 ±2 个预测误差界限的向前一个月预测（实线）。水平线是阈值

虽然命令 lag1.plot(dflu, corr = FALSE) 给出了图 8.15 的版本，但我们使用以下代码进行处理：

```
par(mar=c(2.5,2.5,0,0)+.5, mgp=c(1.6,.6,0))
U = matrix(Z, ncol=5) # Z was created in the analysis above
culer = c(rgb(0,1,0,.4), rgb(0,0,1,.4))
culers = ifelse(U[,2]<.05, culer[1], culer[2])
plot(U[,2], U[,1], panel.first=Grid(), pch=21, cex=1.1, bg=culers,
         xlab=expression(nabla~flu[~t-1]),
         ylab=expression(nabla~flu[~t]))
lines(lowess(U[,2], U[,1], f=2/3), col=6)
abline(v=.05, lty=2, col=4)
```

最后，我们注意到 R 中有一个名为 tsDyn 的添加包可用于拟合这些模型，我们假设 dflu 已经存在。

```
library(tsDyn) # load package - install it if you don"t have it
# vignette("tsDyn") # for package details
(u = setar(dflu, m=4, thDelay=0, th=.05)) # fit model and view results
(u = setar(dflu, m=4, thDelay=0)) # let program fit threshold (=.036)
BIC(u); AIC(u)   # if you want to try other models; m=3 works well too
```

```
plot(u)            # graphics - ?plot.setar for information
```

这里找到的阈值是 0.036，存在与前面提到的采用阈值 0.04 时相同的缺点。 □

习题

8.1 研究美国 GDP（gdp）的季度增长率是否表现出 GARCH 效应。如果是这样，请为增长率拟合一个合适的模型。

8.2 研究将非正态 GARCH 模型拟合到例 8.1 中分析的美国 GNP 数据集是否可以提高拟合度。

8.3 数据集 oil 中包含了美元计价的每桶原油现货价格的周数据。研究每周油价的增长率是否表现出 GARCH 效应。如果是这样，请对增长率拟合一个适当的模型。

8.4 R 的stats 添加包包含四个欧洲主要股票指数的每日收盘价，请输入 help(EuStockMarkets) 了解详情。将 GARCH 模型拟合到其中一个序列的收益率并对结果进行讨论。（注意：数据集包含实际值，而不是收益率。因此，必须在模型拟合之前转换数据。）

8.5 绘制全球（海洋）气温序列 gtemp_ocean，然后使用例 8.4 中讨论的 DF、ADF 和 PP 检验，原假设为存在单位根，备择假设为过程平稳。对结果进行评论。

8.6 采用数据集 gnp 绘制 GNP 序列，然后对该过程进行检验，原假设为存在单位根，备择假设为过程是发散的。陈述你的结论。

8.7 数据集 arf 是来自 ARFIMA(1, 1, 0) 模型的 1000 次模拟观测，其中 $\phi = 0.75$ 且 $d = 0.4$。

（a） 绘制数据并进行讨论。

（b） 绘制数据的 ACF 和 PACF 并进行讨论。

（c） 估计参数并检验估计值 $\hat{\phi}$ 和 $\hat{d}$ 的显著性。

（d） 使用（a）和（b）的结果，解释为什么在分析之前对数据进行差分似乎是合理的。也就是说，如果 x_t 代表数据，请解释为什么我们选择将 ARMA 模型拟合到 ∇x_t。

（e） 绘制 ∇x_t 的 ACF 和 PACF 并进行讨论。

（f） 将 ARMA 模型拟合到 ∇x_t 并进行讨论。

8.8 以例 8.8 为例，将状态空间模型拟合到数据集 jj 中的强生公司收益数据。使用（a）

平滑器、(b) 预测器和 (c) 滤波器绘制数据，并在每个数据上叠加误差范围 (三个独立的绘图)。比较 (a)、(b) 和 (c) 的结果。另外，可以从 ϕ 的估计值中得到收益的增长率吗？

8.9 `climhyd` 中的数据包含 Shasta 湖的气候变量共 454 个月的测量值，包括空气温度、露点温度、云量、风速、降水和入流。绘制数据并将 ARFIMA 模型拟合到风速序列 `climhyd$WndSpd`，执行所有诊断。陈述你的结论。

8.10 (a) 绘制心血管死亡率和温度序列间的样本 CCF。将其与图 8.9 进行比较并讨论结果。

(b) 对于心血管死亡率和温度序列，重新完成例 8.9 的交叉相关分析。陈述你的结论。

8.11 重复 8.6 节的自助法分析，但误差分布服从非对称的中心化标准对数正态分布 (回想一下，如果 $\log X$ 服从正态分布，则 X 服从对数正态分布；在 R 中查看`?rlnorm`)。要从此分布生成 n 个观察值，请使用以下代码：

```
n = 150    # desired number of obs
w = rlnorm(n) - exp(.5)
```

8.12 计算直到滞后 200 期的 NYSE 绝对收益率 (`nyse`) 的样本 ACF，并讨论 ACF 是否表现出长记忆。将 ARFIMA 模型拟合到绝对收益率序列并进行讨论。

8.13 将阈值 AR 模型拟合到 `lynx` 序列。

8.14 太阳黑子数据 (`sunspotz`) 绘制在图 A.4 中。根据数据的时序图，讨论为什么将阈值模型拟合到此数据是合理的，并拟合阈值模型。

附录 A　R 补充材料

A.1　安装 R

R 是用于统计计算和图形绘制的开源编程语言和软件环境，可在多种操作系统上运行。它是一种解释语言，可以通过命令行解释器进行访问。用户输入命令，按 Enter 键，然后返回答案。

要获得 R，请用浏览器访问 R 综合归档网址（Comprehensive R Archive Network，CRAN）http://cran.r-project.org/并下载和安装它。安装的内容包括帮助文件和一些用户手册。通过互联网可以搜集各种简短的教程和 YouTube 视频。

RStudio（https://www.rstudio.com/）可以简化 R 的使用，我们建议你将其用于课程工作。它是 R 的开源集成开发环境（Integrated Development Environment，IDE）。它包括一个控制台，支持代码直接执行的语法高亮编辑器，以及用于绘图、历史记录、调试和工作区管理的工具。本教程不假定你正在使用 RStudio。如果你使用它，则可以通过指向和单击来完成许多命令驱动的任务。

本附录中有 18 个简单的练习，可以帮助你学会使用 R。例如：

练习 A.1　安装 R 和 RStudio（可选）。

解　请按照上述说明进行操作。

A.2　R 添加包以及本书附带的添加包 ASTSA

此时，你应该已经启动 R（或 RStudio）并运行它了。R 通过添加包扩展其功能。R 附带了许多立即可用的预加载添加包，其中包括随 R 一起安装并自动加载的“基础”添加包、随 R 一起安装但不会自动加载的“优先”添加包，以及一些用户创建的添加包，在使用前必须将其安装并加载到 R 中。如果你使用的是 RStudio，则有一个“Packages”选项卡可帮助你管理添加包。

大多数添加包可以从 CRAN 及其镜像中获得。例如，在第 1 章中，我们使用可扩展时间序列添加包 xts。要安装 xts，请启动 R 并输入：

```
install.packages("xts")
```

如果使用的是 RStudio，请选择“Packages” → “Install”。要使用该添加包，你首先需要通过以下命令来加载它：

```
library(xts)
```

如果你使用的是 RStudio，只需单击添加包名字旁边的框即可。xts 添加包还将安装添加包 zoo（常规和不规则时间序列的基础结构 [Z's Ordered Observations]），我们将在许多示例中使用它。现在是获取这些添加包的好时机：

练习 A.2 安装 xts 包和 zoo 包。

解 请按照上述说明进行操作。

本书中广泛使用的添加包是 astsa（Applied Statistical Time Series Analysis，应用统计时间序列分析），我们假定已安装 1.8.8 版本或更高版本。该添加包的最新版本将始终可从 GitHub 获得。你也可以从 CRAN 获取该添加包，但它可能不是最新版本。

练习 A.3 从 GitHub 安装最新版本的 astsa。

解 启动 R 或 RStudio 并粘贴以下命令。

```
install.packages("devtools")
devtools::install_github("nickpoison/astsa")
```

如前所述，要使用添加包，必须在启动 R 之后加载它：

```
library(astsa)
```

如果你不使用 RStudio，则可能要创建一个.First 函数，如下所示：

```
.First <- function(){library(astsa)}
```

并在退出时保存工作区，然后每次启动都会加载 astsa。

A.3 获取帮助

在 RStudio 中，有一个“Help”选项卡，可以通过该选项卡获得帮助。也可以通过发出以下命令来启动 R 的网页帮助系统：

```
help.start()
```

也可以在此处找到已安装添加包的帮助文件。注意上面所有命令中的括号；它们是运行脚本所必需的。如果你只是键入

```
help.start
```

那么什么也不会发生，而是只会看到组成脚本的命令。要获得特定命令的帮助，例如关于 `library` 的帮助，请执行以下操作：

```
help(library)
?library          # same thing
```

需要指出的是：

如果你不知道该怎么做，请使用互联网进行搜索。

A.4 基础

本书中的约定是，在 R 代码中，输出为带有缩进的行后面的内容，注释为带井号符的斜体文本。启动 R 并尝试一些简单的任务。

```
2+2             # addition
 [1] 5
5*5 + 2         # multiplication and addition
 [1] 27
5/5 - 3         # division and subtraction
 [1] -2
log(exp(pi))    # log, exponential, pi
 [1] 3.141593
sin(pi/2)       # sinusoids
 [1] 1
2^(-2)          # power
 [1] 0.25
sqrt(8)         # square root
 [1] 2.828427
-1:5             # sequences
 [1] -1  0  1  2  3  4  5
seq(1, 10, by=2)   # sequences
 [1] 1 3 5 7 9
rep(2, 3)       # repeat 2 three times
 [1] 2 2 2
```

✍ **练习 A.4**　解释一下如果执行此操作会得到什么：(1:20/10) % % 1。

解　会生成如下这些数字,但请解释为什么会产生这些数字。提示:使用命令help(" % % ")。

```
 [1] 0.1 0.2 0.3 0.4 0.5 0.6 0.7 0.8 0.9 0.0
[11] 0.1 0.2 0.3 0.4 0.5 0.6 0.7 0.8 0.9 0.0
```

✍ **练习 A.5**　验证 $1/\mathrm{i} = -\mathrm{i}$，其中 $\mathrm{i} = \sqrt{-1}$。

解　复数 i 在 R 中写为 1i。

```
1/1i
 [1] 0-1i # complex numbers are displayed as a+bi
```

✍ **练习 A.6**　计算 $\mathrm{e}^{\mathrm{i}\pi}$。

解　这很简单。

✍ **练习 A.7**　计算这四个数：$\cos(\pi/2)$，$\cos(\pi)$，$\cos(3\pi/2)$，$\cos(2\pi)$。

解　R 的优点之一是你可以在一行中做很多事情。因此，与其在四个单独的命令行中执行此操作，不如考虑使用诸如 (pi * 1:4/2) 之类的命令。请注意，你不一定总是会得到 0，但会得到接近 0 的值。在这里，你会看到这种情况。

对象和赋值

接下来，我们将使用赋值来生成一些对象：

```
x <- 1 + 2  # put 1 + 2 in object x
x = 1 + 2   # same as above with fewer keystrokes
1 + 2 -> x  # same
x           # view object x
 [1] 3
(y = 9 * 3)   # put 9 times 3 in y and view the result
 [1] 27
(z = rnorm(5)) # put 5 standard normals into z and print z
 [1] 0.96607946  1.98135811 -0.06064527  0.31028473  0.02046853
```

向量可以是各种类型，可以使用 c()[连接或合并] 将向量组合在一起，例如：

```
x <- c(1, 2, 3)               # numeric vector
y <- c("one","two","three")  # character vector
z <- c(TRUE, TRUE, FALSE)    # logical vector
```

缺失值用符号 NA 表示，∞ 用 Inf 表示，不可能出现的值用 NaN 表示。这里有些例子：

```
( x = c(0, 1, NA) )
 [1]  0  1 NA
2*x
 [1]  0  2 NA
is.na(x)
 [1] FALSE FALSE  TRUE
x/0
 [1] NaN Inf  NA
```

<-和 = 之间有区别。从 R 的 help(assignOps) 中，你会发现：运算符 <-可以在任何地方使用，而运算符 = 仅允许在顶层使用。

练习 A.8 以下两行命令有什么区别？

```
0 = x = y
0 -> x -> y
```

解 运行它们，探索 x 和 y 中的内容。

需要指出的是 R 的算术循环规则。注意在一行上的多个命令中需要使用分号。

```
x = c(1, 2, 3, 4); y = c(2, 4); z = c(8, 3, 2)
x * y
 [1] 2  8  6 16
y + z   # oops
 [1] 10  7  4
Warning message:
In y + z : longer object length is not a multiple of shorter object
          length
```

练习 A.9 为什么 y + z 会得到向量 $(10, 7, 4)$？为什么会有警告？

解 因为循环规则。

以下命令很有用：

```
ls()                # list all objects
 "dummy" "mydata" "x" "y" "z"
ls(pattern = "my") # list every object that contains "my"
 "dummy" "mydata"
rm(dummy)           # remove object "dummy"
rm(list=ls())       # remove almost everything (use with caution)
data()              # list of available data sets
help(ls)            # specific help (?ls is the same)
getwd()             # get working directory
setwd()             # change working directory
q()                 # end the session (keep reading)
```

你可以参考 https://cran.r-project.org/doc/contrib/Short-refcard.pdf。退出时，R 将提示你保存当前工作区的图像。回答“yes”将保存你到目前为止所做的工作，并在下次启动 R 时将其加载。我们从不后悔选择“yes”，但会后悔选择“no”。

如果要**使文件分开用于不同的项目**，那么每次运行 R 时都必须设置工作目录是很令人痛苦的。如果使用 RStudio，则可以轻松地（从“File”菜单中）创建单独的项目，参考 https://support.rstudio.com/hc/zh-cn/articles/200526207，其中有一些简单的解决方法，但这取决于你的操作系统。在 Windows 中，将 R 或 RStudio 快捷方式复制到要用于项目的目录中。右键单击快捷方式图标，选择“Properties”，然后删除“Start in: ”字段中的文本；将其保留为空白，然后单击 OK。之后从该快捷方式启动 R 或 RStudio。

练习 A.10　创建一个将用于本课程的目录，并使用前面提到的技巧将其设置为你的工作目录（如果不需要，则使用默认目录）。加载 astsa 包并使用帮助文档来查找数据文件 cpg 中的内容。将 cpg 以文本文档的形式写到你的工作目录中。

解　假设你在工作目录中启动了 R:

```
library(astsa)
help(cpg)      # or ?cpg
  Median ...
write(cpg, file="zzz.txt", ncolumns=1)  # zzz makes it easy to find
```

练习 A.11　找到先前创建的文件 zzz.txt（暂时保留在此处）。

解　在 RStudio 中，使用“File”选项卡。否则，请转到你的工作目录并执行:

```
getwd()
 "C:\TimeSeries"
```

现在找到文件并查看它；每一列中应该有 29 个数字。

要创建自己的数据集，可以按如下所示创建数据向量:

```
mydata = c(1,2,3,2,1)
```

现在，你有了一个名为 mydata 的对象，其中包含五个元素。即使它们没有维度（没有行，没有列），R 也会将它们视为向量，因为它们确实有顺序和长度:

```
mydata          # display the data
 [1] 1 2 3 2 1
mydata[3:5]     # elements three through five
 [1] 3 2 1
mydata[-(1:2)] # everything except the first two elements
```

```
 [1] 3 2 1
length(mydata) # number of elements
 [1] 5
scale(mydata)  # standardize the vector of observations
           [,1]
 [1,] -0.9561829
 [2,]  0.2390457
 [3,]  1.4342743
 [4,]  0.2390457
 [5,] -0.9561829
 attr(,"scaled:center")
 [1] 1.8
 attr(,"scaled:scale")
 [1] 0.83666
dim(mydata)     # no dimensions
 NULL
mydata = as.matrix(mydata)  # make it a matrix
dim(mydata)     # now it has dimensions
 [1] 5 1
```

如果你有一个外部数据集，则可以使用 scan 或 read.table（或一些其他的变体）读入数据。例如，假设你在工作目录中有一个名为 dummy.txt 的 ASCII（文本文档）数据文件，该文件如下所示：

```
1  2  3  2  1
9  0  2  1  0
```

```
(dummy = scan("dummy.txt") )        # scan and view it
Read 10 items
[1] 1 2 3 2 1 9 0 2 1 0
(dummy = read.table("dummy.txt") ) # read and view it
 V1 V2 V3 V4 V5
  1  2  3  2  1
  9  0  2  1  0
```

scan 和 read.table 之间有一个区别：前者产生一个包含 10 个项目的数据向量，而后者产生一个带有名称为 V1 至 V5 的数据框（data frame)，且每个变量具有两个观测值。

练习 A.12　扫描并查看先前创建的文件zzz.txt中的数据。

解　希望它在你的工作目录中：

```
(cost_per_gig = scan("zzz.txt") )  # read and view
```

```
Read 29 items
 [1] 2.13e+05 2.95e+05 2.60e+05 1.75e+05 1.60e+05
 [6] 7.10e+04 6.00e+04 3.00e+04 3.60e+04 9.00e+03
[11] 7.00e+03 4.00e+03 ...
```

使用 read.table 或类似的函数时，将创建一个数据框。在这种情况下，如果要列出（或使用）第二个变量 V2，则应需要使用

```
dummy$V2
 [1] 2 0
```

你可能想要查看帮助文件?scan 和?read.table。数据框（?data.frame）是“大多数 R 的建模软件常用的基本数据结构”。注意，R 赋予每一列以虚拟的通用名称 V1，⋯，V5。你可以提供自己的名称，然后使用这些名称访问数据，而无须像上面那样使用 $。

```
colnames(dummy) = c("Dog", "Cat", "Rat", "Pig", "Man")
attach(dummy)     # this can cause problems; see ?attach
Cat
 [1] 2 0
Rat*(Pig - Man)   # animal arithmetic
 [1] 3 2
head(dummy)       # view the first few lines of a data file
detach(dummy)     # clean up
```

R 区分大小写，因此 cat 和 Cat 是不同的。另外，cat 是 R 中的保留名称（?cat），因此使用"cat" 而不是"Cat" 可能会在以后引起问题。注意，attach 会导致混乱：使用 attach 时产生错误的可能性很高，因此需要避免使用 attach。如果你要使用它，最好在完成后将其清理干净。

你还可以通过在数据文件中包含表头（header）来避免使用命令 colnames()。例如，如果你有一个 csv 文件 dummy.csv 如下所示：

```
Dog,Cat,Rat,Pig,Man
1,2,3,2,1
9,0,2,1,0
```

然后使用以下命令读取数据：

```
(dummy = read.csv("dummy.csv"))
  Dog Cat Rat Pig Man
1   1   2   3   2   1
2   9   0   2   1   0
```

读取.csv 文件的函数默认设置 header=TRUE。输入?read.table 以获取有关类似文件类型的更多信息。

cbind 用于列绑定，而 rbind 用于行绑定，它们是经常用于操作数据的命令。以下是一个示例。

```
options(digits=2)  # significant digits to print - default is 7
x = runif(4)       # generate 4 values from uniform(0,1) into object x
y = runif(4)       # generate 4 more and put them into object y
cbind(x,y)         # column bind the two vectors (4 by 2 matrix)
          x    y
  [1,] 0.90 0.72
  [2,] 0.71 0.34
  [3,] 0.94 0.90
  [4,] 0.55 0.95
rbind(x,y)         # row bind the two vectors (2 by 4 matrix)
    [,1] [,2] [,3] [,4]
  x 0.90 0.71 0.94 0.55
  y 0.72 0.34 0.90 0.95
```

练习 A.13 生成两个向量，例如 a 是 1 到 10 之间的奇数，b 是 1 到 10 之间的偶数。然后，使用 cbind 绑定 a 和 b 制作一个矩阵 x。之后，分别显示 x 的每一列。

解 首先，a = seq(1, 10, by = 2)，对 b 进行类似的操作。然后，将 a 和 b 列绑定到对象 x 中。此时，x[,1] 是 x 的第一列，它将具有奇数，依此类推。

在 R 中可以非常容易地获得汇总统计量。我们将模拟 25 个服从 $\mu = 10$ 且 $\sigma = 4$ 的正态分布的样本，然后执行一些基本分析。代码的第一行是 set.seed 函数，它为生成伪随机数固定了种子。使用相同的种子可获得相同的结果。

```
options(digits=3)        # output control
set.seed(911)            # so you can reproduce these results
x = rnorm(25, 10, 4)     # generate the data
c( mean(x), median(x), var(x), sd(x) ) # guess
 [1] 11.35 11.47 19.07  4.37
c( min(x), max(x) )  # smallest and largest values
 [1] 4.46 21.36
which.max(x)    # index of the max (x[20] in this case)
 [1] 20
boxplot(x); hist(x); stem(x)  # visual summaries (not shown)
```

练习 A.14 生成 100 个标准正态样本，并绘制结果的箱线图，其中显示至少有两个异常值（请尝试直到获得两个）。

解 你可以用一行完成全部操作：

```
set.seed(911)       # you can cheat -or-
boxplot(rnorm(100)) # reissue until you see at least 2 outliers
```

学习一些有关 R 编程的知识并不会对你有害。首先，让我们尝试一个简单的函数示例，该函数返回数字的倒数：

```
oneover <- function(x){ 1/x }
oneover(0)
 [1] Inf
oneover(-4)
 [1] -0.25
```

一个脚本可以有多个输入，例如，猜猜这是做什么的：

```
xty <- function(x,y){ x * y }
xty(20, .5)  #  and try it
  [1] 10
```

练习 A.15 编写一个简单的关于数字 x 和 y 的函数，返回 x（第一个输入）的 y 次幂，然后使用它找到 25 的平方根。

解 方法与前面的示例相似。

A.5 初级回归和时间序列

这些主题贯穿全书，我们将在此处进行简要介绍。R 中进行回归的主要函数是 $lm()$。假设我们要拟合一个简单的线性回归 $y = \alpha + \beta x + \varepsilon$。在 R 中，公式写为 y~x：我们将模拟自己的数据，并首先介绍一个简单的例子。

```
set.seed(666)            # fixes initial value of generation algorithm
x = rnorm(10)            # generate 10 standard normals
y = 1 + 2*x + rnorm(10)  # generate a simple linear model
summary(fit <- lm(y~x))  # fit the model - gets results
 Coefficients:
             Estimate Std. Error t value Pr(>|t|)
 (Intercept)   1.0405     0.2594   4.012  0.00388
 x             1.9611     0.1838  10.672 5.21e-06
```

```
---
 Residual standard error: 0.8183 on 8 degrees of freedom
 Multiple R-squared:  0.9344,    Adjusted R-squared: 0.9262
 F-statistic: 113.9 on 1 and 8 DF, p-value: 5.214e-06
plot(x, y)              # scatterplot of generated data
abline(fit, col=4)      # add fitted blue line to the plot
```

注意，我们将 lm(y~x) 的结果放入一个称为 fit 的对象中，该对象包含有关回归的所有信息。然后，我们使用命令 summary 来显示一些结果，并使用 abline 绘制拟合线。命令 abline 对于绘制水平线和垂直线也很有用。

练习 A.16 将红色的水平线和垂直虚线添加到先前生成的图形中，以显示拟合的线穿过点 $(\bar{x}, \bar{y})$，如图 A.1 所示。

解 将以下两行添加到上面的代码中：

```
abline(h=mean(y), col=2, lty=2) # col 2 is red and lty 2 is dashed
abline( ?? ) # your turn
# now use the graphical device to save your graph; see Figure A.1.
```

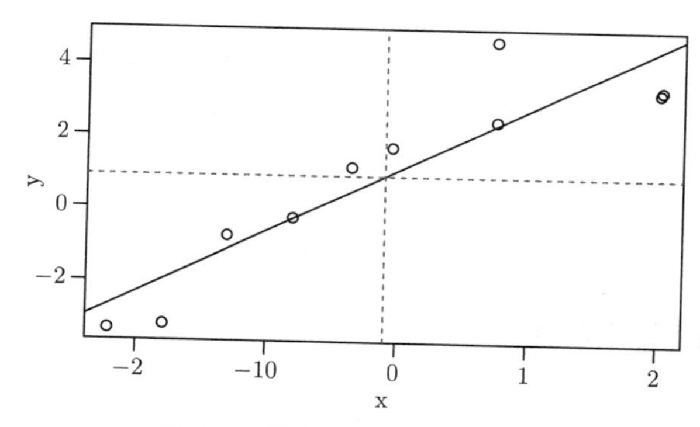

图 A.1 练习 A.16 的完整绘图

可以从 lm 对象（我们称其为 fit）中提取各种信息，例如：

```
plot(resid(fit))    # will plot the residuals (not shown)
fitted(fit)         # will display the fitted values (not shown)
```

我们将重点放在时间序列上，稍后再回到回归问题。要创建时间序列对象，请使用命令 ts。相关命令 as.ts 将对象强制转为时间序列，而命令 is.ts 则用于检验对象是否为时间序列。首先，建立一个小的数据集：

```
(mydata = c(1,2,3,2,1) ) # make it and view it
  [1] 1 2 3 2 1
```

使其成为开始于 1990 年的年度时间序列：

```
(mydata = ts(mydata, start=1990) )
  Time Series:
  Start = 1990
  End = 1994
  Frequency = 1
  [1] 1 2 3 2 1
```

现在将其设为从 1990 年第三季度开始的季度时间序列：

```
(mydata = ts(mydata, start=c(1990,3), frequency=4) )
       Qtr1 Qtr2 Qtr3 Qtr4
  1990                1    2
  1991    3    2    1
time(mydata)  # view the sampled times
          Qtr1     Qtr2     Qtr3     Qtr4
  1990                   1990.50 1990.75
  1991 1991.00 1991.25 1991.50
```

要使用时间序列对象的一部分，请使用命令 window()：

```
(x = window(mydata, start=c(1991,1), end=c(1991,3) ))
       Qtr1 Qtr2 Qtr3
  1991    3    2    1
```

接下来，我们将看一下如何进行滞后和差分，它们是时间序列分析中经常使用的基本转换。例如，如果想从昨天开始预测今天，将研究 x_t 及其滞后项 x_{t-1} 之间的关系。首先创建一个简单的序列 x_t：

```
x = ts(1:5)
```

现在，将 x_t 和它的滞后项列绑定（cbind），你会注意到 lag(x) 是向前滞后，而 lag(x, -1) 是向后滞后。

```
cbind(x, lag(x), lag(x,-1))
       x   lag(x)   lag(x, -1)
  0   NA     1          NA
  1    1     2          NA
  2    2     3          1
  3    3     4          2 <- in this row, for example, x is 3,
  4    4     5          3 lag(x) is ahead at 4, and
  5    5    NA          4 lag(x,-1) is behind at 2
  6   NA    NA          5
```

比较 cbind 和 ts.intersect：

```
ts.intersect(x, lag(x,1), lag(x,-1))
  Time Series:  Start = 2  End = 4  Frequency = 1
      x lag(x, 1) lag(x, -1)
  2   2        3          1
  3   3        4          2
  4   4        5          3
```

若要检查对象的时间序列属性，请使用 tsp。例如，检查 astsa 中的时间序列之一，即美国的失业率：

```
tsp(UnempRate)
 [1] 1948.000 2016.833   12.000
#     start     end        frequency
```

该序列从 1948 年 1 月开始，到 2016 年 11 月结束（$10/12 \approx 0.833$），并且是月度数据（频率 $= 12$）。

对于离散时间序列，使用有限差分，如差分。为了对一个序列进行差分，即 $\nabla x_t = x_t - x_{t-1}$，使用

```
diff(x)
```

但请注意

```
diff(x, 2)
```

意味着 $x_t - x_{t-2}$，而不是二阶差分。对于二阶差分，即 $\nabla^2 x_t = \nabla(\nabla x_t)$，请执行以下操作之一：

```
diff(diff(x))
diff(x, diff=2)   # same thing
```

以此类推以进行高阶差分。

如果将 lm() 用于时间序列的滞后值，则必须小心。如果使用 lm()，则要做的就是使用 ts.intersect 对齐序列。请阅读 lm() 的帮助文件 [help lm()] 中的“使用时间序列”警告。这是一个回归 astsa 数据的示例，将心血管死亡率（M_t，cmort）对当前每周颗粒物污染（P_t，part）和滞后四周的每周颗粒物污染（P_{t-4}，part4）进行回归。该模型是

$$M_t = \alpha + \beta_1 P_t + \beta_2 P_{t-4} + w_t$$

我们假设 w_t 是通常的正态回归误差项。首先，我们创建对象 ded，它由三个序列的交集组成：

```
ded = ts.intersect(cmort, part, part4=lag(part,-4))
```

现在，所有序列已对齐，回归将起作用。

```
summary(fit <- lm(cmort~part+part4, data=ded, na.action=NULL) )
 Coefficients:
              Estimate Std. Error t value Pr(>|t|)
 (Intercept) 69.01020    1.37498   50.190  < 2e-16
 part         0.15140    0.02898    5.225 2.56e-07
 part4        0.26297    0.02899    9.071  < 2e-16
 ---
 Residual standard error: 8.323 on 501 degrees of freedom
 Multiple R-squared:  0.3091,    Adjusted R-squared:  0.3063
 F-statistic: 112.1 on 2 and 501 DF,  p-value: < 2.2e-16
```

无须将 `lag(part, -4)` 重命名为 `part4`，这只是你可以执行的操作的一个示例。此外，必须使用 `na.action = NULL` 来保留时间序列属性。每当你进行时间序列回归时，它都应该出现在那里。

练习 A.17 重新运行先前的污染死亡率示例，但不建立数据框。在这种情况下，由于 `lm()` 将 `part` 和 `part4` 视为同一事物，因此滞后污染值会被排除在回归之外。

解 首先对颗粒物污染进行滞后处理，然后将其进行回归。

```
part4 <- lag(part, -4)
summary(fit <- lm(cmort~ part + part4, na.action=NULL) )
```

在习题 3.1 中，要求你拟合回归模型

$$x_t = \beta t + \alpha_1 Q_1(t) + \alpha_2 Q_2(t) + \alpha_3 Q_3(t) + \alpha_4 Q_4(t) + w_t$$

其中 x_t 是对数处理后的强生公司季度收益（$n = 84$），$Q_i(t)$ 是季度标识，$i = 1, 2, 3, 4$。可以使用命令 `factor` 来制定标识。

```
trend = time(jj) - 1970         # helps to "center" time
Q     = factor(cycle(jj) )      # make (Q)uarter factors
reg   = lm(log(jj)~ 0 + trend + Q, na.action=NULL) # 0 = no intercept
model.matrix(reg)               # view the model design matrix
       trend Q1 Q2 Q3 Q4
    1 -10.00  1  0  0  0
    2 -9.75   0  1  0  0
    3 -9.50   0  0  1  0
    4 -9.25 0 0 0 1
    5 -9.00 1 0 0 0
```

```
    .    .    . . . .
    .    .    . . . .
summary(reg)                    # view the results (not shown)
```

A.6 图形

我们介绍了一些图形，但并没有多做介绍。有多种可用于生成图形的添加包，但是为了快速、轻松地绘制时间序列，推荐使用 R 基础图形添加包（需要 `tsplot` 的少量帮助），该添加包在 `astsa` 添加包中提供。如第 1 章所述，可以通过几行命令绘制一个时间序列图，例如：

```
tsplot(gtemp_land) # tsplot is in astsa only
```

或绘制多个图：

```
plot.ts(cbind(soi, rec))
```

可以使它更有趣一些：

```
par(mfrow = c(2,1))    # ?par for details
tsplot(soi, col=4, main="Southern Oscillation Index")
tsplot(rec, col=4, main="Recruitment")
```

如果你使用的是文字处理程序，并且想要将图形粘贴到文档中，则可以通过执行以下操作直接将其打印到 png 文件中：

```
png(file="gtemp.png", width=480, height=360) # default is 480^2 px
tsplot(gtemp_land)
dev.off()
```

你必须关闭设备才能完成文件保存。在 R 中，你可以转到图形窗口并从“File”菜单使用“Save as”。在 RStudio 中，使用“Plots”下的“Export”选项卡。直接打印为 pdf 文件也很容易；使用`?pdf` 以获得详细信息。

要绘制多个时间序列，还可以使用 R 基本图形来调用命令 `plot.ts` 和 `ts.plot`。如果序列的比例都相同，则执行以下操作可能会很有用：

```
ts.plot(cmort, tempr, part, col=2:4)
legend("topright", legend=c("M","T","P"), lty=1, col=2:4)
```

这将在相同的轴上以不同的颜色生成所有三个序列的图，然后添加图例。结果图类似于图 3.3。我们不限于使用基本颜色，在网上搜索“R 颜色”会很有帮助。以下代码给出了每个不同序列（限制为 10 个）的单独绘图：

```
plot.ts(cbind(cmort, tempr, part) )
plot.ts(eqexp)                              # you will get a warning
plot.ts(eqexp[,9:16], main="Explosions") # but this works
```

添加包 ggplot2 通常用于绘图。我们将给出一个绘制图 1.2 中所示的全球温度数据的示例，但在本书中我们将不使用该添加包。通过在网上搜索 ggplot2，可以找到许多免费资源。该添加包不适用于时间序列，因此代码的第一行是剥离时间序列属性并创建数据框。结果如图 A.2 所示。

```
library(ggplot2)    # have to install it first
gtemp.df = data.frame(Time=c(time(gtemp_land)), gtemp1=c(gtemp_land),
           gtemp2=c(gtemp_ocean))
ggplot(data = gtemp.df, aes(x=Time, y=value, color=variable))    +
       ylab("Temperature Deviations")                                +
       geom_line(aes(y=gtemp1 , col="Land"), size=1, alpha=.5) +
       geom_point(aes(y=gtemp1 , col="Land"), pch=0)               +
       geom_line(aes(y=gtemp2, col="Ocean"), size=1, alpha=.5) +
       geom_point(aes(y=gtemp2 , col="Ocean"), pch=2)              +
       theme(legend.position=c(.1,.85))
```

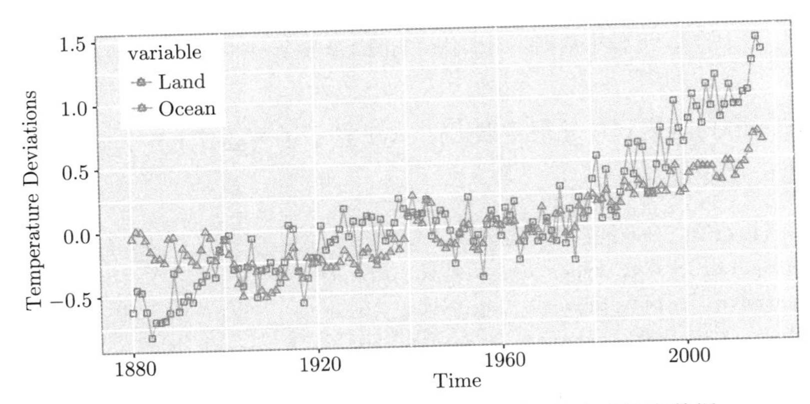

图 A.2 使用 ggplot2 绘制图 1.2 中所示的全球温度数据

该图形很精美，但是使用基础图形可以通过相似的编程工作获得几乎相同的图形。图 A.3 中显示了以下代码的结果。

```
culer = c(rgb(217,77,30,128,max=255), rgb(30,170,217,128,max=255))
par(mar=c(2,2,0,0)+.75, mgp=c(1.8,.6,0), tcl=-.2, las=1, cex.axis=.9)
ts.plot(gtemp_land, gtemp_ocean, ylab="Temperature Deviations",
        type="n")
```

```
edge = par("usr")
rect(edge[1], edge[3], edge[2], edge[4], col=gray(.9), border=8)
grid(lty=1, col="white")
lines(gtemp_land,  lwd=2, col = culer[1], type="o", pch=0)
lines(gtemp_ocean, lwd=2, col = culer[2], type="o", pch=2)
legend("topleft", col=culer, lwd=2, pch=c(0,2), bty="n",
          legend=c("Land", "Ocean"))
```

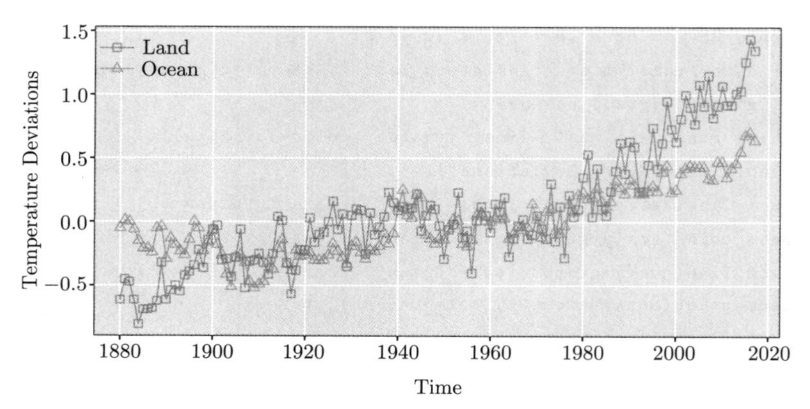

图 A.3　使用基础绘图工具绘制图 1.2 中所示的全球温度数据

在绘制时间序列时提到尺寸很重要。图 A.4 显示了习题 7.1 中讨论的太阳黑子数，并进行了如下的尺寸变化。

```
layout(matrix(1:2), height=c(4,10))
tsplot(sunspotz, col=4, type="o", pch=20, ylab="")
tsplot(sunspotz, col=4, type="o", pch=20, ylab="")
mtext(side=2, "Sunspot Numbers", line=1.5, adj=1.25, cex=1.25)
```

图 A.4 显示了类似的结果。顶部的图揭示了序列快速上升 ↑ 和缓慢下降 ↘ 的事实。底部的图显得更为方正，掩盖了这一事实。你会注意到，在本书的主要部分中，我们从未在方形框中绘制序列。在大多数情况下，绘制时间序列的理想形状是时间轴比取值轴宽得多。

✍ **练习 A.18**　有一个名为 `lynx` 的 R 数据集，该数据集是加拿大 1821 年至 1934 年每年猞猁陷阱的数量。在一个面板中生成两个单独的图形，其中包括一个太阳黑子数和一个猞猁序列。猞猁图显示了什么属性？

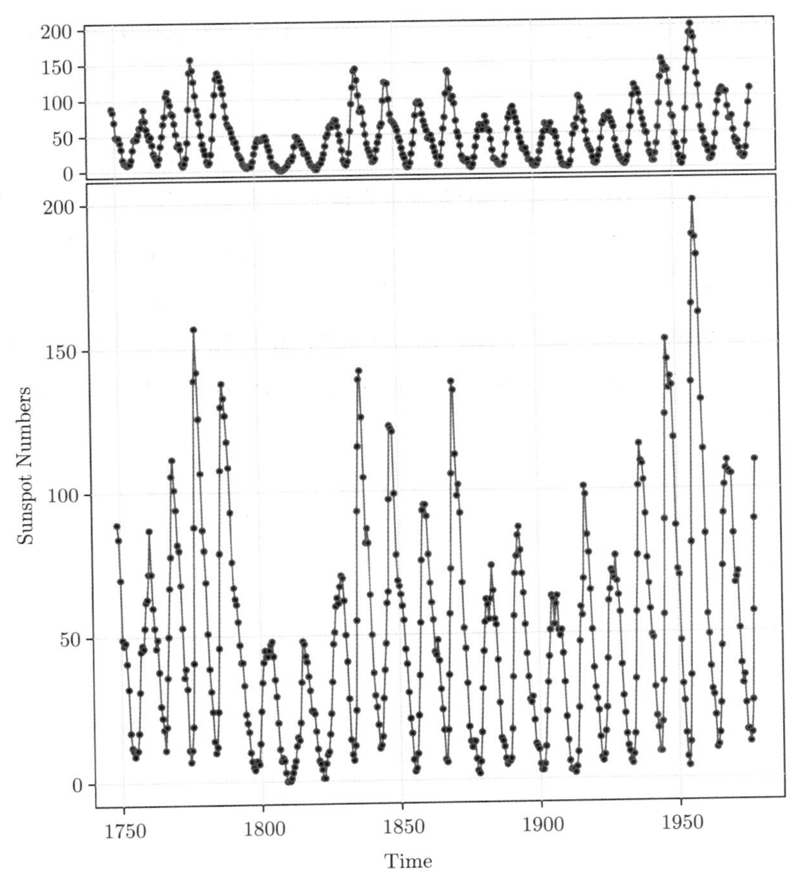

图 A.4　在不同尺寸的方框中绘制的太阳黑子数，表明在显示时间序列数据时图形的尺寸很重要

解　我们将给你一些提示。太阳黑子数的趋势是 ↑↘ 还是 ↗↓?

```
par(mfrow=c(2,1))
tsplot(sunspotz, type="o")  # assumes astsa is loaded
tsplot( ___ )
```

最后，我们注意到将 RStudio 用于绘图的一些缺点。首先，请注意，任何通过命令调整图形窗口大小的操作均不适用于 RStudio。官方声明是：

> 遗憾的是，目前无法自行设置绘图窗格的大小——但是，你可以使用“绘图”窗格的“导出绘图”功能来明确设置要保存的绘图的大小。选择“将图另

存为 PDF 或图像"，它将为你提供一个以像素或英寸为单位来设置图的大小的选项。

由于在绘制时间序列时尺寸很重要，因此在 RStudio 中以交互方式生成图形可能会有些麻烦。同时，RStudio 的回复似乎意味着会在软件的未来版本中修复此缺陷。不过，这种回复是在 2013 年做出的，此后又重复了很多次，所以请不要等待这种改变。

另外，在小屏幕上使用 RStudio 有时会导致任何产生绘图的程序出错，例如 `sarima`。这是 RStudio 自身的问题：参考 https://tinyurl.com/y7x44vb2（RStudio Support → Knowledge Base → Troubleshooting → Problem with Plots or Graphics Device）。

附录 B 概率论与统计入门

B.1 分布与密度

我们假设读者已经接触了本附录中的内容，并且可以将其视为一种复习。在本书中，我们主要处理连续随机变量。如果随机变量 X 是连续的，则其分布函数可以写为

$$F(x) = \Pr(X \leqslant x) = \int_{-\infty}^{x} f(u)\mathrm{d}u \quad x \in \mathbb{R}$$

其中密度函数 $f(x)$ 满足

1）对于所有 $x \in \mathbb{R}$，$f(x) \geqslant 0$。

2）$\int_{-\infty}^{\infty} f(x)\,\mathrm{d}x = 1$。

可以通过在某一区间内对密度进行积分来获得概率：

$$\Pr(a \leqslant X \leqslant b) = F(b) - F(a) = \int_{a}^{b} f(x)\mathrm{d}x$$

对我们来说，正态分布很重要。如果随机变量 X 的密度函数为

$$f(x) = \frac{1}{\sigma\sqrt{2\pi}} \exp\left\{-\frac{1}{2\sigma^2}(x-\mu)^2\right\} \quad x \in \mathbb{R}$$

则随机变量 X 被认为是服从具有均值 μ 和方差 σ^2 的正态分布，表示为 $X \sim N(\mu, \sigma^2)$。

B.2 期望、均值和方差

对于具有密度函数 $f(x)$ 的连续随机变量 X，将 X 的期望定义为

$$\mu_x = E(X) = \int_{-\infty}^{\infty} x f(x)\mathrm{d}x$$

前提是存在积分。X 的期望值通常称为 X 的平均值，当理解特定的随机变量时，用 μ_x 或简单地用 μ 表示。X 的均值或期望的取值是单个值，该值充当 X 值的代表或平均值，因此，通常将其称为集中趋势的度量。

期望的一些性质包括：

1）对于任意常数 a 和 b，有 $E(a+bX)=a+bE(X)=a+b\mu_x$。

2）对于两个随机变量 X 和 Y，有 $E(X+Y)=E(X)+E(Y)=\mu_x+\mu_y$。

3）对于两个独立随机变量 X 和 Y，有 $E(XY)=E(X)E(Y)=\mu_x\mu_y$。

4）$E[g(X)]=\int g(x)f(x)\,\mathrm{d}x$。

离散程度的重要度量是*方差*，方差是关于均值的均方偏差。假设方差存在，则方差定义为

$$\sigma_x^2=\mathrm{var}(X)=E(X-\mu)^2=\int_{-\infty}^{\infty}(x-\mu)^2f(x)\mathrm{d}x$$

同样，在理解了特定的随机变量后，我们将删除下标。σ^2 的正平方根称为*标准差*：

$$\sigma=\sqrt{\sigma^2}$$

方差的一些性质包括：

1）对于任意常数 a 和 b，有 $\mathrm{var}(a+bX)=b^2\mathrm{var}(X)=b^2\sigma^2$。

2）$\mathrm{var}(X)=EX^2-\mu^2$。

3）对于两个独立随机变量 X 和 Y，有 $\mathrm{var}(X+Y)=\mathrm{var}(X)+\mathrm{var}(Y)$。

4）如果 X 具有均值 μ 和方差 σ^2，则随机变量

$$Z=\frac{X-\mu}{\sigma}$$

均值为 0，方差为 1。这种转换称为*标准化*（standardization）。

我们注意到，正态分布完全由其均值和方差指定，因此可表示为 $X\sim N(\mu,\sigma^2)$。此外，上述性质表明，如果 $X\sim N(\mu,\sigma^2)$，则 $Z\sim N(0,1)$，即*标准正态分布*：

$$f(z)=\frac{1}{\sqrt{2\pi}}\exp\left\{-\frac{z^2}{2}\right\}\quad z\in\mathbb{R}$$

最后，如果随机变量的 r 阶（中心）矩存在，则将其定义为

$$E(X-\mu)^r\quad r=1,2,\cdots$$

如果不以均值为中心，则矩 $E(X^r)$ 称为原点矩。另外，我们可以将标准化矩定义为

$$\kappa_r = E\left(\frac{X-\mu}{\sigma}\right)^r$$

其中 σ 是标准差。一些重要的标准化矩包括测量偏度（skewness）的 κ_3 和测量峰度（kurtosis）的 κ_4。

B.3 协方差和相关性

对于两个具有有限方差的随机变量 X 和 Y，**协方差**（covariance）定义为乘积的期望：

$$\sigma_{xy} = \operatorname{cov}(X,Y) = E\left[(X-\mu_x)(Y-\mu_y)\right] \tag{B.1}$$

协方差的一些性质包括：

1） $\sigma_{xy} = \operatorname{cov}(X,Y) = \operatorname{cov}(Y,X) = \sigma_{yx}$。

2） $|\sigma_{xy}| \leqslant \sigma_x\sigma_y$。

3） $\operatorname{var}(X) = \operatorname{cov}(X,X)$。

4） $\operatorname{var}(X \pm Y) = \operatorname{cov}(X \pm Y, X \pm Y) = \operatorname{var}(X) + \operatorname{var}(Y) \pm 2\operatorname{cov}(X,Y)$。

5） 对于两个独立的随机变量 X 和 Y，$\operatorname{cov}(X,Y) = 0$。然而，逆命题不一定为真，即 $\operatorname{cov}(X,Y) = 0$ 并不意味着 X 和 Y 是独立的。

相关性定义为缩放后的协方差：

$$\rho = \operatorname{corr}(X,Y) = \frac{\sigma_{xy}}{\sigma_x\sigma_y}$$

相关性的一些性质包括：

1） $-1 \leqslant \rho \leqslant 1$。

2） 如果 $\rho = 0$，我们说 X 和 Y 不相关。这意味着 X 和 Y 非线性相关。但是，它们可能是相互依赖的随机变量。

3） 对于 a 和 $b > 0$，如果 $\rho = \pm 1$，那么 $X = a \pm bY$。

B.4 联合分布和条件分布

因为我们处理依赖关系，所以关键工具是条件期望，通常将其写为 $E(X|Y)$，其中 X 和 Y 是随机变量。条件期望本身是一个随机变量，根据分布 $f(y)$，取值为 $E(X|Y=y)$。

回想一下，如果 X 和 Y 的联合密度为 $f(x,y)$，则给定 $Y=y$ 情况下 X 的条件密度为

$$f(x \mid y)=\frac{f(x,y)}{f(y)}$$

其中给定边际密度 $f(y)>0$。那么，给定 $Y=y$ 的函数 $g(X)$ 的条件期望为

$$E[g(X) \mid Y=y]=\int g(x)f(x \mid y)\mathrm{d}x$$

该结果引出了期望迭代法则。

性质 B.1（期望迭代法则） 假设所有期望都存在，

$$E_X(X)=E_Y\left[E_{X|Y}(X \mid Y)\right]$$

证明　对于连续情况，有

$$\begin{aligned} E_Y\left[E_{X|Y}(X \mid Y)\right] &= \int_y E(X \mid Y=y)f(y)\mathrm{d}y=\int_y\int_x xf(x \mid y)\mathrm{d}xf(y)\mathrm{d}y \\ &= \int_x x\left[\int_y f(x,y)\mathrm{d}y\right]\mathrm{d}x=\int_x xf(x)\mathrm{d}x=E_X(X) \end{aligned}$$

在这里我们用到了 $f(x,y)=f(y)f(x|y)$。■

在正态情况下，考虑如下所示的二元正态分布：

$$\begin{pmatrix} X \\ Y \end{pmatrix} \sim N\left[\begin{pmatrix} \mu_x \\ \mu_y \end{pmatrix}, \begin{pmatrix} \sigma_x^2 & \rho\sigma_x\sigma_y \\ \rho\sigma_x\sigma_y & \sigma_y \end{pmatrix}\right]$$

其中 $|\rho|<1$ 是 X 和 Y 之间的相关系数。对于 $-\infty<x,y<\infty$，二元正态密度为：

$$f(x,y)=\frac{\exp\left\{-\frac{1}{2\left(1-\rho^2\right)}\left[\left(\frac{x-\mu_x}{\sigma_x}\right)^2-2\rho\left(\frac{x-\mu_x}{\sigma_x}\right)\left(\frac{y-\mu_y}{\sigma_y}\right)+\left(\frac{y-\mu_y}{\sigma_y}\right)^2\right]\right\}}{2\pi\sigma_x\sigma_y\sqrt{1-\rho^2}}$$

我们注意以下几点：

1）$\rho=\operatorname{corr}(X,Y)=0$ 意味着 X 和 Y 独立的唯一情况，就是当它们是二元正态的情况。

2）X 和 Y 的边际分布可能满足 $X \sim N(\mu_x,\sigma_x^2)$ 和 $Y \sim N(\mu_y,\sigma_y^2)$，但 (X,Y) 的联合分布可能不是二元正态的。

3） 如果 (X,Y) 是二元正态，则在 $X=x$ 的情况下 Y 的条件分布为正态分布：

$$Y \mid X=x \sim N\left(\mu_y+\rho\frac{\sigma_y}{\sigma_x}(x-\mu_x),\left(1-\rho^2\right)\sigma_y^2\right)$$

最后一个性质表明

$$E(Y \mid X=x)=\mu_y+\rho\frac{\sigma_y}{\sigma_x}(x-\mu_x) \quad \text{和} \quad \operatorname{var}(Y \mid X=x)=\left(1-\rho^2\right)\sigma_y^2$$

这就是使用简单线性回归的理由。如果我们令 $\alpha=\mu_y+\beta\mu_x$ 和 $\beta=\rho\frac{\sigma_y}{\sigma_x}$，并且有 n 对随机样本，则对于 $i=1,\cdots,n$，我们拟合回归模型

$$Y_i=\alpha+\beta x_i+\varepsilon_i$$

假设 ε_i 是均值为零且方差为 σ_ε^2 的独立正态随机变量。

附录 C 复数入门

C.1 复数

在本附录中，我们将简要概述复数并建立一些符号和基本运算规则。我们假设读者至少已经了解了复数的基础知识。大多数人第一次遇到复数是为了解决以下问题：

$$ax^2 + bx + c = 0 \tag{C.1}$$

二次方程给出两个解为

$$x_{\pm} = \frac{-b \pm \sqrt{b^2 - 4ac}}{2a} \tag{C.2}$$

系数 a、b 和 c 是实数，如果 $b^2-4ac \geqslant 0$，则该公式给出两个实数解。但是，如果 $b^2-4ac < 0$，则没有实数解。

例如，方程 $x^2+1=0$ 没有实数解，因为对于任何实数 x，平方 x^2 是非负的。尽管如此，假设存在一个数 i，满足

$$\mathrm{i}^2 = -1 \tag{C.3}$$

那么 $x^2=-1$ 的两个解为 $\pm\mathrm{i}$。

任何复数都可表达为 $z = a + b\mathrm{i}$，其中 $a = \Re(z)$ 和 $b = \Im(z)$ 是实数，分别称为 z 的实部和虚部。

由于任何复数均由两个实数指定，因此可以通过在平面上为复数 $z = a + b\mathrm{i}$ 绘制一个坐标为 (a, b) 的点来使其可视化。绘制这些复数的平面称为复平面（complex plane），见图 C.1。

要将 $z = a + b\mathrm{i}$ 和 $w = c + d\mathrm{i}$ 相加（减），

$$z + w = (a + b\mathrm{i}) + (c + d\mathrm{i}) = (a + c) + (b + d)\mathrm{i}$$

$$z - w = (a + b\mathrm{i}) - (c + d\mathrm{i}) = (a - c) + (b - d)\mathrm{i}$$

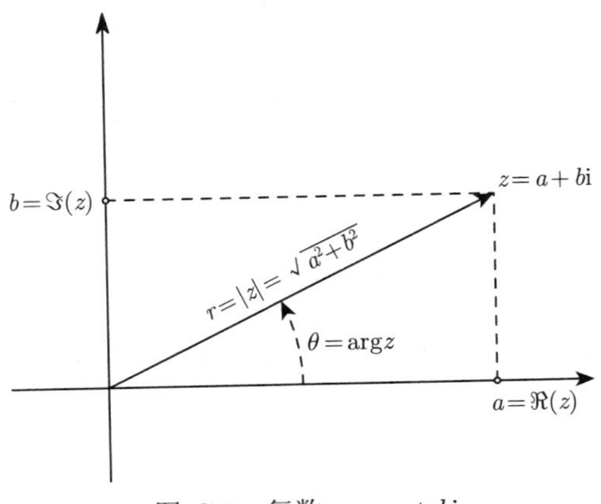

图 C.1 复数 $z = a + b\mathrm{i}$

要使 z 和 w 相乘，请执行以下操作：

$$\begin{aligned} zw &= (a + b\mathrm{i})(c + d\mathrm{i}) = a(c + d\mathrm{i}) + b\mathrm{i}(c + d\mathrm{i}) \\ &= ac + ad\mathrm{i} + bc\mathrm{i} + bd\mathrm{i}^2 = (ac - bd) + (ad + bc)\mathrm{i} \end{aligned}$$

在这里，我们使用了定义 $\mathrm{i}^2 = -1$。要将两个复数相除，我们可以执行以下操作：

$$\begin{aligned} \frac{z}{w} = \frac{a + b\mathrm{i}}{c + d\mathrm{i}} &= \frac{a + b\mathrm{i}}{c + d\mathrm{i}} \cdot \frac{c - d\mathrm{i}}{c - d\mathrm{i}} \\ &= \frac{(a + b\mathrm{i})(c - d\mathrm{i})}{(c + d\mathrm{i})(c - d\mathrm{i})} \\ &= \frac{ac + bd}{c^2 + d^2} + \frac{bc - ad}{c^2 + d^2}\mathrm{i} \end{aligned}$$

从这个公式可以很容易地看出

$$\frac{1}{\mathrm{i}} = -\mathrm{i}$$

即在分子中设 $a = 1$、$b = 0$，在分母中设 $c = 0$、$d = 1$。上述结果也很有意义，因为 $1/\mathrm{i}$ 应该是 i 的倒数，实际上，

$$\frac{1}{\mathrm{i}}\,\mathrm{i} = -\mathrm{i} \cdot \mathrm{i} = -\mathrm{i}^2 = 1$$

对于任何复数 $z = a + b\mathrm{i}$，$\bar{z} = a - b\mathrm{i}$ 称为其共轭复数（complex conjugate）。共轭复

数的常用特性如下：

$$|z|^2 = z\bar{z} = (a + b\text{i})(a - b\text{i}) = a^2 - (b\text{i})^2 = a^2 + b^2 \tag{C.4}$$

C.2 模和辐角

对于任何给定的复数 $z = a + b\text{i}$，其绝对值或模（modulus）为

$$|z| = \sqrt{a^2 + b^2}$$

因此 $|z|$ 是从原点到复平面中 z 点的距离，如图 C.1 所示。

图 C.1 中的角度 θ 称为复数 z 的辐角（argument），有

$$\arg z = \theta$$

辐角以一种模糊的方式定义，因为它可以定义为 2π 的倍数。通常，通过在 $(-\pi, \pi]$ 上定义它来使其具有唯一性。

根据三角函数，我们从图 C.1 中看到，对于 $z = a + b\text{i}$，有

$$\cos(\theta) = a/|z| \quad 和 \quad \sin(\theta) = b/|z|$$

那么

$$\tan(\theta) = \frac{\sin(\theta)}{\cos(\theta)} = \frac{b}{a}$$

以及

$$\theta = \arctan \frac{b}{a}$$

对于任何 θ，复数

$$z = \cos(\theta) + i\sin(\theta)$$

的长度为 1，它位于单位圆上，其辐角为 $\arg z = \theta$。反之，单位圆上的任何复数都可表示为 $\cos(\phi) + \text{i}\sin(\phi)$，其中 ϕ 是辐角。

C.3 复指数函数

现在我们给出 e^{a+ib} 的定义。首先考虑 $a = 0$ 的情况。

定义 C.1

对于任何实数 b，我们定义

$$\mathrm{e}^{\mathrm{i}b} = \cos(b) + \mathrm{i}\sin(b)$$

见图 C.2。♡

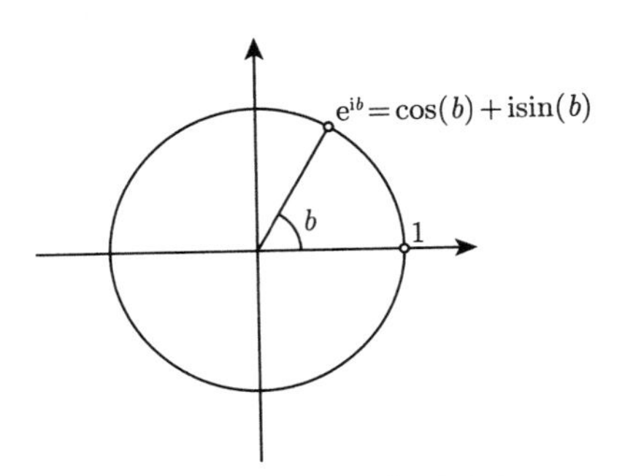

图 C.2 欧拉对 $\mathrm{e}^{\mathrm{i}b}$ 的定义

使用定义 C.1，我们可以得出经常使用的三角函数恒等式：

$$\cos(b) = \frac{\mathrm{e}^{\mathrm{i}b} + \mathrm{e}^{-\mathrm{i}b}}{2} \quad \text{和} \quad \sin(b) = \frac{\mathrm{e}^{\mathrm{i}b} - \mathrm{e}^{-\mathrm{i}b}}{2\mathrm{i}} \tag{C.5}$$

注意，定义 C.1 意味着

$$\mathrm{e}^{\mathrm{i}\pi} = \cos(\pi) + \mathrm{i}\sin(\pi) = -1$$

这就推导出了著名的欧拉公式

$$\mathrm{e}^{\mathrm{i}\pi} + 1 = 0$$

它包含了数学中的五个最基本的量：e、π、i、1 和 0。

定义 C.1 似乎是合理的，因为在 e^x 的泰勒级数中，如果用复数 $b\mathrm{i}$ 代替实数 x，我们将得到

$$\begin{aligned}
\mathrm{e}^{b\mathrm{i}} &= 1 + b\mathrm{i} + \frac{(b\mathrm{i})^2}{2!} + \frac{(b\mathrm{i})^3}{3!} + \frac{(b\mathrm{i})^4}{4!} + \cdots \\
&= 1 + b\mathrm{i} - \frac{b^2}{2!} - \mathrm{i}\frac{b^3}{3!} + \frac{b^4}{4!} + \mathrm{i}\frac{b^5}{5!} - \cdots \\
&= 1 - b^2/2! + b^4/4! - \cdots
\end{aligned}$$

$$
\begin{aligned}
&+\mathrm{i}\left(b-b^3/3!+b^5/5!-\cdots\right) \\
&=\cos(b)+\mathrm{i}\sin(b)
\end{aligned}
$$

当 $x=\mathrm{i}b$ 和 $y=\mathrm{i}d$ 为复数时，$\mathrm{e}^x\cdot\mathrm{e}^y=\mathrm{e}^{x+y}$ 仍然成立，因为应用三角函数公式 $\cos(\alpha\pm\beta)=\cos(\alpha)\cos(\beta)\mp\sin(\alpha)\sin(\beta)$ 和 $\sin(\alpha\pm\beta)=\sin(\alpha)\cos(\beta)\pm\cos(\alpha)\sin(\beta)$，我们有

$$
\begin{aligned}
\mathrm{e}^{\mathrm{i}b}\mathrm{e}^{\mathrm{i}d}&=[\cos(b)+\mathrm{i}\sin(b)][\cos(d)+\mathrm{i}\sin(d)] \\
&=\cos(b+d)+\mathrm{i}\sin(b+d)=\mathrm{e}^{\mathrm{i}(b+d)}
\end{aligned} \tag{C.6}
$$

要求 $\mathrm{e}^x\cdot\mathrm{e}^y=\mathrm{e}^{x+y}$ 成立，可以有助于我们对任意复数 $a+b\mathrm{i}$，可以确定 $\mathrm{e}^{a+b\mathrm{i}}$。

定义 C.2

对于任何复数 $a+b\mathrm{i}$，令

$$
\mathrm{e}^{a+bi}=\mathrm{e}^a\cdot\mathrm{e}^{bi}=\mathrm{e}^a[\cos(b)+\mathrm{i}\sin(b)]
$$

♡

C.4 其他有用的性质

1. 幂

如果我们在极坐标中写一个复数 $z=r\mathrm{e}^{\mathrm{i}\theta}$，则对于整数 n，有

$$
z^n=r^n\mathrm{e}^{\mathrm{i}n\theta}
$$

令 $r=1$ 并根据 $(\mathrm{e}^{\mathrm{i}\theta})^n=\mathrm{e}^{\mathrm{i}n\theta}$ 可得出德莫夫（de Moivre）公式

$$
(\cos(\theta)+\mathrm{i}\sin(\theta))^n=\cos(n\theta)+\mathrm{i}\sin(n\theta)\quad n=0,\pm1,\pm2,\cdots
$$

2. 积分

对复指数进行积分非常简单。例如，假设我们计算复数积分

$$
I=\int\mathrm{e}^{3x}\mathrm{e}^{2\mathrm{i}x}\,\mathrm{d}x
$$

上述积分的有意义的，因为 $e^{2ix}=\cos 2x+i\sin 2x$，所以我们可以写成

$$I=\int e^{3x}(\cos 2x+i\sin 2x)dx=\int e^{3x}\cos 2x\ dx+i\int e^{3x}\sin 2x\ dx$$

尽管将积分分解为实部和虚部可以验证其含义，但这并不是计算积分最简单的方法。相反，保持复指数不变，我们有

$$I=\int e^{3x}e^{2ix}\ dx=\int e^{3x+2ix}\ dx=\int e^{(3+2i)x}\ dx=\frac{e^{(3+2i)x}}{3+2i}+C$$

其中我们用到了

$$\int e^{ax}\ dx=\frac{1}{a}e^{ax}+C$$

即使 a 是复数（例如 $a=3+2i$），上式也成立。

3. 求和

对于任何复数 $z\neq 1$，几何求和

$$\sum_{t=1}^{n}z^t=z\frac{1-z^n}{1-z} \tag{C.7}$$

很有用。例如，对于形如 $\omega_j=j/n(j=0,1,\cdots,n-1)$ 的任何频率，

$$\sum_{t=1}^{n}e^{2\pi i\omega_j t}=\begin{cases}0 & \omega_j\neq 0\\ n & \omega_j=0\end{cases}$$

当 $\omega=0$ 时，总和结果为 n；当 $\omega\neq 0$ 时，式 (C.7) 的分子为

$$1-e^{2\pi in(j/n)}=1-e^{2\pi ij}=1-[\cos(2\pi j)+i\sin(2\pi j)]=0$$

以下结果在全书中的不同地方被用到。

性质 C.3 对于任何正整数 n 和整数 $j,k=0,1,\cdots,n-1$:

1) 除了 $j=0$ 或 $j=n/2$，

$$\sum_{t=1}^{n}\cos^2(2\pi tj/n)=\sum_{t=1}^{n}\sin^2(2\pi tj/n)=n/2$$

2) 当 $j=0$ 或 $j=n/2$ 时，

$$\sum_{t=1}^{n}\cos^2(2\pi tj/n)=n\quad 但\quad \sum_{t=1}^{n}\sin^2(2\pi tj/n)=0$$

3） 对于 $j \neq k$，

$$\sum_{t=1}^{n} \cos(2\pi tj/n)\cos(2\pi tk/n) = \sum_{t=1}^{n} \sin(2\pi tj/n)\sin(2\pi tk/n) = 0$$

4） 对于任意 j 和 k，

$$\sum_{t=1}^{n} \cos(2\pi tj/n)\sin(2\pi tk/n) = 0$$

证明 大多数结果都以相同的方式证明，因此我们仅证明 1）。使用式 (C.5)，得到

$$\begin{aligned}\sum_{t=1}^{n} \cos^2(2\pi tj/n) &= \frac{1}{4}\sum_{t=1}^{n}\left(e^{2\pi itj/n} + e^{-2\pi itj/n}\right)\left(e^{2\pi itj/n} + e^{-2\pi itj/n}\right) \\ &= \frac{1}{4}\sum_{t=1}^{n}\left(e^{4\pi itj/n} + 1 + 1 + e^{-4\pi itj/n}\right) = \frac{n}{2}\end{aligned}$$

■

C.5 一些三角恒等式

我们列出了一些对我们有用的恒等式。这些恒等式很容易使用复指数来证明，而一些恒等式则直接来自另一些恒等式的变换。

$$\cos^2(\alpha) + \sin^2(\alpha) = 1 \tag{C.8}$$

$$\sin(\alpha \pm \beta) = \sin(\alpha)\cos(\beta) \pm \cos(\alpha)\sin(\beta) \tag{C.9}$$

$$\cos(\alpha \pm \beta) = \cos(\alpha)\cos(\beta) \mp \sin(\alpha)\sin(\beta) \tag{C.10}$$

$$\sin(2\alpha) = 2\sin(\alpha)\cos(\alpha) \tag{C.11}$$

$$\cos(2\alpha) = \cos^2(\alpha) - \sin^2(\alpha) \tag{C.12}$$

附录 D 其他时域理论

D.1 AR(1) 模型的 MLE

我们简要介绍零均值 AR(1) 模型

$$x_t = \phi x_{t-1} + w_t$$

的最大似然估计（Maximum Likelihood Estimation，MLE），其中 $|\phi| < 1$ 且 $w_t \sim N(0, \sigma_w^2)$。似然函数是数据 $x_1, x_2, \cdots, x_n$ 的联合密度，但其中参数是目标变量。我们将似然函数写作

$$L(\phi, \sigma_w) = f_{\phi, \sigma_w}(x_1, x_2, \cdots, x_n)$$

为简便起见，令 $\theta = (\phi, \sigma_w)$。MLE 的目的是在给定数据的情况下找到 θ“最可能”的取值。这是通过找到使数据的似然函数最大化的 θ 值实现的。

由于 AR(1) 模型是自相关的，所以

$$f_\theta(x_t \mid x_{t-1}, x_{t-2}, \cdots, x_1) = f_\theta(x_t \mid x_{t-1})$$

因此，对于 AR(1) 模型，我们可以将似然函数写为

$$\begin{aligned} L(\theta) &= f_\theta(x_1, x_2, \cdots, x_n) \\ &= f_\theta(x_1) f_\theta(x_2 \mid x_1) f_\theta(x_3 \mid x_2, x_1) \cdots f_\theta(x_n \mid x_{n-1}, \cdots, x_1) \\ &= f_\theta(x_1) f_\theta(x_2 \mid x_1) f_\theta(x_3 \mid x_2) \cdots f_\theta(x_n \mid x_{n-1}) \end{aligned}$$

现在，对于 $t = 2, 3, \cdots, n$，有

$$x_t \mid x_{t-1} \sim N\left(\phi x_{t-1}, \sigma_w^2\right)$$

因此

$$f_\theta(x_t \mid x_{t-1}) = \frac{1}{\sigma_w\sqrt{2\pi}} \exp\left\{-\frac{1}{2\sigma_w^2}(x_t - \phi x_{t-1})^2\right\}$$

为了找到 $f(x_1)$，我们可以使用例 4.1 中的因果表达式来实现 $x_1 \sim N(0, \sigma_w^2/(1-\phi^2))$，因此

$$f_\theta(x_1) = \frac{\sqrt{1-\phi^2}}{\sigma_w\sqrt{2\pi}} \exp\left\{-\frac{1-\phi^2}{2\sigma_w^2} x_1^2\right\}$$

最后，对于 AR(1) 模型，数据的似然函数为

$$L(\phi, \sigma_w) = \left(2\pi\sigma_w^2\right)^{-n/2} \left(1-\phi^2\right)^{1/2} \exp\left[-\frac{S(\phi)}{2\sigma_w^2}\right] \tag{D.1}$$

其中

$$S(\phi) = \sum_{t=2}^{n} \left[x_t - \phi x_{t-1}\right]^2 + \left(1-\phi^2\right) x_1^2 \tag{D.2}$$

通常将 $S(\phi)$ 称为*无条件平方和*（unconditional sum of squares）。我们也可以考虑使用无条件最小二乘来估计 ϕ，即通过最小化无条件平方和 $S(\phi)$ 来进行估计。使用式 (D.1)和标准正态理论，σ_w^2 的最大似然估计为

$$\widehat{\sigma}_w^2 = n^{-1} S(\widehat{\phi}) \tag{D.3}$$

其中 $\hat{\phi}$ 是 ϕ 的 MLE。

如果在式 (D.1)中取对数，用 σ_w^2 的 MLE 替换 σ_w^2，并忽略常数，则 $\hat{\phi}$ 是使以下准则函数最小化的值：

$$l(\phi) = \ln\left[n^{-1} S(\phi)\right] - n^{-1} \ln\left(1-\phi^2\right) \tag{D.4}$$

即，$l(\phi) \propto -2\ln\, L(\phi, \hat{\sigma}_w)$。由于式 (D.2)和式 (D.4)是参数的复杂函数，因此可以通过数值方法实现 $l(\phi)$ 或 $S(\phi)$ 的最小化。对于 AR 模型，我们的优势在于，以初始值为条件，它们是线性模型。也就是说，我们可以将似然函数中引起非线性的部分删除。以 x_1 为条件，条件似然函数变为

$$L(\phi, \sigma_w \mid x_1) = \left(2\pi\sigma_w^2\right)^{-(n-1)/2} \exp\left[-\frac{S_c(\phi)}{2\sigma_w^2}\right] \tag{D.5}$$

*条件平方和*为

$$S_c(\phi) = \sum_{t=2}^{n} \left(x_t - \phi x_{t-1}\right)^2 \tag{D.6}$$

现在我们可以使用 OLS 来查看 ϕ 的条件 MLE：

$$\hat{\hat{\phi}} = \frac{\sum_{t=2}^{n} x_t x_{t-1}}{\sum_{t=2}^{n} x_{t-1}^2} \tag{D.7}$$

因此 σ_w^2 的条件 MLE 为

$$\hat{\sigma}_w^2 = S_c(\hat{\hat{\phi}})/(n-1) \tag{D.8}$$

对于大样本量，两种估计方法是等效的。当样本量较小时会产生重要的区别，在这种情况下，首选无条件 MLE。

D.2 因果性和可逆性

并非所有模型都满足因果性和可逆性的要求，但是出于多种原因，我们要求 ARMA 模型满足这些要求。特别地，因果关系要求时间序列的当前值 x_t 不取决于未来（否则，预测将是徒劳的）。可逆性要求当前的冲击 w_t 不取决于未来。在本节中，我们将扩展这些概念。

AR 运算符是

$$\phi(B) = \left(1 - \phi_1 B - \phi_2 B^2 - \cdots - \phi_p B^p\right) \tag{D.9}$$

MA 运算符是

$$\theta(B) = \left(1 + \theta_1 B + \theta_2 B^2 + \cdots + \theta_q B^q\right) \tag{D.10}$$

因此 ARMA 模型可以写成 $\phi(B)x_t = \theta(B)w_t$。

定义 D.1 因果性和可逆性

考虑一个 ARMA(p,q) 模型，

$$\phi(B)x_t = \theta(B)w_t$$

其中 $\phi(B)$ 和 $\theta(B)$ 没有公因子。该模型的**因果形式**为

$$x_t = \phi(B)^{-1}\theta(B)w_t = \psi(B)w_t = \sum_{j=0}^{\infty} \psi_j w_{t-j} \tag{D.11}$$

其中 $\psi(B) = \sum_{j=0}^{\infty} \psi_j B^j$ $(\psi_0 = 1)$ 假设 $\phi(B)^{-1}$ 存在。如果确实存在，则

$\phi(B)^{-1}\phi(B) = 1$。

因为 $x_t = \psi(B)w_t$，所以必须有

$$\phi(B)\underbrace{\psi(B)w_t}_{x_t} = \theta(B)w_t$$

因此可以通过在下式中匹配 B 的系数来获得参数 ψ_j：

$$\phi(B)\psi(B) = \theta(B) \tag{D.12}$$

该模型的**可逆形式**为

$$w_t = \theta(B)^{-1}\phi(B)x_t = \pi(B)x_t = \sum_{j=0}^{\infty}\pi_j x_{t-j} \tag{D.13}$$

其中假设 $\theta(B)^{-1}$ 存在，则 $\pi(B) = \sum_{j=0}^{\infty}\pi_j B^j$（$\pi_0 = 1$）。同样，可以通过在下式中匹配 B 的系数来获得参数 π_j：

$$\phi(B) = \pi(B)\theta(B) \tag{D.14}$$

♡

性质 D.2（**因果关系和可逆性（存在性条件）**）　令

$$\phi(z) = 1 - \phi_1 z - \cdots - \phi_p z^p \quad 和 \quad \theta(z) = 1 + \theta_1 z + \cdots + \theta_q z^q$$

是通过用复数 z 替换式 (D.9)和式 (D.10)中的滞后算子 B 而获得的 AR 和 MA 多项式。

对于 $|z| \leqslant 1$，当且仅当 $\phi(z) \neq 0$，ARMA(p,q) 模型具有**因果性**。式 (D.11)中给出的线性过程的系数可以通过求解下式（$\psi_0 = 1$）来确定：

$$\psi(z) = \sum_{j=0}^{\infty}\psi_j z^j = \frac{\theta(z)}{\phi(z)}, \quad |z| \leqslant 1$$

对于 $|z| \leqslant 1$，当且仅当 $\theta(z) \neq 0$，ARMA(p,q) 模型具有**可逆性**。式 (D.13)中给出的 $\pi(B)$ 的系数 π_j 可以通过求解下式（$\pi_0 = 1$）来确定：

$$\pi(z) = \sum_{j=0}^{\infty}\pi_j z^j = \frac{\phi(z)}{\theta(z)}, \quad |z| \leqslant 1$$

我们在以下示例中说明该性质。

例 D.3 AR(1) 模型

在例 4.1 中，我们看到假设 $|\phi|<1$，AR(1) 模型 $x_t=\phi x_{t-1}+w_t$，或

$$(1-\phi B)x_t=w_t$$

具有因果关系

$$x_t=\psi(B)w_t=\sum_{j=0}^{\infty}\phi^j w_{t-j}$$

如果 $|\phi|<1$，则 AR 多项式

$$\phi(z)=1-\phi z$$

可逆转为

$$\frac{1}{\phi(z)}=\frac{1}{1-\phi z}=\sum_{j=0}^{\infty}\phi^j z^j \quad |z|\leqslant 1$$

我们立即得到 $\psi_j=\phi^j$。另外，$\phi(z)=1-\phi z$ 的根为 $z_0=1/\phi$，并且当且仅当 $|\phi|<1$，$|z_0|>1$。 □

例 D.4 参数冗余、因果关系、可逆性

在例 4.10 和例 4.12 中，我们考虑如下过程：

$$x_t=0.4x_{t-1}+0.45x_{t-2}+w_t+w_{t-1}+0.25w_{t-2}$$

或者，以算子形式表示为

$$\left(1-0.4B-0.45B^2\right)x_t=\left(1+B+0.25B^2\right)w_t$$

x_t 乍一看似乎是一个 ARMA(2, 2) 过程。但请注意

$$\phi(B)=1-0.4B-0.45B^2=(1+0.5B)(1-0.9B)$$

和

$$\theta(B)=\left(1+B+0.25B^2\right)=(1+0.5B)^2$$

有一个可以消去的公因子。消去公因子后，算子为 $\phi(B)=(1-0.9B)$ 和 $\theta(B)=(1+0.5B)$，因此模型为 ARMA(1, 1) 模型 $(1-0.9B)x_t=(1+0.5B)w_t$，或

$$x_t=0.9x_{t-1}+0.5w_{t-1}+w_t \tag{D.15}$$

该模型具有因果性，因为 $\phi(z)=(1-0.9z)=0$ 的根 $z=10/9$ 在单位圆之外。该模型也是可逆的，因为 $\theta(z)=(1+0.5z)$ 的根 $z=-2$ 在单位圆之外。

要将模型写为线性过程，我们可以使用性质 D.2，即 $\phi(z)\psi(z)=\theta(z)$ 来获得 ψ 权重，即

$$(1-0.9z)\left(1+\psi_1 z+\psi_2 z^2+\cdots+\psi_j z^j+\cdots\right)=1+0.5z$$

进行重新排列，我们得到

$$1+(\psi_1-0.9)\,z+(\psi_2-0.9\psi_1)\,z^2+\cdots+(\psi_j-0.9\psi_{j-1})\,z^j+\cdots=1+0.5z$$

z 在方程左右两侧的系数必须相同，因此我们得到 $\psi_1-0.9=0.5$ 或 $\psi_1=1.4$，并且对于 $j>1$，有 $\psi_j-0.9\psi_{j-1}=0$。因此，对于 $j\geqslant 1$，$\psi_j=1.4(0.9)^{j-1}$，并且式 (D.15)可以写为

$$x_t=w_t+1.4\sum_{j=1}^{\infty}0.9^{j-1}w_{t-j}$$

通过匹配 $\theta(z)\pi(z)=\phi(z)$ 的系数来获得性质 D.2 中的可逆表示：

$$(1+0.5z)\left(1+\pi_1 z+\pi_2 z^2+\pi_3 z^3+\cdots\right)=1-0.9z$$

在这种情况下，对于 $j\geqslant 1$，π 权重由 $\pi_j=(-1)^j 1.4(0.5)^{j-1}$ 给出，因此，我们也可以将式 (D.15)写为

$$x_t=1.4\sum_{j=1}^{\infty}(-0.5)^{j-1}x_{t-j}+w_t$$

□

例 D.5　AR(2) 过程的因果条件

对于 AR(1) 模型，$(1-\phi B)x_t=w_t$ 的因果性条件是：对于 $|z|\leqslant 1$，我们必须使 $\phi(z)\neq 0$。如果求解 $\phi(z)=1-\phi z=0$，则会发现根（或零）出现在 $z_0=1/\phi$ 处，因此 $|z_0|>1$ 等价于 $|\phi|<1$。在这种情况下，很容易将参数条件与根条件相关联。

AR(2) 模型 $(1-\phi_1 B-\phi_2 B^2)x_t=w_t$ 的因果性条件是：$\phi(z)=1-\phi_1 z-\phi_2 z^2$ 的两个根位于单位圆之外。也就是说，如果 z_1 和 z_2 是方程的根，则 $|z_1|>1$ 且 $|z_2|>1$。使用二次方程式，该条件可以写为

$$\left|\frac{\phi_1\pm\sqrt{\phi_1^2+4\phi_2}}{-2\phi_2}\right|>1$$

$\phi(z)$ 的根可以是不同的实数、相等的实数或一对共轭复数。系数的等价条件为

$$\phi_1 + \phi_2 < 1, \quad \phi_2 - \phi_1 < 1, \quad |\phi_2| < 1 \tag{D.16}$$

这并不是那么容易显示。该因果条件在参数空间中指定了一个三角形区域，见图 D.1。□

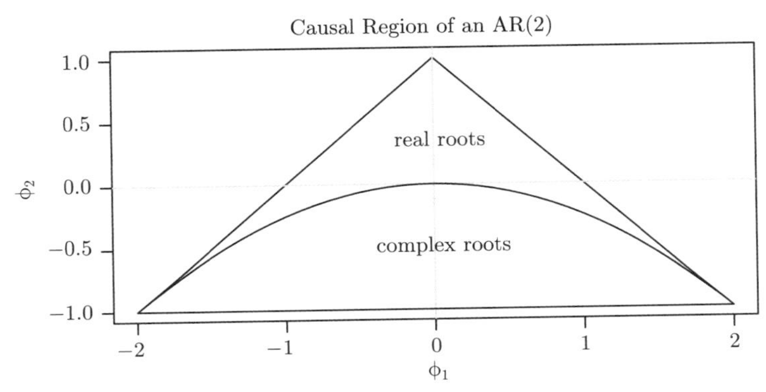

图 D.1　AR(2) 过程具有因果性时参数的区域。

例 D.6　具有复数根的 AR(2) 模型

在例 4.3 中，我们考虑了 AR(2) 模型

$$x_t = 1.5x_{t-1} - 0.75x_{t-2} + w_t$$

其中 $\sigma_w^2 = 1$。图 4.2 显示了 ψ 权重和模拟的样本。这一特殊模型具有复数根，因此选择该模型以使过程以每 12 个时间点一个循环的速率表现出伪循环性行为。

该模型的自回归多项式为

$$\phi(z) = 1 - 1.5z + 0.75z^2$$

$\phi(z)$ 的根为 $1 \pm \mathrm{i}/\sqrt{3}$，且 $\theta = \tan^{-1}(1/\sqrt{3} = 2\pi/12)$ 弧度每单位时间。要将角度转换为每单位时间的周期数，将其除以 2π，可以得到每单位时间为 1/12 个周期。该模型的 ACF 如图 4.4 所示。以下代码在 R 中计算多项式的根并求解角度：

```
z = c(1,-1.5,.75)      # coefficients of the polynomial
(a = polyroot(z)[1])  # print one root = 1 + i/√3
 [1] 1+0.57735i
arg = Arg(a)/(2*pi)   # arg in cycles/pt
1/arg
 [1] 12
```

□

D.3 ARCH 模型理论

在 8.1 节中，我们介绍了许多 ARCH 模型的性质，本节将进行详细介绍。ARCH(1) 模型将收益率建模为

$$r_t = \sigma_t \varepsilon_t \tag{D.17}$$

$$\sigma_t^2 = \alpha_0 + \alpha_1 r_{t-1}^2 \tag{D.18}$$

其中，ε_t 是标准高斯白噪声 $\varepsilon_t \sim \text{iid } N(0,1)$。

如 8.1 节所述，r_t 是具有非恒定条件方差的白噪声过程，该条件方差取决于先前的收益率。首先，请注意，给定 r_{t-1} 的 r_t 的条件分布是高斯分布：

$$r_t \mid r_{t-1} \sim N\left(0, \alpha_0 + \alpha_1 r_{t-1}^2\right) \tag{D.19}$$

此外，还表明平方收益是非高斯 AR(1) 模型

$$r_t^2 = \alpha_0 + \alpha_1 r_{t-1}^2 + v_t$$

其中 $v_t = \sigma_t^2(\varepsilon_t^2 - 1)$。

为了探索 ARCH 的性质，我们定义 $\mathcal{F}_s = \{r_s, r_{s-1}, \cdots\}$。然后，使用性质 B.1 和式 (8.5)，我们立即得到 r_t 的均值为零：

$$E\left(r_t\right) = EE\left(r_t \mid \mathcal{F}_{t-1}\right) = EE\left(r_t \mid r_{t-1}\right) = 0 \tag{D.20}$$

因为 $E(r_t|\mathcal{F}_{t-1}) = 0$，所以过程 r_t 被称为*鞅差*（martingale difference）。

因为 r_t 是鞅差，所以它也是不相关的序列。例如，如果 $h > 0$，则

$$\begin{aligned} \operatorname{cov}\left(r_{t+h}, r_t\right) &= E\left(r_t r_{t+h}\right) = EE\left(r_t r_{t+h} \mid \mathcal{F}_{t+h-1}\right) \\ &= E\left\{r_t E\left(r_{t+h} \mid \mathcal{F}_{t+h-1}\right)\right\} = 0 \end{aligned} \tag{D.21}$$

得到式 (D.21) 的最后一行的根据是，对于 $h > 0$，r_t 属于信息集 $\mathcal{F}_{t+h-1}$，并且 $E(r_{t+h}|\mathcal{F}_{t+h-1}) = 0$，如式 (D.20)所示。

类似于式 (D.20)和式 (D.21) 的论点将建立一个事实，即式 (8.4)中的误差过程 v_t 也是鞅差，因此是不相关的序列。如果 v_t 的方差相对于时间是有限且恒定的，且 $0 \leqslant \alpha_1 < 1$，

则基于性质 D.2，式 (8.4)将 r_t^2 指定为因果 AR(1) 过程。因此，$E(r_t^2)$ 和 $\operatorname{var}(r_t^2)$ 必须相对于时间 t 恒定。这意味着

$$E\left(r_t^2\right)=\operatorname{var}\left(r_t\right)=\frac{\alpha_0}{1-\alpha_1} \tag{D.22}$$

给定 $3\alpha_1^2<1$，经过一些处理，得到

$$E\left(r_t^4\right)=\frac{3\alpha_0^2}{\left(1-\alpha_1\right)^2}\frac{1-\alpha_1^2}{1-3\alpha_1^2} \tag{D.23}$$

注意

$$\operatorname{var}\left(r_t^2\right)=E\left(r_t^4\right)-\left[E\left(r_t^2\right)\right]^2$$

仅当 $0<\alpha_1<1/\sqrt{3}\approx 0.58$ 时才成立。此外，这些结果表明 r_t 的峰度 κ 为

$$\kappa=\frac{E\left(r_t^4\right)}{\left[E\left(r_t^2\right)\right]^2}=3\frac{1-\alpha_1^2}{1-3\alpha_1^2} \tag{D.24}$$

上式绝对不小于 3，即正态分布的峰度。因此，收益率 r_t 的边际分布是“尖峰”或“厚尾”分布。综上所述，如果 $0\leqslant\alpha_1<1$，则过程 r_t 本身就是白噪声，其无条件分布对称地分布在零附近。这种分布是“尖峰”的分布。此外，如果 $3\alpha_1^2<1$，则 r_t^2 遵循因果 AR(1) 模型，对于所有 $h>0$，ACF 由 $\rho_{y^2}(h)=\alpha_1^h\geqslant 0$ 给出。

ARCH(1) 模型的参数 α_0 和 α_1 的估计通常通过条件 MLE 来完成。给定 r_1，数据 $r_2,\cdots,r_n$ 的条件似然函数给定如下：

$$L\left(\alpha_0,\alpha_1\mid r_1\right)=\prod_{t=2}^n f_{\alpha_0,\alpha_1}\left(r_t\mid r_{t-1}\right) \tag{D.25}$$

其中密度 $f_{\alpha_0,\alpha_1}(r_t|r_{t-1})$ 是式 (8.5)中指定的正态密度。因此，将要最小化的准则函数 $l(\alpha_0,\alpha_1)\propto-\ln\ L(\alpha_0,\alpha_1|r_1)$ 由下式给出：

$$l\left(\alpha_0,\alpha_1\right)=\frac{1}{2}\sum_{t=2}^n\ln\left(\alpha_0+\alpha_1 r_{t-1}^2\right)+\frac{1}{2}\sum_{t=2}^n\left(\frac{r_t^2}{\alpha_0+\alpha_1 r_{t-1}^2}\right) \tag{D.26}$$

估计是通过数值方法完成的，如 4.3 节所述。在这种情况下，可以通过直接计算获得导数的解析表达式。例如，2×1 阶梯度向量由下式给出：

$$\begin{pmatrix}\partial l/\partial\alpha_0\\ \partial l/\partial\alpha_1\end{pmatrix}=\sum_{t=2}^n\begin{pmatrix}1\\ r_{t-1}^2\end{pmatrix}\times\frac{\alpha_0+\alpha_1 r_{t-1}^2-r_t^2}{2\left(\alpha_0+\alpha_1 r_{t-1}^2\right)^2}$$

除非 n 非常大，否则 ARCH 模型的似然函数趋于平坦。关于这个问题的讨论可以在 Shephard（1996）的文献中找到。

附录 E　部分习题的提示

第 1 章

1.1 对于（a）中的 AR(2) 模型，可以使用以下代码：

```
w = rnorm(150,0,1) # 50 extra to avoid startup problems
xa = filter(w, filter=c(0,-.9), method="recursive")[-(1:50)]
va = filter(xa, rep(1,4)/4, sides=1) # moving average
tsplot(xa, main="autoregression")
lines(va, col=2)
```

对于 (e) 部分，请注意，移动平均值会消除周期分量并强调均值函数（在这种情况下为零）。

1.2 下面的代码将生成图形。

（a）

```
par(mfrow=2:1)
tsplot(EQ5, main="Earthquate")
tsplot(EXP6, main="Explosion")
```

（b）

```
ts.plot(EQ5, EXP6, col=1:2)
legend("topleft", lty=1, col=1:2, legend=c("EQ", "EXP"))
```

1.3（a）的代码是

```
par(mfrow=c(3,3))
 for (i in 1:9){
  x = cumsum(rnorm(500))
  tsplot(x) }
```

（b）类似于（a），但使用例 1.8 中移动平均的代码。对于（c），请注意，移动平均看起来基本上都相同。对于随机游走过程是这样吗？

1.4 对于（b），R 代码在例 1.3 中给出。

第 2 章

2.1 阅读 2.2 节的开头段落。

2.2 请注意，这与示例 2.19 中的模型相同，该示例将有所帮助。

（a）证明 x_t 违反了平稳性的第一个要求。

（b）你将得到 $y_t = \beta_1 + w_t - w_{t-1}$。

（c）取期望并采用中间过程 $E(v_t) = \frac{1}{3}[3\beta_0 + 3\beta_1 t - \beta_1 + \beta_1]$。

2.3 此问题与例 2.8 几乎相同。

2.4 参见例 2.20。

2.5 （a）对等式两边用归纳法或简单地用 $\delta s + \sum_{k=1}^{s} w_k$ 代替 x_s。在归纳法中，对于 $t=1$，有 $x_1 = \delta + w_1$。假设对于 $t-1$，有 $x_{t-1} = \delta(t-1) + \sum_{k=1}^{t-1} w_k$，然后证明对于 t，有 $x_t = \delta + x_{t-1} + w_t = \delta + \delta(t-1) + \sum_{k=1}^{t-1} w_k + w_t =$ 结果。

（b）首先，如例 2.3 所示，$E(x_t) = \delta t$。然后，$\text{cov}(x_s, x_t) = E\{(x_s - E(x_s))(x_t - E(x_t))\}$。

（c）x_t 是否满足平稳性的定义？

（d）见式 (2.7)。

（e）$x_t - x_{t-1} = \delta + w_t$。现在找到 $\delta + w_t$ 的均值和自协方差函数。

2.7 请参阅 6.1 节，式 (6.1)~ 式 (6.3)。

2.8 （a）你应该得到

$$\gamma_y(h) = \begin{cases} \sigma_w^2(1+\theta^2) + \sigma_u^2 & h = 0 \\ -\theta\sigma_w^2 & h = \pm 1 \\ 0 & |h| > 1 \end{cases}$$

（b）交叉协方差为：

$$\gamma_{xy}(h) = \begin{cases} \sigma_w^2 & h = 0 \\ -\theta\sigma_w^2 & h = -1 \\ 0 & \text{其他} \end{cases}$$

2.9 对以下情况计算自协方差 $\text{cov}(x_{t+h}, x_t)$：$h = 0$，$h = \pm 1$ 等，注意，对于 $|h| > 1$，自协方差为 0。

2.10 （a）~（c）已在其他习题中给出了类似的答案。对于（d）中的（i）和（iii）：

- 当 $\theta=1$ 时，$\gamma_x(0)=2\sigma_w^2$ 且 $\gamma_x(\pm1)=\sigma_w^2$，因此 $\mathrm{var}(\bar{x})=\frac{\sigma_w^2}{n}\left[2+\frac{2(n-1)}{n}\right]=\frac{\sigma_w^2}{n}\left[4-\frac{2}{n}\right]$。
- 当 $\theta=-1$ 时，$\gamma_x(0)=2\sigma_w^2$ 且 $\gamma_x(\pm1)=-\sigma_w^2$，因此 $\mathrm{var}(\bar{x})=\frac{\sigma_w^2}{n}\left[2-\frac{2(n-1)}{n}\right]=\frac{\sigma_w^2}{n}\left[\frac{2}{n}\right]$。

2.12 （a）的代码是

```
wa = rnorm(502,0,1)
va = filter(wa, rep(1/3,3))
acf1(va, 20)
```

2.15 如果 $|h|>1$，则 $\gamma_y(h)=\mathrm{cov}(y_{t+h},y_t)=\mathrm{cov}(x_{t+h}-0.5x_{t+h-1},x_t-0.5x_{t-1})=0$，因为 x_t 是相互独立的。现在分析 $h=0$ 和 $h=1$ 的情况，并回想 $\rho(h)=\gamma(h)/\gamma(0)$。

第 3 章

3.1 正如习题中提到的那样，附录 A 中有详细的代码。此外，请记住，该模型在四个季度中的每个季度都有不同的直线，并且每个季度的斜率均为 β，因此它们是平行的。画图以帮助可视化每个回归参数的作用。

3.2 与例 3.6 中一样，你必须首先创建一个数据框：

```
temp = tempr-mean(tempr)
ded = ts.intersect(cmort, trend=time(cmort), temp, temp2=temp^2,
         part, partL4=lag(part,-4))
```

3.3 对于（a），以下 R 代码可能有用。

```
par(mfrow=c(2,2))  # set up
 for (i in 1:4){
  x = ts(cumsum(rnorm(500,.01,1)))        # data
  regx = lm(x~0+time(x), na.action=NULL) # regression
  tsplot(x, ylab="Random Walk w Drift", col="darkgray")  # plots
   abline(a=0, b=.01, col=2, lty=2)      # true mean
   abline(regx, col=4) }                 # fitted line
```

（b）类似于（a）。请注意，大多数情况下随机游动是不同的（有些上升，有些下降），而趋势平稳数据图看起来基本相同。

3.4 参见式 (3.24)~ 式 (3.25)。

3.6 对于最后一部分，请注意 u_t 是数据取对数并差分后的结果，这是在例 1.3 中首先讨论的。

3.8 首先，你可以按以下方式生成正弦拟合的回归变量：

```
trnd = time(soi)
C4   = cos(2*pi*trnd/4)
S4   = sin(2*pi*trnd/4)
```

3.9 该代码与例 3.20 的代码几乎相同。尽管不严格，但应该有一个 $Q1 \nearrow Q2 \nearrow Q3 \searrow Q4 \nearrow Q1 \cdots$ 的一般模式。

第 4 章

4.1 将 $\rho(1) = \dfrac{\theta}{1+\theta^2}$ 关于 θ 求导并令其为零。

4.2（a）使用归纳法：证明对于 $t=1$ 命题为真，然后假设对于 $t-1$ 命题为真，并证明。

（b）这很容易。

（c）对于 $|a| \neq 1$，使用 $\sum_{j=0}^{k} a^j = (1-a^{k+1})/(1-a)$，并且 w_t 是方差为 σ_w^2 的噪声。

（d）迭代 h 个时间单位后得到 x_{t+h}，这样就可以用 x_t 来表示：

$$x_{t+h} = \phi^h x_t + \sum_{j=0}^{h-1} \phi^j w_{t+h-j}$$

现在可以很容易地计算 $\operatorname{cov}(x_{t+h}, x_t)$。

（e）答案是“是”或“否”。

（f）随着 $t \to \infty$，$\operatorname{var}(x_t) \to \sigma_w^2/(1-\phi^2)$。

（g）生成 n 个以上的观测值，并丢弃最初生成的观测值（最初生成的值作用已完）。

（h）记 $x_t = \phi^t w_0 + \sum_{j=0}^{t-1} \phi^j w_{t-j}$ 并计算 $\operatorname{var}(x_t)$，该值应与时间 t 无关。

4.3 以下代码可能有用：

```
Mod(polyroot( c(1,-.5) ))
Mod(polyroot( c(1,-.1, .5) ))
Mod(polyroot( c(1,-1) ))
round(ARMAtoMA(ar=.5, ma=0, 50), 3)
round(ARMAtoAR(ar=.5, ma=0, 50), 3)
round(ARMAtoMA(ar=c(1,-.5), ma=-1, 50), 3)
round(ARMAtoAR(ar=c(1,-.5), ma=-1, 50), 3)
```

4.4 对于（a），请使用问题中的提示：参见例 4.18 中的代码。对于（b），ARMA 情况的代码为

```
arma = arima.sim(list(order=c(1,0,1), ar=.6, ma=.9), n=100)
acf2(arma)
```

4.6 $E(x_{t+m} - x_{t+m}^t)^2 = \sigma_w^2 \sum_{j=0}^{m-1} \phi^{2j}$。现在使用几何求和结果。

4.7 将以下代码运行 5 次，查看结果。

```
sarima(rnorm(100), 1,0,1)
```

4.8 可以使用以下 R 代码程序。估算值应接近于实际值。

```
c() -> phi -> theta -> sigma2
for (i in 1:10){
 x = arima.sim(n = 200, list(ar = .9, ma = .5))
 fit = arima(x, order=c(1,0,1))
 phi[i]=fit$coef[1]; theta[i]=fit$coef[2]; sigma2[i]=fit$sigma2
 }
cbind("phi"=phi, "theta"=theta, "sigma2"=sigma2)
```

4.9 使用例 4.26 作为指导。注意 $w_t(\phi) = x_t - \phi x_{t-1}$，条件是 $x_0 = 0$。同时，$z_t(\phi) = -\partial w_t(\phi)/\partial\phi = x_{t-1}$。现在将其代入式 4.28。解应该是非递归的过程。

第 5 章

5.1 以下代码可能有用：

```
x = log(varve[1:100])
x25 = HoltWinters(x, alpha=.75, beta=FALSE, gamma=FALSE) # alpha = 1
          - lambda
plot(x, type="o", ylab="log(varve)")
lines(x25$fit[,1], col=2)
```

5.2 拟合过程类似于美国 GNP 序列。遵循例 5.6、例 5.7 和例 5.10 中介绍的方法。

5.3 最合适的模型似乎是 ARMA(1, 1) 或 ARMA(0, 3)，但是存在一些较大的异常值。

5.7 考虑对数据取对数（为什么？）。该模型应类似于例 5.14 中的模型。

5.8 使用类似示例中的代码并进行适当的更改。

5.9 首先检查 `diff(chicken)` 的 ACF。可以使用 ARIMA(2, 1, 0)，但是每年的滞后项仍然存在一些自相关。尝试添加季节性参数。

5.13 如果必须处理 `x` 和 `y` 中序列的各种变换，请首先对齐数据：

```
x = ts(rnorm(100), start= 2001, freq=4)
y = ts(rnorm(100), start= 2002, freq=4)
dog = ts.intersect( lag(x,-1), diff(y,2) )
xnew = dog[,1]  # dog has 2 columns, the first is lag(x,-1) ...
ynew = dog[,2]  # ... and the second column is diff(y,2)
plot(dog)    # now you can manipulate xnew and ynew simultaneously
```

5.15 这是具有误差自相关问题的回归。

5.16 这应该可以帮助你开始解决问题：

```
library(xts)
dummy = ifelse(soi<0, 0, 1)
fish = as.zoo(ts.intersect(rec, soiL6=lag(soi,-6), dL6=lag(dummy,-6)))
summary(fit <- lm(fish$rec~ fish$soiL6*fish$dL6, na.action=NULL))
tsplot(time(fish), resid(fit))
```

5.17 记 $y_t = x_t - x_{t-1}$，则模型为 $y_t = w_t - \theta w_{t-1}$，该模型是可逆的。即，$w_t = \sum_{j=0}^{\infty} \theta^j y_{t-j} = \sum_{j=0}^{\infty} \theta^j (x_{t-j} - x_{t-1-j})$。现在按式 (5.24) 的形式重新排列方程。

第 6 章

6.1 代码类似于示例。在提示“答案是基础的”中，“基础的”指基频。

6.2 你可以同时执行这些操作。

```
cortx = fmri1[,3:3]
mvspec(cortx, log="no")
abline(v=1/32, lty=2) # the stimulus frequency
```

6.3 该代码类似于生成图 6.3 的代码。周期图可以使用如下代码计算和绘制：

```
n = length(star)
Per = Mod(fft(star-mean(star)))^2/n
Freq = (1:n -1)/n
tsplot(Freq, Per, type="h", ylab="Pgram", xlab="Freq")
```

6.5 对于（a），$f(\omega) = \sigma_w^2[1 + \theta^2 - 2\theta\cos(2\pi w)]$。

6.6 对于（b），将总和分成两部分：

$$
\begin{aligned}
f_x(v) &= \sum_{h=-\infty}^{0} \frac{\sigma_w^2 \phi^{-h} \mathrm{e}^{-2\pi i v h}}{1-\phi^2} + \sum_{h=1}^{\infty} \frac{\sigma_w^2 \phi^{h} \mathrm{e}^{-2\pi i v h}}{1-\phi^2} \\
&= \frac{\sigma_w^2}{1-\phi^2}\left(\sum_{h=0}^{\infty}\left(\phi \mathrm{e}^{2\pi i v}\right)^h + \sum_{h=1}^{\infty}\left(\phi \mathrm{e}^{-2\pi i v}\right)^h\right) \\
&= \cdots
\end{aligned}
$$

6.8 自协方差函数是

$$\gamma_x(h) = \left(1 + A^2\right)\gamma_s(h) + A\gamma_s(h-D) + A\gamma_s(h+D) + \gamma_n(h)$$

现在直接使用频谱表示：

$$\gamma_x(h) = \int_{-1/2}^{1/2} \left[\left(1 + A^2 + A\mathrm{e}^{2\pi\mathrm{i}vD} + A\mathrm{e}^{-2\pi\mathrm{i}vD}\right) f_s(v) + f_n(v)\right] \mathrm{e}^{2\pi\mathrm{i}vh}\mathrm{d}v$$

将指数表示形式替换为 $\cos(2\pi vD)$ 并使用变换的唯一性。

6.9 对于（a），再次使用性质 6.11 将 $f_y(\omega)$ 用 $f_x(\omega)$ 表示，并使用性质 6.11 将 $f_z(\omega)$ 用 $f_y(\omega)$ 表示。然后进行简化。

对于（b），以下代码可能有用。

```
w = seq(0,.5, length=1000)
par(mfrow=c(2,1))
FR12 = abs(1-exp(2i*12*pi*w))^2
tsplot(w, FR12, main="12th difference")
abline(v=1:6/12)
FR12 = abs(1-exp(2i*pi*w)-exp(2i*12*pi*w)+exp(2i*13*pi*w))^2
tsplot(w, FR121, main="1st diff and 12th diff")
abline(v=1:6/12)
```

第 7 章

7.1 你应该发现每 11 年一个周期和每 80 年一个周期。

7.2 以下代码可能有用。

```
par(mfrow=c(2,1))      # for CIs, remove log="no" below
mvspec(saltemp, taper=0, log="no")
abline(v=1/16, lty="dashed")
mvspec(salt, taper=0, log="no")
abline(v=1/16, lty="dashed")
```

7.3 你应该找到年度周期和一个（“基钦”，Kitchin）商业周期。

7.5 以下代码可能有用。

```
par(mfrow=c(2,1))
mvspec(saltemp, spans=c(1,1), log="no", taper=.5)
abline(v=1/16, lty=2)
salt.per = mvspec(salt, spans=c(1,1), log="no", taper=.5)
abline(v=1/16, lty=2)
```

7.9 以下代码可能有用。

```
sp.per = mvspec(speech, taper=0) # plot log-period - is periodic
x      = log(sp.per$spec)        # x has log-period values
x.sp   = mvspec(x, span=5)       # cepstral analysis, detrend by default
cbind(x.sp$freq, x.sp$spec)      # list the quefrencies and cepstra
```

现在在倒谱中找到峰值以估计延迟。

参考文献

Akaike, H. (1974). A new look at the statistical model identification. *IEEE Transactions on Automatic Control*, 19(6): 716-723.

Blackman, R. and Tukey, J. (1959). The measurement of power spectra, from the point of view of communications engineering. *Dover*, pages 185-282.

Bloomfield, P. (2004). *Fourier Analysis of Time Series: An Introduction.* John Wiley & Sons.

Bollerslev, T. (1986). Generalized autoregressive conditional heteroskedasticity. *J. Econometrics*, 31: 307-327.

Bollerslev, T., Engle, R. F., and Nelson, D. B. (1994). Arch models. *Handbook of Econometrics*, 4: 2959-3038.

Box, G. and Jenkins, G. (1970). *Time Series Analysis, Forecasting, and Control.* Holden-Day.

Brockwell, P. J. and Davis, R. A. (2013). *Time Series: Theory and Methods.* Springer Science & Business Media.

Chan, N. H. (2002). *Time Series Applications to Finance.* John Wiley & Sons, Inc.

Cleveland, W. S. (1979). Robust locally weighted regression and smoothing scatterplots. *Journal of the American Statistical Association*, 74(368): 829-836.

Cochrane, D. and Orcutt, G. H. (1949). Application of least squares regression to relationships containing auto-correlated error terms. *Journal of the American Statistical Association*, 44(245): 32-61.

Cooley, J. W. and Tukey, J. W. (1965). An algorithm for the machine calculation of complex Fourier series. *Mathematics of Computation*, 19(90): 297-301.

Durbin, J. (1960). The fitting of time-series models. *Revue de l'Institut International de Statistique*, pages 233-244.

Edelstein-Keshet, L. (2005). *Mathematical Models in Biology.* Society for Industrial and Applied Mathematics, Philadelphia.

Efron, B. and Tibshirani, R. J. (1994). *An Introduction to the Bootstrap.* CRC Press.

Engle, R. F. (1982). Autoregressive conditional heteroscedasticity with estimates of the variance of United Kingdom inflation. *Econometrica*, 50: 987-1007.

Granger, C. W. and Joyeux, R. (1980). An introduction to long-memory time series models and fractional differencing. *Journal of Time Series Analysis*, 1(1): 15-29.

Grenander, U. and Rosenblatt, M. (2008). *Statistical Analysis of Stationary Time Series*, volume 320. American Mathematical Soc.

Hansen, J. and Lebedeff, S. (1987). Global trends of measured surface air temperature. *Journal of Geophysical Research: Atmospheres*, 92(D11): 13345-13372.

Hansen, J., Sato, M., Ruedy, R., Lo, K., Lea, D.W., and Medina-Elizade, M. (2006). Global temperature change. *Proceedings of the National Academy of Sciences*, 103(39): 14288-14293.

Hosking, J. R. (1981). Fractional differencing. *Biometrika*, 68(1): 165-176.

Hurst, H. E. (1951). Long-term storage capacity of reservoirs. *Trans. Amer. Soc. Civil Eng.*, 116: 770-799.

Hurvich, C. M. and Tsai, C.-L. (1989). Regression and time series model selection in small samples. *Biometrika*, 76(2): 297-307.

Johnson, R. A. andWichern, D.W. (2002). *Applied Multivariate Statistical Analysis.* Prentice Hall.

Kalman, R. E. (1960). A new approach to linear filtering and prediction problems. *Journal of Basic Engineering*, 82(1): 35-45.

Kalman, R. E. and Bucy, R. S. (1961). New results in linear filtering and prediction theory. *Journal of Basic Engineering*, 83(1): 95-108.

Kitchin, J. (1923). Cycles and trends in economic factors. *The Review of Economic Statistics*, pages 10-16.

Levinson, N. (1947). A heuristic exposition of Wiener' s mathematical theory of prediction and filtering. *Journal of Mathematics and Physics*, 26(1-4): 110-119.

McLeod, A. I. and Hipel, K. W. (1978). Preservation of the rescaled adjusted range: 1. A reassessment of the Hurst phenomenon. *Water Resources Research*, 14(3): 491-508.

McQuarrie, A. D. and Tsai, C.-L. (1998). *Regression and Time Series Model Selection.* World Scientific.

Parzen, E. (1983). Autoregressive Spectral Estimation. *Handbook of Statistics*, 3: 221-247.

R Core Team (2018). *R: A Language and Environment for Statistical Computing.* R Foundation for Statistical Computing, Vienna, Austria.

Schuster, A. (1898). On the investigation of hidden periodicities with application to a supposed 26 day period of meteorological phenomena. *Terrestrial Magnetism*, 3(1): 13-41.

Schuster, A. (1906). Ii. on the periodicities of sunspots. *Phil. Trans. R. Soc. Lond. A*, 206(402-412): 69-100.

Schwarz, G. (1978). Estimating the dimension of a model. *The Annals of Statistics*, 6(2): 461-464.

Shephard, N. (1996). Statistical aspects of arch and stochastic volatility. *Monographs on Statistics and Applied Probability*, 65: 1-68.

Shewhart, W. A. (1931). *Economic Control of Quality of Manufactured Product.* ASQ Quality Press.

Shumway, R., Azari, A., and Pawitan, Y. (1988). Modeling mortality fluctuations in Los Angeles as functions of pollution and weather effects. *Environmental Research*, 45(2): 224-241.

Shumway, R. and Stoffer, D. (2017). *Time Series Analysis and Its Applications: With R Examples.* Springer, New York, 4th edition.

Shumway, R. H. and Verosub, K. L. (1992). State space modeling of paleoclimatic time series. In *Proc. 5th Int. Meeting Stat. Climatol*, pages 22-26.

Sugiura, N. (1978). Further analysts of the data by Akaike's information criterion and the finite corrections: Further analysts of the data by Akaike's. *Communications in Statistics-Theory and Methods*, 7(1): 13-26.

Tong, H. (1983). *Threshold Models in Non-linear Time Series Analysis.* Springer-Verlag, New York.

Tsay, R. S. (2005). *Analysis of Financial Time Series*, volume 543. John Wiley & Sons.

Winters, P. R. (1960). Forecasting sales by exponentially weighted moving averages. *Management Science*, 6(3): 324-342.

Wold, H. (1954). Causality and econometrics. *Econometrica: Journal of the Econometric Society*, pages 162-177.

推荐阅读

金融数据分析导论：基于R语言

作者：Ruey S.Tsay ISBN：978-7-111-43506-8 定价：69.00元

金融统计与数理金融：方法、模型及应用

作者：Ansgar Steland ISBN：978-7-111-57301-2 定价：85.00元

金融衍生工具数学导论（原书第3版）

作者：Salih Neftci ISBN：978-7-111-54460-9 定价：99.00元

数理金融初步（原书第3版）

作者：Sheldon M. Ross ISBN：978-7-111-41109-3 定价：39.00元